拼花大理石地面（一）

拼花大理石地面（二）

石材拼花地面（一）

石材拼花地面（二）

地毯

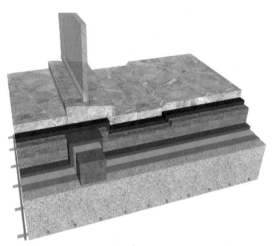

淋浴间内下水槽工艺

发光柱

木格栅造型墙

点爪式玻璃幕墙（一）

点爪式玻璃幕墙（二）

马赛克墙面

透光玻璃隔墙

鱼鳞纹墙饰面

木材墙饰面

壁纸墙饰面

玻璃隔断

石材与墙面相接（一）

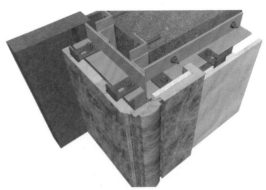

石材与墙面相接（二）

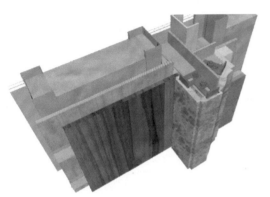

石材与木饰面相接（一）

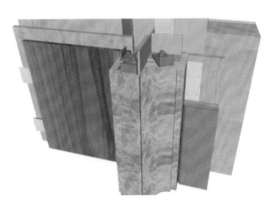

石材与木饰面相接（二）

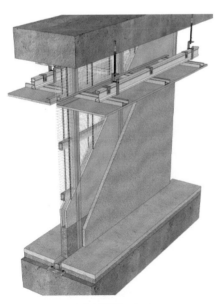

石膏板隔墙（一）

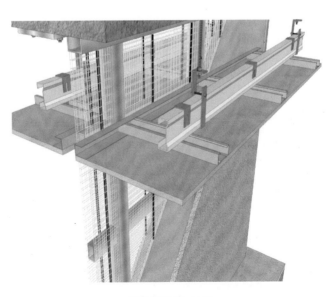

石膏板隔墙（二）

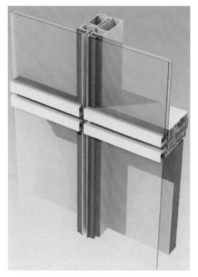

明框玻璃幕墙

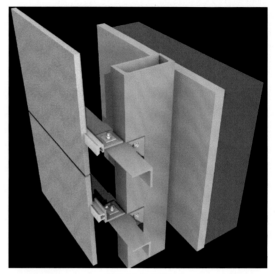

干挂石材幕墙

干挂金属板幕墙

顶棚石膏线脚

跌级顶棚

悬挑雨篷

穹顶造型顶棚

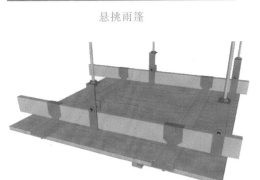

木饰面吊顶构造（一）

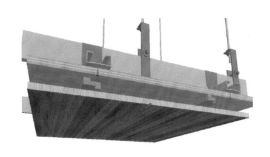

木饰面吊顶构造（二）

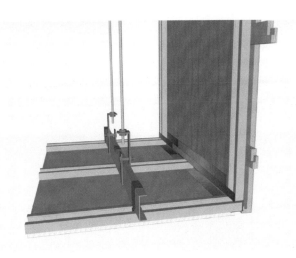

吊顶与木饰墙面相交处的构造

圆形造型顶棚

曲线造型顶棚

钢楼梯玻璃栏板

螺旋楼梯

铁艺栏杆

弧形楼梯

自动扶梯

"十二五"职业教育国家规划教材 修订版

经全国职业教育教材审定委员会审定

普通高等教育"十一五"国家级规划教材

2008年度普通高等教育国家级精品教材

建筑装饰装修构造

第 4 版

主　编　冯美宇

副主编　范文东　王晓华

参　编　温媛媛　付　优　贾景琦

主　审　张晓丹

机械工业出版社

本书是"十二五"职业教育国家规划教材的修订版。

本书紧密结合建筑装饰装修工程实施过程,按照"项目引入→项目解析→项目探索与实战→项目提交与展示→项目评价"教学组织模式,介绍了六个项目的装饰装修构造,分别为:项目A楼地面装饰装修构造,项目B墙、柱面装饰装修构造,项目C轻质隔墙与隔断装饰装修构造,项目D顶棚装饰装修构造,项目E梯的装饰装修构造,项目F门窗装饰装修构造。每个项目都附有实战项目,书末附有综合实训。

本书按照国家现行建筑装饰装修相关标准、规范编写,内容上突出实践性、应用性,可作为职业本科、高职高专建筑装饰相关专业的教学用书,也可作为岗位技术培训及从事相关专业技术人员的参考用书。

为方便教学,本书配有数字化资源和电子课件资源,凡使用本书作为教材的教师可登录机工教育服务网www.cmpedu.com注册下载。

图书在版编目(CIP)数据

建筑装饰装修构造/冯美宇主编. —4版(修订本). —北京:机械工业出版社,2021.5(2025.1重印)

"十二五"职业教育国家规划教材

ISBN 978-7-111-68168-7

Ⅰ.①建… Ⅱ.①冯… Ⅲ.①建筑装饰-建筑构造-高等职业教育-教材 Ⅳ.①TU767

中国版本图书馆CIP数据核字(2021)第084195号

机械工业出版社(北京市百万庄大街22号 邮政编码100037)
策划编辑:常金锋 责任编辑:常金锋 陈将浪
责任校对:张 薇 责任印制:单爱军
北京虎彩文化传播有限公司印刷
2025年1月第4版第8次印刷
184mm×260mm · 17.75印张 · 6插页 · 437千字
标准书号:ISBN 978-7-111-68168-7
定价:49.80元

电话服务 网络服务
客服电话:010-88361066 机 工 官 网:www.cmpbook.com
010-88379833 机 工 官 博:weibo.com/cmp1952
010-68326294 金 书 网:www.golden-book.com
封底无防伪标均为盗版 机工教育服务网:www.cmpedu.com

第 4 版前言

本书是普通高等教育"十一五"国家级规划教材、"十二五"职业教育国家规划教材、2008 年度普通高等教育国家级精品教材的修订版。

本书在第 3 版的基础上，对接国家现行建筑装饰装修工程的相关规范，删除了陈旧的内容，对教材的内容做了全面修订与升级；为方便教师教学、学生自学，增加了数字化资源，提供了丰富的信息化资源，充分体现了信息技术应用的本科层次职业教育和高职教育融合贯通的特色。

本书注重教材与课程的教学改革，强调实践性和实用性，以建筑装饰装修工程项目为载体，以建筑装饰装修构造技术为主线，基于"项目引入、项目解析、项目探索与实战、项目提交与展示、项目评价"五个完整的项目实施阶段，组织楼地面，墙、柱面，轻质隔墙与隔断，顶棚，梯，门窗六个项目的装饰装修构造教学内容，全面训练学生的专业核心能力，以适应建筑装饰装修工程新业态、新岗位发展的需求。

本书由山西工程科技职业大学冯美宇教授担任主编，山西工程科技职业大学范文东、王晓华担任副主编，由河北工业职业技术大学张晓丹担任主审。本书编写分工如下：项目导向、项目 A、项目 C、项目 B 的 B1、附录 A 由山西工程科技职业大学冯美宇修订编写；项目 D、附录 B 的《建筑内部装修设计防火规范》《民用建筑工程室内环境污染控制标准》《建筑装饰装修工程质量验收标准》节选，各子项目的任务知识分解及课件资源由山西工程科技职业大学范文东修订编写；项目 B 的 B3、B4、B5、B6，项目 E，项目 F 由山西工程科技职业大学王晓华修订编写；项目 B 的 B2、附录 B 的《玻璃幕墙工程技术规范》《金属与石材幕墙工程技术规范》《住宅装饰装修工程施工规范》节选由山西工程科技职业大学温媛媛修订编写；各子项目的数字化资源制作、内容剪辑由山西工程科技职业大学付优完成；项目 B 的 B7 由山西建筑工程总公司贾景琦修订编写。在本书编写过程中，得到了作者所在单位的全力支持，在此表示衷心的感谢。

限于时间仓促和经验不足，教材难免有不妥和疏漏之处，敬请读者批评指正，以待进一步修订完善。

编　者

二维码资源列表

项目导向	民用建筑构造组成		普通砖隔墙构造
项目 A	水磨石地面构造	项目 C	轻钢龙骨石膏板隔墙构造
	水泥砂浆地面构造		石膏空心条板隔墙构造
	地毯铺设构造		玻璃隔断构造
	地砖铺设构造		移动隔断构造
	活动地板构造		木龙骨隔断构造
	塑胶地板构造	项目 D	直接式裱糊顶棚构造
	架空式木、竹地面构造		直接式抹灰顶棚构造
	实木地板铺设构造		直接式装饰板顶棚构造
	发光楼地面构造		开敞式金属饰面板吊顶构造
	架空式防静电地板铺设构造		矿棉吸音板吊顶构造
	不同材质楼地面交接处构造		铝格栅吊顶构造
	木质踢脚板构造		铝合金龙骨悬吊式顶棚构造
	异型踢脚板构造		铝扣板吊顶构造
项目 B	墙面抹灰构造		木造型顶棚构造
	防火装饰板构造		轻钢龙骨悬吊式顶棚构造
	干挂石材构造		轻钢龙骨纸面石膏板吊顶构造
	墙面贴砖构造	项目 E	楼梯各部分组成
	墙体上干挂石材构造		旋转楼梯构造
	饰面板粘贴构造	项目 F	自动旋转门
	隐框式玻璃幕墙端部收口构造		地弹簧门构造
	背栓式石材幕墙构造		钢质防火门构造
	吊挂式全玻璃幕墙构造		轨道平移门构造
	金属幕墙构造（一）		卷帘门构造
	金属幕墙构造（二）		门的开启方式
	拉杆式玻璃幕墙构造		平开门构造
	拉索式玻璃幕墙构造		平开门门套构造
	隐框式玻璃带墙构造		塑钢窗构造
	全玻璃幕墙构造		传统木隔扇构造
	隐框玻璃幕墙层间梁处防火节点构造		窗的开启方式
项目 C	玻璃砖隔墙构造		窗台板构造
	加气混凝土砖墙构造		断桥铝窗构造

目　录

项 目 导 向

民用建筑构造组成

一、建筑装饰装修的基本概念

1. 建筑装饰

建筑装饰是指对建筑物内外表面及空间进行的"包装"处理，即在既有建筑物的主体上覆盖新的面层的过程。建筑装饰是工程技术与艺术的结合，其工程内容不仅包括对建筑物顶棚、墙面、地面的面层处理，同时也包括室内空间的色彩、造型、景观、光和热环境的设计与施工。

2. 建筑装修

建筑装修是指对建筑物内外空间进行的改造、修理、整复等活动，其工程内容包括基层处理、龙骨设置等，同时还包括为改变建筑物原有使用功能而进行的房屋改造、修缮等，如将妨碍建筑物新用途的非承重墙、门、窗等拆除，对建筑物内部布局进行调整，更新门窗、卫浴设施、厨房设备等。

3. 建筑装潢

装潢原义是指"器物或商品外表"的"修饰"，是着重从外表的、视觉艺术的角度来探讨和研究问题。建筑装潢是指对建筑物内外表面色彩的渲染，如古建筑梁、柱顶部位的彩画、油漆等。

4. 建筑装璜

装璜原义是指表明身份礼器的摆放、表明身份等级饰物的佩带。建筑装璜是指对建筑物使用者身份、地位的展示与表现，如古建筑大门处的石雕、门匾等，现代建筑中指招牌、霓虹灯广告、接待台、迎宾墙等。

5. 建筑装饰装修

建筑装饰装修是指为了保护建筑的主体结构、完善建筑物的使用功能和美化建筑物，采用装饰装修材料或饰物，对建筑物的内外表面及空间进行的各种处理过程。

"建筑装饰装修"一词表达的信息比较全面，它的含义包括了"建筑装饰""建筑装修""建筑装潢"等。

二、建筑装饰装修构造的概念

建筑装饰装修构造是指采用建筑装饰装修材料或饰物对建筑物内外表面及空间进行装饰装修的各种构造处理及构造做法，是实施建筑装饰装修设计的技术措施，是指导建筑装饰装修施工的基本手段。

三、建筑装饰装修构造的基本内容

建筑装饰装修构造的基本内容包括构造原理、构造组成及构造做法。构造原理是构造设计的理论或实践经验；构造组成和构造做法是结合客观实际情况，考虑多种因素，应用构造原理确定实施构造方案，即确定采取什么方式将饰面装饰材料或饰物连接固定在建筑物的主体结构上，解决相互之间的衔接、收口、饰边、填缝等构造问题。构造原理是抽象的，体现在构造做法中，构造组成及构造做法是具体的，是在构造原理指导下进行的。

四、建筑装饰装修构造课程的特点

1. 综合性强

建筑装饰装修构造是一门综合性很强的专业技术课程，它涉及制图、材料、力学、结构、施工及有关国家法规、规范等知识领域。

2. 实践性强

建筑装饰装修构造源于工人和技术人员在工程实践中的大胆尝试，来自工程实践的科学总结。因此，本课程是一门实践性强的叙述性课程，没有逻辑推理及演算，看懂教材表面的文字非常容易，但要真正掌握并与工程实际相结合，又有很大难度。让学生主动地、有意识地到施工现场参观学习，分析大量实际工程案例，是增加实践经验、丰富课堂内容的有效途径。

3. 识图、绘图量大

应用构造原理，识读并绘制建筑装饰装修各种构造节点详图，读懂构造做法，弄清为什么这样做，并能举一反三地进行构造设计，是学习建筑装饰装修构造的核心问题。

五、建筑装饰装修构造的类型

建筑装饰装修构造的类型按其形式分为三大类：装饰结构类构造，饰面类构造和配件类构造。

1. 装饰结构类构造

装饰结构类构造是指采用装饰骨架，表面装饰构造层与建筑主体结构或框架填充墙连接在一起的构造形式。装饰结构类构造的骨架按材料不同可分为木骨架、轻钢骨架、铝合金骨架；根据受力特点不同，又分为竖向支撑骨架（如架空式木楼地面的龙骨骨架）、水平悬挂骨架（如墙面骨架、隔墙骨架）和垂直悬吊骨架（如吊顶龙骨骨架）。

2. 饰面类构造

饰面类构造又称为覆盖式构造，即在建筑构件表面再覆盖一层面层，对建筑构件起保护和美化作用。饰面类构造主要是处理好面层与基层的连接构造（如瓷砖、墙布与墙体的连接，现浇水磨石楼地面与楼板的连接），其具体构造方法有涂刷、涂抹、铺贴、胶粘、钉嵌等。

3. 配件类构造

配件类构造是将装饰制品或半成品在施工现场加工组装后，安装于建筑装饰部位的构造（如散热器罩、窗帘盒）。配件的安装方式主要有粘接、榫接、焊接、卷口、钉接等。

六、建筑装饰装修等级与用料标准

建筑装饰装修等级与建筑物的等级密切相关，建筑物等级越高，其装饰装修的等级越高。在具体应用中，应注意以下两个方面：

1）应结合不同地区的构造做法、用料习惯及经济条件灵活应用，不可生搬硬套。

2）根据我国现阶段经济水平、生活质量要求及发展状况，合理选用建筑装饰装修材料。建筑装饰装修等级及用料标准详见表 1、表 2。

表 1　建筑装饰装修等级

建筑装饰装修等级	建筑物类型
一级	高级宾馆,别墅,纪念性建筑,大型博览、观演、交通、体育建筑,一级行政机关办公楼,市场,商场
二级	科研建筑,高等教育建筑,普通博览、观演、交通、体育建筑,广播通信建筑,医疗建筑,商业建筑,旅馆建筑,局级以上行政办公楼
三级	中学、小学、托儿所建筑,生活服务性建筑,普通行政办公楼,普通居住建筑

表 2 建筑装饰装修用料标准

装饰等级	房间名称	部位	内部装饰装修标准及材料	外部装饰装修标准及材料	备注
一级	全部房间	墙面	塑料墙纸(布)、织物墙面、大理石饰面板、木墙裙、各种面砖、内墙涂料	大理石、花岗石(少用)、面砖、无机涂料、金属板、玻璃幕墙	一
		楼地面	软木橡胶地板、各种塑料地板、大理石、彩色水磨石、地毯、木地板	—	
		顶棚	金属装饰板、塑料装饰板、金属墙纸、塑料墙纸、装饰吸声板、玻璃顶棚、灯具	室外雨篷下,悬挑部分的楼板下,可参照内装修顶棚	
		门窗	夹板门、推拉门、带木镶边或大理石镶边,设窗帘盒	各种颜色玻璃铝合金门窗、特制木门窗、玻璃栏板	
		其他设施	各种金属或竹木花格,自动扶梯,有机玻璃栏板、各种花饰、灯具、空调、防火设备、散热器罩、高档卫生设备	局部屋檐、屋顶,可用各种瓦件、各种金属装饰物(可少用)	
二级	门厅、楼梯、走道、普通房间	墙面	各种内墙涂料装饰抹灰、有窗帘盒、散热器罩	主要立面可用面砖,局部大理石、无机涂料	功能上有特殊要求者除外
		楼地面	彩色水磨石、地毯、各种塑料地板、卷材地毯、碎拼大理石地面	—	
		顶棚	混合砂浆、石灰膏罩面,合成木材、胶合板、吸声板等顶棚饰面	—	
		门窗	—	普通钢木门窗,主要入口可用铝合金门	
	厕所、盥洗室	墙面	水泥砂浆	—	
		楼地面	普通水磨石、陶瓷锦砖、1.4~1.7m高度白瓷砖墙裙	—	
		顶棚	混合砂浆、石灰膏罩面	—	
		门窗	普通钢木门窗	—	
三级	一般房间	墙面	混合砂浆色浆粉刷、可赛银乳胶漆、局部油漆墙裙,柱子不做特殊装饰	局部可用面砖,大部分用水刷石或干粘石、无机涂料、色浆、清水砖	一
		地面	局部水磨石、水泥砂浆地面	—	
		顶棚	混合砂浆、石灰膏罩面	同室内	
		其他	文体用房、托幼小班可用木地板,窗饰除托幼外不设散热器罩,不准做钢饰件,不用白水泥、大理石、铝合金门窗,不贴墙纸	禁用大理石、金属外墙板	
	门厅、楼梯、走道	—	除门厅局部吊顶外,其他同一般房间,楼梯用金属栏杆木扶手或抹灰栏板	—	
	厕所、盥洗室	—	水泥砂浆地面、水泥砂浆墙裙	—	

七、建筑装饰装修构造设计的原则

(一)建筑装饰装修构造设计的一般原则

1)通过建筑装饰装修的构造设计,美化和保护建筑物,满足不同使用房间、不同界面的功能要求，延伸和扩展室内环境功能，完善室内空间的全面品质。

2）根据国家、行业的标准、规范，选择恰当的建筑装饰装修材料，确定合理的构造方案。

3）严格控制经济指标，根据建筑物的等级、整体风格、业主的具体要求进行构造设计。

4）注意与相关专业、工种（水、暖、通风、电）的密切配合。

（二）建筑装饰装修构造设计的安全原则

1. 构造设计的安全性

构造设计的安全性必须考虑以下两个方面。

1）严禁破坏主体结构，要充分考虑建筑结构体系与承载能力。

2）选用材料、确定构造方案要安全可靠，不得造成人员伤亡和财产损失。

2. 防火的安全性

1）建筑装饰装修构造设计要根据建筑的防火等级选择相应的材料。建筑装饰装修材料按其燃烧性能划分为四个等级，详见表 3。

表 3　建筑装饰装修材料燃烧性能等级

等级	装饰装修材料燃烧性能	等级	装饰装修材料燃烧性能
A	不燃	B_2	可燃
B_1	难燃	B_3	易燃

2）不同类型、规模、性质的建筑内部各部位的材料燃烧性能要求不同，详见表 4~表 6。

表 4　单层、多层民用建筑内部各部位装修材料的燃烧性能等级

序号	建筑物及场所	建筑规模、性质	装修材料燃烧性能等级							
			顶棚	墙面	地面	隔断	固定家具	装饰织物		其他装饰装修材料
								窗帘	帷幕	
1	候机楼的候机大厅、贵宾候机室、售票厅、商店、餐饮场所等	—	A	A	B_1	B_1	B_1	B_1	—	B_1
2	汽车站、火车站、轮船客运站的候车(船)室、商店、餐饮场所等	建筑面积>10000m²	A	A	B_1	B_1	B_1	B_1	—	B_2
		建筑面积≤10000m²	A	B_1	B_1	B_1	B_1	B_1	—	B_2
3	观众厅、会议厅、多功能厅、等候厅	每个厅建筑面积>400m²	A	A	B_1	B_1	B_1	B_1	B_1	B_1
		每个厅建筑面积≤400m²	A	B_1	B_1	B_1	B_2	B_1	B_1	B_2
4	体育馆	>3000 座位	A	A	B_1	B_1	B_1	B_1	B_1	B_2
		≤3000 座位	A	B_1	B_1	B_1	B_2	B_2	B_1	B_2
5	商店的营业厅	每层建筑面积>1500m² 或总建筑面积>3000m²	A	B_1	B_1	B_1	B_1	B_1	—	B_2
		每层建筑面积≤1500m² 或总建筑面积≤3000m²	A	B_1	B_1	B_1	B_2	B_1	—	—

（续）

序号	建筑物及场所	建筑规模、性质	装修材料燃烧性能等级							其他装修装饰材料
			顶棚	墙面	地面	隔断	固定家具	装饰织物		
								窗帘	帷幕	
6	宾馆、饭店的客房及公共活动用房等	设置送回风道（管）的集中空气调节系统	A	B₁	B₁	B₁	B₂	B₂	—	B₂
		其他	B₁	B₁	B₂	B₂	B₂	B₂	—	—
7	养老院、托儿所、幼儿园的居住及活动场所	—	A	A	B₁	B₁	B₂	B₁	—	B₂
8	医院的病房区、诊疗区、手术区	—	A	A	B₁	B₁	B₂	B₁	—	B₂
9	教学场所、教学实验场所	—	A	B₁	B₂	B₂	B₂	B₂	B₂	B₂
10	纪念馆、展览馆、博物馆、图书馆、档案馆、资料馆等的公众活动场所	—	A	B₁	B₁	B₁	B₂	B₁	—	B₂
11	存放文物、纪念展览物品、重要图书、档案、资料的场所	—	A	A	B₁	B₁	B₂	B₁	—	B₂
12	歌舞娱乐游艺场所	—	A	B₁	B₁	B₁	B₁	B₁	—	B₁
13	A、B级电子信息系统机房及装有重要机器、仪器的房间	—	A	A	B₁	B₁	B₁	B₁	—	B₁
14	餐饮场所	营业面积>100m²	A	B₁	B₁	B₁	B₂	B₁	—	B₂
		营业面积≤100m²	B₁	B₁	B₁	B₂	B₂	B₂	—	—
15	办公场所	设置送回风道（管）的集中空气调节系统	A	B₁	B₁	B₁	B₂	B₂	—	B₂
		其他	B₁	B₁	B₂	B₂	B₂	—	—	—
16	其他公共场所	—	B₁	B₁	B₁	B₂	B₂	—	—	—
17	住宅	—	B₁	B₁	B₁	B₂	B₂	B₂	—	B₂

表 5　高层民用建筑内部各部位装修材料的燃烧性能等级

序号	建筑物及场所	建筑规模、性质	装修材料燃烧性能等级									其他装修装饰材料
			顶棚	墙面	地面	隔断	固定家具	装饰织物				
								窗帘	帷幕	床罩	家具包布	
1	候机楼的候机大厅、贵宾候机室、售票厅、商店、餐饮场所等	—	A	A	B₁	B₁	B₁	B₁	—	—	—	B₁
2	汽车站、火车站、轮船客运站的候车（船）室、商店、餐饮场所等	建筑面积>10000m²	A	A	B₁	B₁	B₁	B₁	—	—	—	B₂
		建筑面积≤10000m²	A	B₁	B₁	B₁	B₁	B₁	—	—	—	B₂

（续）

序号	建筑物及场所	建筑规模、性质	装修材料燃烧性能等级									
			顶棚	墙面	地面	隔断	固定家具	装饰织物				其他装修装饰材料
								窗帘	帷幕	床罩	家具包布	
3	观众厅、会议厅、多功能厅、等候厅	每个厅建筑面积>400m²	A	A	B₁	B₁	B₁	B₁	B₁	—	B₁	B₁
		每个厅建筑面积≤400m²	A	B₁	B₁	B₁	B₂	B₁	B₁	—	B₁	B₁
4	商店的营业厅	每层建筑面积>1500m² 或总建筑面积>3000m²	A	B₁	B₁	B₁	B₁			—	B₂	B₁
		每层建筑面积≤1500m² 或总建筑面积≤3000m²	A	B₁	B₁	B₁	B₁	B₂		—	B₂	B₂
5	宾馆、饭店的客房及公共活动用房等	一类建筑	A	B₁	B₁	B₁	B₂	B₁	—	B₁	B₂	B₁
		二类建筑	A	B₁	B₁	B₁	B₂	B₂	—	B₂	B₂	B₂
6	养老院、托儿所、幼儿园的居住及活动场所	—	A	A	B₁	B₁	B₂	B₁	—	B₂	B₂	B₁
7	医院的病房区、诊疗区、手术区	—	A	A	B₁	B₁	B₂	B₁	B₁	—	B₂	B₁
8	教学场所、教学实验场所	—	A	B₁	B₂	B₂	B₂	B₁	—	B₁	B₁	B₂
9	纪念馆、展览馆、博物馆、图书馆、档案馆、资料馆等的公众活动场所	一类建筑	A	B₁	B₁	B₁	B₁	B₁	—	B₁	B₁	B₁
		二类建筑	A	B₁	B₂	B₂	B₂	B₂	—	B₂	B₂	B₂
10	存放文物、纪念展览物品、重要图书、档案、资料的场所	—	A	A	B₁	B₁	B₂	B₁	—	B₁	B₁	B₂
11	歌舞娱乐游艺场所	—	A	B₁	B₁	B₁	B₁	B₁	B₁	B₁	B₁	B₁
12	A、B级电子信息系统机房及装有重要机器、仪器的房间	—	A	A	B₁	B₁	B₁	B₁	—	B₁		B₁
13	餐饮场所	—	A	B₁	B₁	B₁	B₁		—		B₁	B₁
14	办公场所	一类建筑	A	B₁	B₁	B₁	B₂	B₁	B₁	—	B₁	B₁
		二类建筑	A	B₁	B₁	B₁	B₂	B₂	—	B₂	B₂	B₂
15	电信楼、财贸金融楼、邮政楼、广播电视楼、电力调度楼、防灾指挥调度楼	一类建筑	A	A	B₁	B₁	B₁	B₁	—	B₁	B₁	B₁
		二类建筑	A	B₁	B₂	B₂	B₂	B₁	—	B₂	B₂	B₂
16	其他公共场所	—	A	B₁	B₁	B₁	B₂	B₂	B₂	B₂	B₂	B₂
17	住宅	—	A	B₁	B₁	B₁	B₂	B₁	—	B₁	B₂	B₁

表6 地下民用建筑内部各部位建筑装饰装修材料的燃烧性能等级

序号	建筑物及场所	装修材料燃烧性能等级						
		顶棚	墙面	地面	隔断	固定家具	装饰织物	其他装修装饰材料
1	观众厅、会议厅、多功能厅、等候厅等,商店的营业厅	A	A	A	B_1	B_1	B_1	B_2
2	宾馆、饭店的客房及公共活动用房等	A	B_1	B_1	B_1	B_1	B_1	B_2
3	医院的诊疗区、手术区	A	A	B_1	B_1	B_1	B_1	B_2
4	教学场所、教学实验场所	A	A	B_1	B_2	B_2	B_1	B_2
5	纪念馆、展览馆、博物馆、图书馆、档案馆、资料馆等的公众活动场所	A	A	B_1	B_1	B_1	B_1	B_2
6	存放文物、纪念展览物品、重要图书、档案、资料的场所	A	A	A	A	A	B_1	B_1
7	歌舞娱乐游艺场所	A	A	B_1	B_1	B_1	B_1	B_1
8	A、B级电子信息系统机房及装有重要机器、仪器的房间	A	A	B_1	B_1	B_1	B_1	B_1
9	餐饮场所	A	A	B_1	B_1	B_1	B_1	B_2
10	办公场所	A	B_1	B_1	B_1	B_1	B_2	B_2
11	其他公共场所	A	B_1	B_1	B_2	B_2	B_2	B_2
12	汽车库、修车库	A	A	B_1	A	A	—	—

3)建筑装饰装修构造设计应严格执行《建筑设计防火规范》(GB 50016—2014)中相应条款和《建筑内部装修设计防火规范》(GB 50222—2017)的规定。

4)吊顶应采用燃烧性能 A 级材料,部分低标准的建筑室内吊顶材料的燃烧性能应不低于 B_1 级。暗木龙骨与木质人造板基材,应刷防火涂料。遇高温易分解出有毒烟雾的材料应限制使用。

3. 防震的安全性

1)地震区的建筑,进行装饰装修设计时要考虑地震时产生的结构变形的影响,减少灾害的损失,防止出口被堵死。

2)抗震设防烈度为七度以上地区的住宅,吊柜应避免设在门、窗户的上方,床头上方不宜设置隔板、吊柜、玻璃罩灯具以及悬挂硬质画框、镜框饰物。

(三)绿色原则(健康环保原则)

1. 节约能源

1)改进节点构造,提高外墙的保温隔热性能,改善外门窗气密性。

2)选用高效节能的光源及照明新技术。

3)强制淘汰耗水型室内用水器具,推广节水器具。

4)充分利用自然光和采用自然通风换气。

2. 节约资源

节约使用不可再生的自然材料资源。提倡使用环保型、可重复使用、可循环使用、可再生使用的材料。

3. 减少室内空气污染

1）选用无毒、无害、无污染（环境）、有益于人体健康的材料和产品，采用取得国家环境认证的标志产品。执行室内装饰装修材料有害物质限量的国家强制性标准。

2）严格控制室内环境污染的各个环节，设计、施工时严格执行《民用建筑工程室内环境污染控制标准》（GB 50325—2020）。

3）为减少施工造成的噪声及大量垃圾，装饰装修构造设计提倡产品化、集成化，配件生产实现工厂化、预制化。

（四）美观原则

1）正确搭配使用材料，充分发挥和利用其质感、肌理、色彩以及材料的特性。

2）注意室内空间的完整性、统一性，选择材料不能杂乱。

3）运用造型规律（比例与尺度、对比与协调、统一与变化、均衡与稳定、节奏与韵律、排列与组合），在满足室内使用功能的前提下，做到美观、大方、典雅。

项目 A　楼地面装饰装修构造

【项目引入】

项目引入是学生明确项目学习目标、能力要求及通过对项目 A 的整体认识，形成宏观脉络的阶段。

一、项目学习目标

1) 掌握楼地面装饰装修构造的基本概念、类型及构造组成。

2) 熟悉常用楼地面装饰装修构造的基本做法。

二、项目能力要求

1) 能正确选择合理的楼地面装饰装修构造方案。

2) 能分析解决楼地面工程项目中实际构造的技术问题。

3) 能根据真实工程项目中的任务条件，举一反三地对楼地面进行构造设计，并转化为施工图。

三、项目概述

1. 楼地面概念

楼地面是指建筑物地坪层和楼层的面层构造。

2. 楼地面构造组成

楼地面构造组成如图 A-1 所示。

3. 楼地面设计要求

（1）满足坚固、耐久性要求　楼地面面层的坚固、耐久性由室内使用状况和材料特性来决定。楼地面面层应当不易被磨损、破坏，表面应平整、不起尘，其耐久性国际通用标准一般为 10 年。

（2）满足安全性要求　安全性是指楼地面面层使用时应防滑、防火、防潮、耐腐蚀、电绝缘性好等。

（3）满足舒适感要求　舒适感是指楼地面面层应具备一定的弹性，蓄热系数及隔声性。

（4）满足装饰性要求　装饰性是指楼地面面层的色彩、图案、质感效果必须考虑室内空间的形态、家具陈设、交通流线及建筑的使用性质等因素，以满足人们的审美要求。

4. 楼地面类型

楼地面的类型很多，可以从不同的角度进行分类，详见表 A-1。

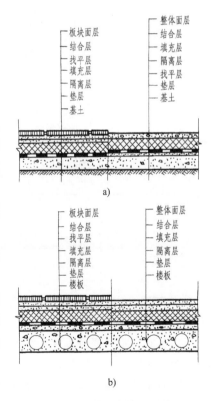

图 A-1　楼地面构造组成

a）地坪层构造　b）楼层构造

表 A-1　楼地面类型

分类	种类
按面层材料分类	水泥混凝土楼地面、水泥砂浆楼地面、水磨石楼地面、石板楼地面、地砖楼地面、锦砖楼地面
按使用功能分类	防油楼地面、不发火楼地面、防静电及网络板楼地面、耐热及承载楼地面、低温辐射热采暖楼地面、防腐蚀楼地面、保温楼地面、隔声楼地面、体育馆运动场地楼地面
按构造方法和施工工艺分类	整体面层楼地面、块材面层楼地面

【项目解析】

项目解析是在项目引入阶段的基础上，专业教师针对学生的实际学习能力对项目 A 楼地面的构造原理、构造组成、构造做法等进行解析，并结合工程实例、企业真实的工程项目任务，让学生获得相应的专业知识。

A1　整体式楼地面装饰装修构造

考核点	1. 整体式楼地面的类型 2. 整体式楼地面的构造组成 3. 整体式楼地面的构造做法	
知识点	1. 整体式楼地面的概念 2. 水泥混凝土楼地面的特点及适用范围 3. 水泥砂浆楼地面的特点及适用范围 4. 现浇水磨石楼地面的特点及适用范围 5. 水泥钢屑楼地面的特点及适用范围 6. 防油渗漏地面的特点及适用范围	
数字化资源二维码	水磨石地面构造　　水泥砂浆地面构造	课件资源二维码　　扫码下载课件(后同)

一、整体式楼地面的概念

按设计要求选用不同材质和相应配合比，经施工现场整体浇筑或铺贴的楼地面面层称为整体式楼地面。

二、整体式楼地面的类型及构造

整体式楼地面种类多、使用广，其档次、施工难易及造价大不相同。按其材质构成分为 5 大类：

1）水泥砂浆、混凝土及水磨石面层：施工易、造价较低、档次也低。为防止地面"起砂"，施工时应撒干水泥粉抹压，增加其表面强度。

2）水泥基自流平面层：表面细腻、平整，但必须由专业公司供货、施工。

3）树脂涂层面层：装修效果较好、造价适中，其基层强度及平整度要求较高。聚脲涂层使用效果好，但造价高。

4）卷材面层：使用广泛、效果好。树脂类或橡胶类卷材品种很多，厚度不一。有的品种系多层复合，含纤维层，弹性好、抗拉强度高、耐磨、造价也高；有的品种较薄，含矿物颗粒、耐磨但不抗折。卷材均用专用胶粘贴。地毯品种很多，由设计选择。该种面层对基层的平整度要求高，否则效果不佳。

5）树脂胶泥、砂浆面层：耐磨、装饰效果好，但要求基层强度高。基层常用 C25 或 C30 细石混凝土，在其强度达标，即达到 28d 强度后，对其表面进行打磨或喷砂处理，剔除低强度层（水泥浆凝固层）后，再进行面层施工，否则会导致面层开裂或起鼓。

整体树脂面层多用于制药、医院、实验室、电子厂、精密仪器厂及食品厂等。水泥基自流平面层多用于电子厂、制药厂、超市、货运中心及停车场等。

1. 水泥混凝土楼地面

（1）特点及适用范围　水泥混凝土楼地面是用水泥、砂和石子级配拌和，经施工现场整体浇筑而成。水泥混凝土楼地面强度高，干缩小，其耐久性和防水性较好，且不易起砂，适用于面积较小的房间。

（2）构造做法　水泥混凝土楼地面可分为细石混凝土楼地面和随捣随抹混凝土楼地面。其中，细石混凝土楼地面构造做法详见表 A-2；对于防水要求较高的楼地面，如浴、厕等房间，其构造做法详见表 A-3。

表 A-2　细石混凝土楼地面构造做法

构造层次	构造做法		说明
	楼面	地面	
面层	40mm 厚 C25 细石混凝土，表面撒 1∶1 水泥砂子随打随抹光		1. 建筑胶品种见工程设计，但应选用经检测、鉴定，品质优良的产品
结合层	刷水泥浆一道（内掺建筑胶）		
填充层	60mm 厚 1∶6 水泥焦渣或 CL7.5 轻集料混凝土	—	
结构层	现浇钢筋混凝土楼板或预制楼板现浇叠合层	—	2. 3∶7 灰土技术要求见《建筑地面工程施工质量验收规范》（GB 50209—2010）
垫层	—	80mm 厚 C15 混凝土垫层，150mm 厚碎石灌 M2.5 混合砂浆振捣密实或 3∶7 灰土	
基土	—	150mm 厚夯实土或碎石夯入土中	

表 A-3　浴、厕等房间混凝土楼地面构造做法

构造层次	构造做法		说明
	楼面	地面	
面层	40mm 厚 C25 细石混凝土，表面撒 1∶1 水泥砂子随打随抹光		1. 聚氨酯防水层表面宜撒适量细砂，以增加结合层与防水层的黏结力。防水层在墙柱交接处翻起高度不小于 250mm
防水层	1.5mm 厚聚氨酯防水层（两道）		
找坡层	1∶3 水泥砂浆或 C20 细石混凝土，最薄处 20mm 厚，抹平		
结合层	刷水泥浆一道（内掺建筑胶）		
填充层	60mm 厚 1∶6 水泥焦渣或 CL7.5 轻集料混凝土	—	
结构层	现浇钢筋混凝土楼板或预制楼板现浇叠合层	—	2. 建筑胶品种见工程设计，但应选用经检测、鉴定，品质优良的产品
垫层	—	80mm 厚 C15 混凝土垫层，150mm 厚碎石灌 M2.5 混合砂浆振捣密实或 3∶7 灰土	
基土	—	150mm 厚夯实土或碎石夯入土中	

2. 水泥砂浆楼地面

（1）特点及适用范围　水泥砂浆楼地面是由水泥和砂浆级配拌和，经施工现场整体浇筑而成。水泥砂浆楼地面具有构造简单、施工方便、造价较低的特点，但热导率大，易起灰、起砂，天气过潮时，易产生凝结水，适用于等级较低的楼地面。

（2）构造做法　水泥砂浆面层构造做法有单层和双层两种，一般情况采用单层做法，当有特殊要求时，采用双层做法。分层构造虽增加了施工程序，却容易保证质量，减少了表面干缩时产生裂纹的可能。水泥砂浆楼地面构造做法详见表 A-4。

对于有防水要求的楼地面，应在增加的找坡层上做两道聚氨酯防水层 1.5mm 厚，然后再做 C20 细石混凝土 35mm 厚，最后用 1∶2.5 水泥砂浆抹面 15mm 厚，防水层构造处理同水泥混凝土面层。

表 A-4　水泥砂浆楼地面构造做法

构造 层次	构造做法		说明
	楼面	地面	
面层	20mm 厚 1∶2.5 水泥砂浆		1. 建筑胶品种见工程设计，但应选用经检测、鉴定，品质优良的产品 2. 3∶7 灰土技术要求见《建筑地面工程施工质量验收规范》（GB 50209—2010）
结合层	刷水泥浆一道（内掺建筑胶）		
填充层	60mm 厚 1∶6 水泥焦渣或 CL7.5 轻集料混凝土	—	
结构层	现浇钢筋混凝土楼板或预制楼板现浇叠合层	—	
垫层	—	80mm 厚 C15 混凝土垫层，150mm 厚碎石灌 M2.5 混合砂浆振捣密实或 3∶7 灰土	
基土	—	150mm 厚夯实土或碎石夯入土中	

3. 现浇水磨石楼地面

（1）特点及适用范围　现浇水磨石楼地面是由水泥与石粒级配拌和，施工现场经浇筑，在地面凝固硬化后，磨光、打蜡而成。其具有表面平整光洁，坚固耐用、整体性好，耐磨、耐腐蚀、易清洗，色彩图案组合多样等特点，适用于对清洁度要求较高的场所，如厕所、公共浴池、公共的门厅、过道、楼梯等。

（2）构造做法　现浇水磨石按材料配制和表面打磨精度的不同，分为普通水磨石楼地面和高级美术水磨石楼地面。普通水磨石是以水泥为胶结料，掺入不同色彩、不同粒径的大理石或花岗石，经过搅拌、成型、养护、研磨等工序而制成的一种具有一定装饰效果的人造石材。因其原材料来源丰富，价格较低，能达到一定使用要求而被广泛使用。美术水磨石是运用不同色彩进行组合，通过图案的布置来求得较为丰富的变化，它是以彩色水泥为胶结料，掺入不同色彩的石子所制成。现浇水磨石楼地面构造做法详见表A-5。

4. 水泥钢（铁）屑楼地面

（1）特点及适用范围　水泥钢（铁）屑楼地面是由水泥与钢（铁）屑级配拌和，经施工现场整体浇筑而成。具有坚固耐磨，整体性好，耐久性强等优点，但易受酸碱侵蚀，适用于工业厂房内的地面。

表 A-5　现浇水磨石楼地面构造做法

构造层次	构造做法		说明
	楼面	地面	
面层	10mm 厚 1∶2.5 水泥彩色石子，表面磨光打蜡		1. 水磨石面层的分格要求、所用水泥石子颜色等均见工程设计
结合层	20mm 厚 1∶3 水泥砂浆，干燥后卧分格条(两端打孔穿 22 号镀锌钢丝卧牢，每米四眼)		
填充层	60mm 厚 1∶6 水泥焦渣或 CL7.5 轻集料混凝土		2. 现浇水磨石面层的分格条可用玻璃条、铜板条或铝板条，铝板条表面须经氧化或用涂料做防腐处理
结构层	现浇钢筋混凝土楼板或预制楼板现浇叠合层	—	
垫层	—	水泥浆一道(内掺建筑胶)，80mm 厚 C15 混凝土垫层，150mm 厚碎石灌 M2.5 混合砂浆振捣密实或 3∶7 灰土	
基土	—	150mm 厚夯实土或碎石夯入土中	

（2）构造做法　水泥钢（铁）屑楼地面中，水泥强度等级不应小于 32.5 级，钢（铁）屑的粒径应为 1~5mm，钢（铁）屑中不应有其他杂质，使用前应去油除锈，冲洗干净并干燥。面层的铺设应在结合层的水泥初凝前完成，这样可以粘接牢固，无空鼓现象，保证面层表面没有裂纹、脱皮、麻面等缺陷。水泥钢（铁）屑楼地面构造做法详见表 A-6。

表 A-6　水泥钢（铁）屑楼地面构造做法

构造层次	构造做法		说明
	楼面	地面	
面层	水泥与钢(铁)屑的拌合料		
结合层	20mm 厚 1∶2 水泥砂浆		
填充层	60mm 厚 1∶6 水泥焦渣或 CL7.5 轻集料混凝土	—	面层的铺设应在结合层的水泥初凝前完成
结构层	现浇钢筋混凝土楼板或预制楼板现浇叠合层	—	
垫层	—	水泥浆一道(内掺建筑胶)，60mm 厚 C10 混凝土垫层，粒径 5~32mm 卵石灌 M2.5 混合砂浆振捣密实或 150mm 厚 3∶7 灰土	
基土	—	150mm 厚夯实土或碎石夯入土中	

5. 防油楼地面

（1）特点及适用范围　防油楼地面包括防油细混凝土、聚合物水泥砂浆等。它具有很好的耐油性、耐磨性、耐火性，一般用于经常受机油、柴油等直接作用的工业厂房地面，但防油楼地面面层内不应敷设管线。

（2）构造做法　防油面层采用防油渗混凝土铺设时，所用的水泥应采用普通硅酸盐水泥，其强度等级应不低于 32.5 级；碎石应采用花岗石或石英石，严禁使用松散多孔和吸水率大的石子，粒径为 5~15mm，最大粒径不应大于 20mm，泥含量不应大于 1%；砂为中砂，洁净无杂质，其细度模数应为 2.3~2.6；掺入的外加剂和防油渗剂应符合产品质量标准。防油楼地面构造做法详见表 A-7。

表 A-7　防油楼地面构造做法

构造层次	构造做法		说明
	楼面	地面	
面层	50mm 厚 C25 防油细石混凝土面层,随打随抹光,表面涂密封固化剂		1. 建筑胶品种见工程设计,但应选用经检测、鉴定,品质优良的产品 2. 3∶7 灰土技术要求见《建筑地面工程施工质量验收规范》(GB 50209—2010)
结合层	刷水泥浆一道(内掺建筑胶)		
填充层	60mm 厚 1∶6 水泥焦渣或 CL7.5 轻集料混凝土	—	
结构层	现浇钢筋混凝土楼板或预制楼板现浇叠合层	—	
垫层	—	80mm 厚 C15 混凝土垫层,150mm 厚碎石灌 M2.5 混合砂浆振捣密实或 3∶7 灰土	
基土	—	150mm 厚夯实土或碎石夯入土中	

　　为增强防油的能力,也可以在 C25 防油细石混凝土下增加防油的隔离层,构造做法是:先刷水泥浆一道(内掺建筑胶),再用 1∶3 水泥砂浆做找平层 20mm 厚,然后做两道聚氨酯防油层 1.5mm 厚,最后用 C25 防油细石混凝土做 50mm 厚,随打随抹光。

　　当防油面层采用防油涂料涂刷时,直接在基层涂刷,应做到粘结牢固,严禁有起皮、开裂、漏涂等缺陷。防油涂料应具有耐油、耐磨、耐火和粘结性能。

A2　块材式楼地面装饰装修构造

考核点	1. 块材式楼地面的类型 2. 块材式楼地面的构造组成 3. 块材式楼地面的构造做法	
知识点	1. 块材式楼地面的概念 2. 砖楼地面的特点及适用范围 3. 石板材楼地面的特点及适用范围 4. 镭射玻璃板楼地面的特点及适用范围 5. 塑料板楼地面的特点及适用范围	6. 活动夹层楼地面的特点及适用范围 7. 橡胶板楼地面的特点及适用范围 8. 地毯楼地面的特点及适用范围 9. 预制板块室外地面的特点及适用范围 10. 料石室外地面的特点及适用范围
数字化资源二维码	地毯铺设构造　　地砖铺设构造 活动地板构造　　塑胶地板构造	课件资源二维码

一、块材式楼地面的概念

　　用生产厂家定型生产的板块材料,在施工现场进行分块式铺设和粘贴的楼地面面层称为块材式楼地面。

二、块材式楼地面的类型及构造

块材式楼地面根据板块材料的不同，分为砖楼地面（包括陶瓷地砖、陶瓷锦砖、缸砖、磨光通体砖、钛金不锈钢覆面地砖等）、石板材楼地面、镭射玻璃板楼地面、塑料板楼地面、活动夹层楼地面、橡胶板楼地面、地毯楼地面、预制板块室外地面、料石室外地面等。

（一）砖楼地面

采用陶瓷地砖、陶瓷锦砖（又称为陶瓷马赛克）、磨光通体砖等板块材料铺设的面层，统称为砖楼地面。

1. 陶瓷地砖楼地面

（1）特点及适用范围　陶瓷地砖简称地砖，是铺地用的块状陶瓷材料。陶瓷地砖具有品种多，质地坚硬、质感生动、色彩丰富，表面光滑、耐磨等特点。其广泛用于室内外地面、台阶、楼梯踏步，但不用于室内外墙面饰面。

（2）构造做法　陶瓷地砖品种较多，按材质分为普通陶瓷地砖、全瓷地砖及玻化地砖；按表面装饰状况分为有釉砖、无釉砖、抛光砖、渗花砖；按功能分为普通铺地砖、梯级砖、防滑砖、防潮砖、广场砖；按花色纹理分为单色、多色、斑点、仿石等。陶瓷地砖楼地面构造做法详见表 A-8。

表 A-8　陶瓷地砖楼地面构造做法

构造层次	构造做法		说明
	楼面	地面	
面层	8~10mm 厚陶瓷地砖,干水泥擦缝		1. 地砖规格、品种、颜色及缝宽均见工程设计 2. 宽缝时用 1:1 水泥砂浆勾平缝
结合层	20mm 厚 1:3 水泥砂浆,表面撒水泥粉,刷水泥浆一道（内掺建筑胶）		
填充层	60mm 厚 1:6 水泥焦渣或 CL7.5 轻集料混凝土	—	
结构层	现浇钢筋混凝土楼板或预制楼板现浇叠合层	—	
垫层	—	80mm 厚 C15 混凝土垫层,150mm 厚碎石灌 M2.5 混合砂浆振捣密实或 3:7 灰土	
基土	—	150mm 厚夯实土或碎石夯入土中	

对于需设防水层的楼地面，可在构造层中加设找坡层后设置聚氨酯防水层。

2. 陶瓷锦砖楼地面

（1）特点及适用范围　陶瓷锦砖（又名陶瓷马赛克）是由高温烧制的小型块材铺贴而成的楼地面面层，具有表面致密、光滑，坚硬耐磨、耐酸、耐碱，防水性好，不易变色的特色。其适用于卫生间、浴室、游泳池等有防水要求的楼地面。

（2）构造做法　陶瓷锦砖每块面积小，约 19mm×19mm、25mm×25mm、30mm×30mm，形状一般为正方形、六边形。陶瓷锦砖在粘贴前一般均按各种图案粘贴在牛皮纸上，每张大小为 300mm×300mm 或 600mm×600mm。陶瓷锦砖楼地面构造做法详见表 A-9。

对于需设防水层的楼地面，可在构造层中加设找坡层后设置聚氨酯防水层。

3. 缸砖楼地面

表 A-9　陶瓷锦砖楼地面构造做法

构造层次	构造做法		说明
	楼面	地面	
面层	5mm 厚陶瓷锦砖铺实拍平,干水泥擦缝		1. 该面层适用于卫生间、浴室、游泳池等有防水要求的场所 2. 陶瓷锦砖的规格、品种、颜色及缝宽均见工程设计
结合层	20mm 厚 1:3 干硬性水泥砂浆,表面撒水泥粉,刷水泥浆一道(内掺建筑胶)		
填充层	60mm 厚 1:6 水泥焦渣或 CL7.5 轻集料混凝土	—	
结构层	现浇钢筋混凝土楼板或预制楼板现浇叠合层	—	
垫层	—	80mm 厚 C15 混凝土垫层,150mm 厚碎石灌 M2.5 混合砂浆振捣密实或 3:7 灰土	
基土		150mm 厚夯实土或碎石夯入土中	

（1）特点及适用范围　缸砖楼地面是用陶土加矿物颜料由高温烧制而成的小型块材地面材料铺贴而成的楼地面。其具有强度较高,耐磨、耐水、耐油、耐酸碱,易清洗、不起尘,施工方便等特点,适用于地下室、实验室、屋顶平台、有腐蚀性液体房间的楼地面。

（2）构造做法　缸砖的尺寸一般有 100mm×100mm、150mm×150mm。其色彩主要有红棕色和深米色,形状有正方形、菱形、六边形等。缸砖楼地面构造做法详见表 A-10。

表 A-10　缸砖楼地面构造做法

构造层次	构造做法		说明
	楼面	地面	
面层	10~19mm 厚缸砖,干水泥擦缝		1. 缸砖规格、品种、颜色及缝宽均见工程设计 2. 宽缝时用 1:1 水泥砂浆勾平缝
结合层	30mm 厚 1:3 水泥砂浆,表面撒水泥粉,刷水泥浆一道(内掺建筑胶)		
填充层	60mm 厚 1:6 水泥焦渣或 CL7.5 轻集料混凝土	—	
结构层	现浇钢筋混凝土楼板或预制楼板现浇叠合层	—	
垫层	—	80mm 厚 C15 混凝土垫层,150mm 厚碎石灌 M2.5 混合砂浆振捣密实或 3:7 灰土	
基土	—	150mm 厚夯实土或碎石夯入土中	

4. 磨光通体砖楼地面

（1）特点及适用范围　磨光通体砖是将岩石碎屑经过高压压制而成,是一种不上釉的瓷质砖,烧制后对表面打磨,里外都带有花纹,正面和反面的材质和色泽一致,有很好的防滑性和耐磨性。多数防滑砖都属于磨光通体砖。磨光通体砖广泛用于门厅、大堂楼地面和室外人行道等,一般较少用于墙面。磨光通体砖常用的规格有 300mm×300mm、400mm×400mm、500mm×500mm、600mm×600mm、800mm×800mm 等。

（2）构造做法　磨光通体砖地面、楼面构造做法详见表 A-11、表 A-12。对于有防水要求的楼地面,防水层构造处理同水泥混凝土面层。

表 A-11　磨光通体砖地面构造做法

构造层次	构造做法	说明
面层	8~10mm 厚磨光通体砖,干水泥擦缝	磨光通体砖规格、品种、颜色及缝宽均见工程设计,要求宽缝时用 1:1 水泥砂浆勾平缝
结合层	撒水泥粉(洒适量清水)	
找平层	20mm 厚 1:3 干硬性水泥砂浆	
结合层	刷水泥浆一道(内掺建筑胶)	
垫层	60mm 厚 C10 混凝土垫层 粒径 5~32mm 卵石灌 M2.5 混合砂浆振捣密实或 150mm 厚 3:7 灰土	
基土	素土夯实	

表 A-12　磨光通体砖楼面构造做法

构造层次	构造做法	说明
面层	8~10mm 厚磨光通体砖,干水泥擦缝	磨光通体砖规格、品种、颜色及缝宽均见工程设计,要求宽缝时用 1:1 水泥砂浆勾平缝
结合层	撒水泥粉(洒适量清水)	
找平层	20mm 厚 1:3 干硬性水泥砂浆	
填充层	60mm 厚 1:6 水泥焦渣填充层或 CL7.5 轻集料混凝土	
楼板	现浇钢筋混凝土楼板	

5. 钛金不锈钢覆面地砖楼地面

（1）特点及适用范围　钛金不锈钢覆面地砖是由镜面不锈钢板用多弧离子氮化钛镀膜和掺金离子镀涂层加工而成。其具有表面硬度高、耐磨、耐腐蚀的特点，在自然风化条件下，可保持30至40年不脱落、不变色，并且能产生金碧辉煌、豪华高贵的装饰效果。其适用于星级宾馆、豪华酒店、高级娱乐场所、特等首饰珠宝店楼地面面层的局部点缀。钛金不锈钢覆面地砖楼地面布置如图 A-2 所示。

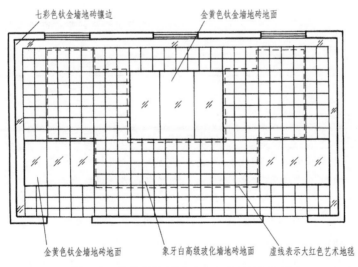

图 A-2　钛金不锈钢覆面地砖楼地面布置图

（2）构造做法　由于钛金不锈钢覆面地砖的厚度较薄，而且只用于楼地面的强调部分及画龙点睛之处,故应注意与周围楼地面的标高保持一致。钛金不锈钢覆面地砖楼地面构造做法详见表 A-13、表 A-14。

表 A-13　钛金不锈钢覆面地砖楼地面构造做法（一）

构造层次	构造做法		说明
	楼面	地面	
面层	2mm 厚钛金不锈钢覆面地砖,用专用胶粘结		钛金不锈钢覆面地砖规格、品种、颜色及缝宽均见工程设计
找平层	40mm 厚 C30 细石混凝土,表面抹平		
填充层	60mm 厚 1:6 水泥焦渣或 CL7.5 轻集料混凝土		
结构层	现浇钢筋混凝土楼板或预制楼板现浇叠合层	—	
垫层	—	刷水泥浆一道,80mm 厚 C15 混凝土垫层,150mm 厚碎石灌 M2.5 混合砂浆振捣密实或 3:7 灰土	
基土	—	150mm 厚夯实土或碎石夯入土中	

表 A-14　钛金不锈钢覆面地砖楼地面构造做法（二）

构造层次	构造做法		说明
	楼面	地面	
面层	2mm 厚钛金不锈钢覆面地砖,用专用胶粘结		1. 钛金不锈钢覆面地砖规格、品种、颜色及缝宽均见工程设计
毛地板	20mm 厚木板,表面刷防腐剂		
龙骨	50mm×50mm 木龙骨间距 400mm,架空 20mm,表面刷防腐剂		
防潮层	1.5mm 厚聚氨酯防潮层（两道）		2. 木材防腐剂可用氟化钠或石蜡、煤焦油、沥青浸煮,木板朝上的表面可不刷防腐剂
找平层	20mm 厚 1:3 水泥砂浆		
填充层	60mm 厚 1:6 水泥焦渣或 CL7.5 轻集料混凝土	—	
结构层	现浇钢筋混凝土楼板或预制楼板现浇叠合层	—	3. 防潮层可采用其他新型材料
垫层	—	80mm 厚 C15 混凝土垫层,150mm 厚碎石灌 M2.5 混合砂浆振捣密实或 3:7 灰土	
基土	—	150mm 厚夯实土或碎石夯入土中	

（二）石板材楼地面

1. 特点及适用范围

石板材楼地面是采用天然大理石、花岗石或人造合成石板材（如磨光微晶石板）铺设的楼地面。它具有坚固耐久、表面光亮如镜、豪华大方等特点,广泛用于宾馆的大堂、商场的营业厅、会堂、博物馆、银行、候机厅等公共场所的楼地面。

2. 构造做法

石板材在铺设前,应根据石材的颜色、花纹、图案、纹理等按设计要求试拼编号,并剔除有裂缝、掉角、翘角和表面有缺陷的板材。石板材楼地面构造做法详见表 A-15。

对于碎拼大理石、碎拼花岗石的构造做法基本同表 A-15,但表面用 1:2.5 水泥磨石填缝,表面磨光,多用于中庭花房、敞廊等地面。在有防水要求的楼地面的构造中,尚须加做可靠的防水层。

表 A-15　石板材楼地面构造做法

构造层次	构造做法		说明
	楼面	地面	
面层	12mm、18mm 厚磨光微晶石板或 20mm 厚磨光石板(花岗石板或大理石板),水泥浆擦缝		1. 石板的规格、颜色及分缝拼法均见工程设计
找平层	20mm 厚 1:3 水泥砂浆结合层,表面撒水泥粉		
填充层	60mm 厚 1:6 水泥焦渣或 CL7.5 轻集料混凝土	—	
结构层	现浇钢筋混凝土楼板或预制楼板现浇叠合层	—	2. 石材的放射性应符合国家现行标准及规范的规定
垫层	—	刷水泥浆一道,80mm 厚 C15 混凝土垫层,150mm 厚碎石灌 M2.5 混合砂浆振捣密实或 3:7 灰土	
基土	—	150mm 厚夯实土或碎石夯入土中	

（三）镭射玻璃板楼地面

1. 特点及适用范围

镭射玻璃板面层是以钢化玻璃为基材,以全息光栅材料为饰面,通过特种工艺合成加工而成。它具有强度高,花色多,光泽好,防潮、耐磨、耐老化,在各种光源照射下会产生七彩光等特点。其适用于高级舞厅、游艺厅、豪华宾馆、科学馆等公共建筑楼地面的局部点缀。

2. 构造做法

镭射玻璃的颜色有红、蓝、黑、黄、茶、白等,其图案具有三维空间立体感,有大理石纹、花岗石纹、水波纹等;规格尺寸一般为 500mm×500mm、600mm×600mm、600mm×1000mm;厚度为 12~24mm。镭射玻璃板楼地面构造做法详见表 A-16。

表 A-16　镭射玻璃板楼地面构造做法

构造层次	构造做法		说明
	楼面	地面	
面层	12~24mm 厚玻璃板(用不锈钢压边收口),用专用胶粘结		1. 木材防腐剂可用氟化钠或石蜡、煤焦油、沥青浸煮,木板朝上的表面可不刷防腐剂
毛地板	20mm 厚木板,表面刷防腐剂		
龙骨	50mm×50mm 木龙骨间距 400mm,架空 20mm,表面刷防腐剂		
防潮层	1.5mm 厚聚氨酯防潮层(两道)		
找平层	20mm 厚 1:3 水泥砂浆		
填充层	60mm 厚 1:6 水泥焦渣或 CL7.5 轻集料混凝土	—	
结构层	现浇钢筋混凝土楼板或预制楼板现浇叠合层	—	2. 防潮层可采用其他新型材料
垫层	—	80mm 厚 C15 混凝土垫层,150mm 厚碎石灌 M2.5 混合砂浆振捣密实或 3:7 灰土	
基土	—	150mm 厚夯实土或碎石夯入土中	

（四）塑料板楼地面

1. 特点及适用范围

塑料板楼地面是指用聚氯乙烯树脂塑料板作为饰面材料铺贴的楼地面。近几十年来,塑料板发展较快,原来的 PVC 塑料板,软质、硬质、半硬质的塑料板缺点较多,已逐渐淘汰。

国际上常用的塑料板基本上朝着无毒无味、绿色环保、耐磨阻燃、防滑防腐、美观耐用、施工方便等方面发展，目前应用较多的有塑胶地板、彩色石英地板等，属中档装饰材料。塑料板楼地面适用于住宅、旅店客房、实验室及办公室等场所。

2. 构造做法

塑料板面层的做法有两种方式：一种是直接铺设，是直接在水泥类基层表面铺设，适用在人流量小及潮湿房间的地面铺设。针对不同的基层采取一些相应的措施，例如，在金属基层上，应加设橡胶垫层；在首层地坪上，则应加做防潮层。另一种是胶粘铺贴，采用专用胶粘剂与水泥类基层固定，专用胶粘剂应按基层材料和面层材料使用的相容性要求，可通过试验确定。塑料板面层应做到表面洁净，图案清晰，色泽一致，接缝严密，美观；拼缝处的图案、花纹要吻合、无胶痕；与墙边交接严密，阴阳角收边方正。

塑料板楼地面构造做法详见表 A-17。

表 A-17　塑料板楼地面构造做法

构造层次	构造做法		说明
	楼面	地面	
面层	8~15mm 厚塑料地板，用专用胶粘结		1. 塑料板的规格、颜色及分缝拼法均见工程设计 2. 防潮层可采用其他新型的防潮材料
找平层	20mm 厚 1：2.5 水泥砂浆，压实抹光		
防潮层	1.5mm 厚聚氨酯防潮层（两道）		
找坡层	1：3 水泥砂浆找坡层，最厚处 20mm，抹平		
结合层	刷水泥浆一道		
填充层	60mm 厚 1：6 水泥焦渣或 CL7.5 轻集料混凝土	—	
结构层	现浇钢筋混凝土楼板或预制楼板现浇叠合层	—	
垫层	—	80mm 厚 C15 混凝土垫层，150mm 厚碎石灌 M2.5 混合砂浆振捣密实或 3：7 灰土	
基土	—	150mm 厚夯实土或碎石夯入土中	

（五）活动夹层楼地面

1. 特点及适用范围

活动夹层楼地面是采用特制的平压刨花板为基材，表面饰以装饰板和底层用镀锌板经粘结胶合组成的活动地板块，配以横梁、橡胶垫条和可供调节高度的金属支架组装成的楼地面，如图 A-3 所示。活动夹层楼地面具有安装、调试、清理、维修简便，板下可敷设多条管道和各种管线，并可随意开启检查、迁移等特点，并且有独特的防静电、防辐射等功能，多用于有防尘和防静电要求的专业用房，如计算机房、通信中心、仪表控制室、多媒体教室、展览馆、剧场、医院等建筑。

2. 构造做法

活动地板面层由标准地板、异形地板和地板附件（即支架和横梁组件）组成。

标准地板尺寸为 457mm×457mm、600mm×600mm、762mm×762mm。活动地板和支架可根据功能要求适当选用。支架一般有以下四种类型。

（1）拆装式支架　这种支架多用于小面积房间，高度可在 50mm 范围内调节。

（2）固定式支架　这种支架无龙骨支撑，将面板固定在支撑盘上，多用于普通办公室。

（3）卡锁格栅式支架　这种支架便于地板的任意拆装。

（4）刚性龙骨支架　这种支架适用于放置较大重量设备的房间。

支架应支承在现浇混凝土基层上。活动地板在门口处或预留洞口处应符合设置构造要求，四周侧边应用耐磨硬质板材封闭或用镀锌钢板包裹，胶条封边应符合耐磨要求。安装时应尽可能与其他地面保持一致高度，以利于大型设备及人员进出；当地板上有重物时，地板下部应加设支架；金属活动地板应有接地线，以防静电积聚和触电。活动夹层楼地面构造组成如图 A-3 所示。

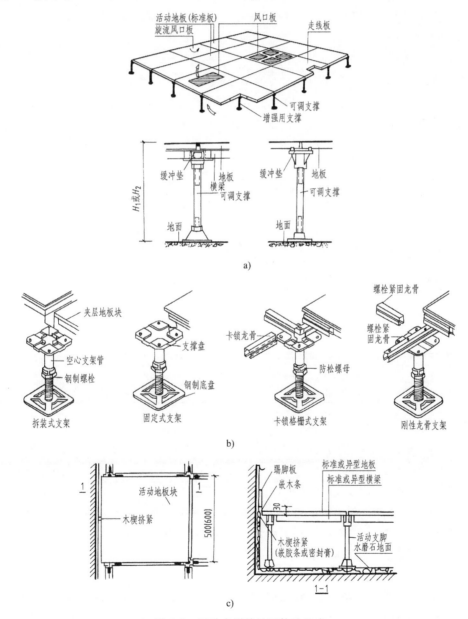

图 A-3　活动夹层楼地面构造组成

a）活动夹层楼地面组成　b）各类支架构造　c）活动夹层楼地面铺装构造

（六）橡胶板楼地面

1. 特点及适用范围

橡胶板楼地面是在天然橡胶或合成橡胶中，加入适量的填充料加工而成的楼地面。橡胶板面层具有良好的弹性，耐磨、保温，较好的消声性，表面光而不滑，行走舒适等特点，且有不导电性能，适用于展览馆、疗养院、阅览室等公共建筑，也适用于车间、实验室的绝缘地面及游泳馆、浴室、运动场等防滑地面。

2. 构造做法

橡胶板面层表面可做成光平的或带肋的，带肋的橡胶板面层多用于防滑走道，厚 4 ~ 6mm，其构造做法是直接用胶结材料将橡胶板粘贴固定于水泥砂浆基层上。

（七）地毯楼地面

1. 特点及适用范围

地毯楼地面是采用方块地毯或卷材地毯在各类楼地面面层上铺设而成。其具有脚感舒适，能有效地减少室内噪声等特点。由于各类地毯的性能特点和质量要求不同，其适用范围也不同，详见表 A-18。

表 A-18　各类地毯的特点、适用范围

类型	产品种类	主要特点与适用范围
手工地毯	手工打结地毯	多用羊毛或真丝材料，经手工将绒头纱线在毯基的经纬线之间拴上绒簇结，形成绒头织成手工地毯。绒头结造型有 8 字形、马蹄结、双结等。打结地毯的结扣称为"道"，地毯档次与道数成正比，120 道以上为高档产品
	手工簇绒地毯	多用羊毛，经手工通过钉枪将绒头纱线刺入底基布，在毯面上形成绒头列，在背面涂上胶粘剂复合一层背衬布面制成。绒头造型有割绒头和圈绒头两种，属于中档产品
机织地毯	机织提花地毯	使用编织机，经过一道或多道工序使染色绒头纱线与毯基经纬线交织在一起，织造出多种色彩和图案花纹的地毯，属于高档产品
	簇绒地毯	使用簇绒机，将绒头纱线刺入预先制成的底基布上形成绒头列，在背面涂上胶粘剂复合一层背衬布面制成，以素色为主。簇绒地毯毯面造型有三种：割绒型（平面型、高低型）、圈绒型（平面型和高低型）、割绒圈绒组合型，属于中档产品
	针刺地毯	利用针刺法对纤维网进行穿刺，使纤维互相缠结成片状，经单面浸渍背胶制成。针刺地毯毯面造型有条纹型、花纹型、绒面型和毡面型，属于低档产品

2. 构造做法

（1）活动式铺设　活动式铺设是将地毯直接铺于洁净的各类楼地面面层上，即不固定地毯。这种方法简单，便于更换，适用于局部小面积铺设。铺设时，地毯周边应塞入踢脚板下；与不同类型的建筑地面连接处，应按设计要求收口；小方块地毯铺设，块与块之间应挤紧服帖。

（2）固定式铺设　固定式铺设是将地毯裁边、粘结拼缝成为整片，摊铺后四周与房间楼地面加以固定。固定式铺设方法又分为倒刺板固定法与粘贴式固定法。

1）倒刺板固定法。倒刺板一般可以用 4 ~ 6mm 厚、24 ~ 25mm 宽的三合板条或五合板条制作，板上平行地钉两行斜铁钉。一般宜使钉子按同一方向与板面呈 60°或 75°角。倒刺板固定板条也可采用"L"形铝合金倒刺收口条。这种铝合金倒刺收口条兼具倒刺、收口双重作用，既可用于固定地毯，也可用于在两种不同材质的地面相接的部位，或是在室内地面有高差的部位起收口的作用。倒刺板、倒刺条尺寸示意图如图 A-4 所示。

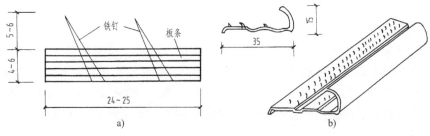

图 A-4　倒刺板、倒刺条尺寸示意图

a）木倒刺板　b）铝合金倒刺条

倒刺板固定地毯的构造做法是：首先将要铺设房间的楼地面面层清理干净，然后沿踢脚板的边缘外侧布置倒刺板，倒刺板要离开踢脚板 8~10mm，用高强水泥钉将倒刺板钉在基层上，间距 400mm 左右。铺设橡胶弹性软垫一层（8mm厚），然后将地毯铺设于弹性软垫上。当地毯完全铺好后，用剪刀裁去墙边多出部分，再用扁铲将地毯边缘塞入倒刺板和踢脚板之间预留的空隙中。倒刺板、踢脚板与地毯的关系如图 A-5 所示。

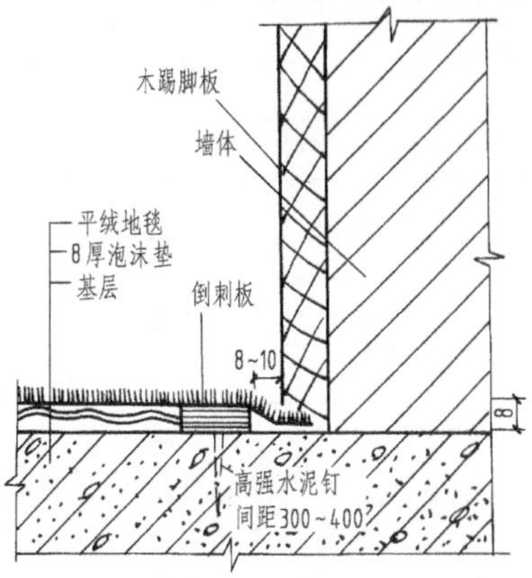

2）粘贴式固定法。在基层上每 200mm 左右涂150mm 宽的胶条一道，待胶呈干膜状时，将地毯先摊铺，然后在涂胶处用橡胶辊用力辊平压实。周边沿墙处应将地毯修理平整。地毯表面不应起鼓、起皱、翘边、卷边、显拼缝、露线，且应无毛边，绒面毛顺光一致，毯面干净，无污染和损伤。

图 A-5　倒刺板、踢脚板与地毯的关系

（八）预制板块室外地面

1. 特点及适用范围

预制板块地面是采用预制的水泥混凝土板块、水磨石板块直接在结合层铺设而成。这类地面质地坚硬，耐磨性能好，而且有提高施工机械化水平，减轻劳动强度，缩短现场工期等优点。预制板块地面多用于室外地面。

2. 构造做法

预制板块地面的构造做法一般有两种：一种做法是在板块下干铺一层 20~40mm 厚砂子，待校正平整后，在预制板块之间用砂子或砂浆填缝；另一种构造做法详见表 A-19。前者施工简便，易于更换，但不易平整，适用于尺寸大而厚的预制板块；后者则坚实、平整，适用于尺寸小而薄的预制板块。

表 A-19　预制板块室外地面构造做法

构造层次	地面构造做法	说明
面层	25mm 厚预制板块,校正平整后用稀水泥浆灌缝并打蜡出光	1. 预制板块的规格、颜色及分缝拼法均见工程设计 2. 稀水泥浆灌缝在铺板 24h 后进行
找平层	20mm 厚 1:3 干硬性水泥砂浆做结合层,表面撒水泥粉	
垫层	刷水泥浆一道,60mm 厚 C10 混凝土垫层,粒径 5~32mm 卵石灌 M2.5 混合砂浆振捣密实或 150mm 厚 3:7 灰土	
基土	150mm 厚夯实土或碎石夯入土中	

（九）料石室外地面

1. 特点及适用范围

料石地面是采用天然条石和块石直接在结合层铺设而成。这类面层坚硬耐磨，自重大，多用于室外空间的地面。条石和块石面层所用的石材的规格、技术等级和厚度应符合设计要求，其中条石的质量应均匀，形状为矩形六面体，厚度为 80~120mm；块石形状为直棱柱体，顶面粗琢平整，底面面积不宜小于顶面面积的 60%，厚度为 100~150mm。

2. 构造做法

料石室外地面构造做法详见表 A-20。铺设时，条石面层应组砌合理，无十字缝，铺砌方向和坡度应符合设计要求；块石面层石料缝隙应相互错开，通缝不超过两块石料。面层与下一层应结合牢固，无松动。

表 A-20　料石室外地面构造做法

构造层次	地面构造做法	说明
面层	条石或块石面层,校正平整后用砂子或砂浆填缝	
垫层	60mm 厚砂垫层	适用于室外地面
基土	150mm 厚夯实土或碎石夯入土中	

A3　木、竹楼地面装饰装修构造

考核点	1. 木、竹楼地面的类型 2. 木、竹楼地面的构造组成 3. 木、竹楼地面的构造做法		
知识点	1. 有地垄墙木、竹楼地面构造特点及适用范围 2. 无地垄墙木、竹楼地面构造形式及特点 3. 弹性木地板木、竹楼地面构造形式及适用范围 4. 弹簧木地板木、竹楼地面的特点及适用范围		
数字化资源二维码	 架空式木、竹地面构造　　实木地板铺设构造	课件资源二维码	

一、木、竹楼地面的特点及类型

（一）特点及适用范围

木、竹楼地面是指由木地板、竹地板、软木地板等铺钉或胶合而成的楼地面面层。它具有无毒，无污染，热导率小，绝缘性好，有弹性，脚感好，纹理色泽自然优美，质感舒适等特点。它一般多用于卧室、舞台、健身房、比赛场、儿童活动用房等室内楼地面。

（二）类型

根据面层材料的材质不同，分为木地板楼地面、竹地板楼地面、软木地板楼地面三大类。

1. 木地板楼地面

木地板楼地面的面层材料有实木地板、实木复合地板、强化复合木地板，其形状有长条木地板、拼花木地板两种。组合造型可用不同木纹花色的地板组合，也可用同一木纹花色的地板组合，木地板拼花组合造型示意图如图 A-6 所示。

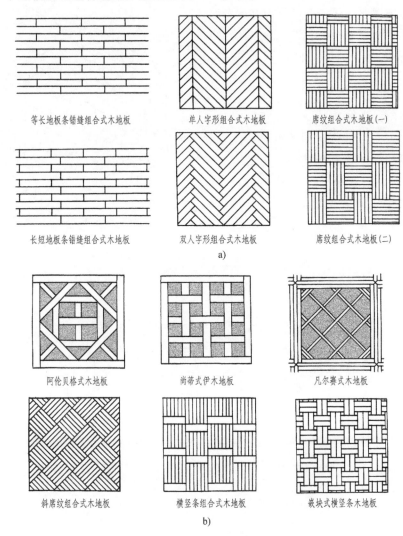

等长地板条错缝组合式木地板　　单人字形组合式木地板　　席纹组合式木地板(一)

长短地板条错缝组合式木地板　　双人字形组合式木地板　　席纹组合式木地板(二)

a)

阿伦贝格式木地板　　尚蒂式伊木地板　　凡尔赛式木地板

斜席纹组合式木地板　　横竖条组合式木地板　　嵌块式横竖条木地板

b)

图 A-6　木地板拼花组合造型示意图

2. 竹地板楼地面

竹地板楼地面的面层材料有竹片拼花地板、全竹地板、竹木复合地板，其质感特点是纤维硬、密度大、水分少、软中含韧。竹地板所用的竹材必须经过严格选材，并经硫化、防腐、防蛀、防火和美化处理，未经处理的不予采用。

3. 软木地板楼地面

软木是一种没有砍伐的自然橡树的树皮。橡树生长 25 年（即有 25 年的树龄）后，开始采剥一次，以后每 9 年采剥一次。橡树树皮可以再生，不会对树木造成伤害，是一种能够适应环保需要的资源。

软木地板楼地面的面层材料有软木树脂地板、软木橡胶地板、软木复合弹性木地板（简称软木复合木地板）三种。由于软木产地较少，产量不高，故造价高。软木地板适用于高级宾馆的客房、计算机房、播音室、电话室等室内楼地面。

二、木、竹面层楼地面构造做法

木、竹面层楼地面的构造可分为有地垄墙、无地垄墙、弹性木地板等，其中无地垄墙构造中，又有空铺式、实铺式、粘贴式三种构造形式。

（一）有地垄墙构造

有地垄墙构造也称为架空式构造，多用于需要留有敷设空间、维修空间的首层房间及舞台。有地垄墙构造组成有地垄墙、压沿木（又名沿游木、沿椽木）、格栅（龙骨）、面层等，如图 A-7、图 A-8、图 A-9 所示，其具体构造做法详见表 A-21。

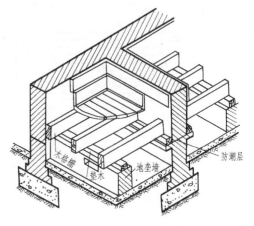

图 A-7　架空式木、竹地面构造组成

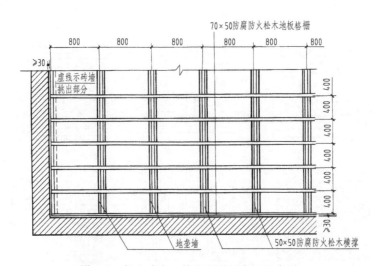

图 A-8　架空式木、竹地面平面布置示意图

（二）无地垄墙构造

1. 空铺式木、竹楼地面构造

空铺式木、竹楼地面构造是在结构层找平的基础上，固定木搁栅，然后将木、竹面层地板铺钉在搁栅上，如图 A-10、图 A-11、图 A-12 所示。空铺式木、竹楼地面有单层和双层两种做法，其具体构造做法详见表 A-22。

在铺设木地板面层时应注意两点。

（1）毛地板的铺设方向　毛地板的铺设方向与面层地板的形式及铺设方法有关。当面层采用条形木板或硬木拼花地板的席纹方式铺设时，毛地板宜斜向铺设，与木格栅的角度一般为 30°或 45°，如图 A-13 所示。当面层采用硬木拼花地板人字纹图案时，则毛地板与木格栅呈 90°垂直铺设。

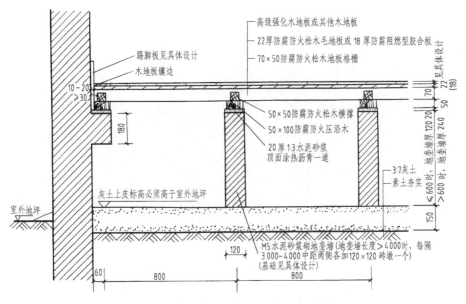

图 A-9　架空式木、竹地面剖面分层构造

表 A-21　有地垄墙单层、双层木、竹地面构造做法

构造层次	构造做法	说　明
面层	油漆（由设计人员定） 50mm×20mm 硬木企口长条或拼花木地板 22mm 厚松木毛地板（背面刷氟化钠防腐剂）45°斜铺，上铺油纸 1 层	1. 面层铺法由设计确定 2. 木地板下如需进人检修，地垄墙上应设出入洞
	地板漆 2 遍（或由设计人员定） 100mm×25mm 长条松木企口地板（背面刷氟化钠防腐剂）	
格栅（龙骨）	50mm×70mm 木龙骨中距 400mm，50mm×50mm 横撑中距 800mm（龙骨、横撑满涂防腐剂）	
找平层	20mm 厚 1：3 水泥砂浆找平层（地垄墙顶面）	
地垄墙	120mm 厚地垄墙 M5 水泥砂浆砌筑，800mm 中距，地垄墙高度超过 600mm 时墙厚应为 240mm，长度超过 4m 时两侧应为 120mm×120mm 砖垛，中距 4m	
垫层	150mm 厚 3：7 灰土（上皮标高必须高于室外地坪）	
基土	素土夯实	

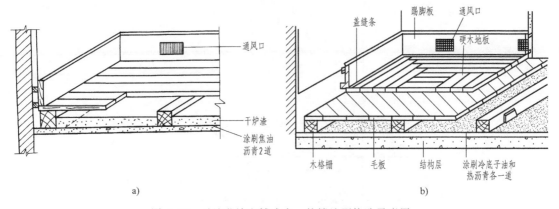

图 A-10　无地垄墙空铺式木、竹楼地面构造示意图

a）单层做法　b）双层做法

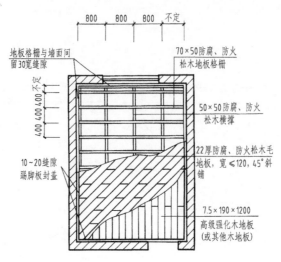

图 A-11　无地垄墙空铺式木、竹楼地面平面示意图

表 A-22　无地垄墙空铺式单层、双层木、竹楼地面构造做法

构造层次		构造做法		说　明
		楼面	地面	
面层	单层	地板漆 2 道(地板成品带油漆无此道工序) 100mm×18mm 长条硬木企口地板(背面刷氟化钠防腐剂)		1. 面层铺法由设计确定,并在施工图中示明 2. 楼面隔声层如采用其他材料,可在施工图中示明
	双层	地板漆 2 道(地板成品带油漆无此道工序);50mm×18mm 硬木长条或席纹拼花、人字拼花地板(背面刷氟化钠防腐剂) 18mm 厚松木毛地板 45°斜铺(稀铺),上铺防潮卷材 1 层		
格栅(龙骨)		50mm×50mm 木龙骨间距 400mm(架空 20mm,用间距 400mm 木垫块垫平),表面刷防腐剂,10 号镀锌钢丝两根与钢筋鼻子绑牢		
结构层		现浇钢筋混凝土楼板		
垫层		—	80mm 厚 C15 混凝土垫层	
基土		—	素土夯实	

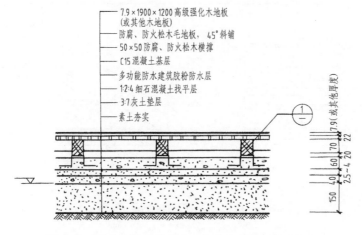

图 A-12　无地垄墙空铺式木、竹楼地面剖面分层构造

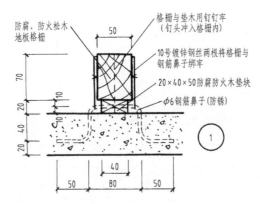

图 A-12　无地垄墙空铺式木、竹楼地面剖面分层构造（续）

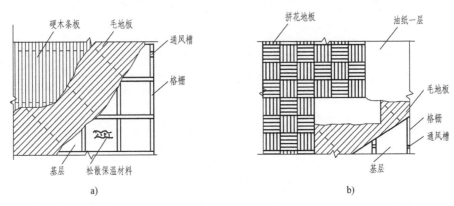

图 A-13　毛地板的铺设方向

a）硬木条板　b）硬木拼花地板席纹方式

（2）板与板之间的拼缝　板与板之间的拼缝有企口缝、平口缝、销板缝、截口缝、压口缝和斜企口缝等形式，如图 A-14 所示。

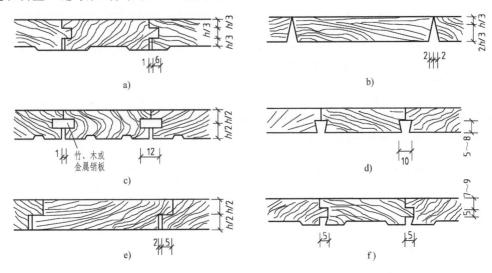

图 A-14　木板条接缝形式

a）企口缝　b）平口缝（用于毛地板）　c）销板缝　d）截口缝　e）压口缝（用于毛地板）　f）斜企口缝

2. 实铺式木、竹楼地面构造

实铺式木、竹楼地面构造是将强化复合木地板、竹木复合地板、软木复合地板直接铺装于结构层的构造，也称为悬浮式构造，如图 A-15 所示。实铺式木、竹楼地面有单层、双层两种做法，详见表 A-23。

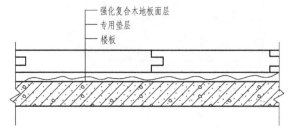

图 A-15　实铺式木、竹楼地面分层构造

表 A-23　无地垄墙实铺式木、竹楼地面单层、双层构造做法

构造层次		构造做法	说　明
面层	单层	8mm 厚企口强化复合木地板,板缝用胶粘剂粘铺 3~5mm 厚泡沫塑料衬垫	1. 强化复合木地板表面纹理及颜色见工程设计 2. 木材防腐剂还可用石蜡、煤焦油或沥青浸煮,木板朝上的表面可不刷防腐剂,以免影响木材与面层的粘贴
	双层	8mm 厚企口强化复合木地板,板缝用胶粘剂粘铺 3~5mm 厚泡沫塑料衬垫;15mm 厚松木毛地板 45°斜铺(稀铺,背面满刷氟化钠防腐剂)	
找平层		20mm 厚 1:2.5 水泥砂浆找平层	
填充层		60mm 厚 1:6 水泥焦渣填充层	
楼板		现浇钢筋混凝土楼板	

3. 粘贴式木、竹楼地面构造

粘贴式木、竹楼地面构造是将木、竹地板直接粘贴在水泥砂浆或混凝土基层上的构造。根据面层材料的不同，其胶粘剂的选用也不同。木地板常用 XY401，竹地板常用 801 强力胶，软木地板则应用专用胶。施工前，应对选用的胶粘剂进行试验、技术鉴定。粘贴式木、竹楼地面构造做法详见表 A-24。

表 A-24　粘贴式木、竹楼地面构造做法

构造层次	构造做法		说　明
	楼面	地面	
面层	油漆(由设计人员定) 粘贴 10~14mm 厚硬木平口席纹拼花地板(木地板背面刷薄薄一层 XY401 胶粘剂,然后与水泥砂浆找平层粘贴)		—
	油漆(由设计人员定) 粘贴 16~20mm 厚硬木企口席纹拼花地板(木地板背面刷薄薄一层 XY401 胶粘剂,然后与水泥砂浆找平层粘贴)		
找平层	20mm 厚 1:2.5 水泥砂浆找平层		
结合层	素水泥浆 1 道		
填充层	60mm 厚 1:6 水泥焦渣填充层	—	

（续）

构造层次	构造做法		说　明
	楼面	地面	
结构层	现浇钢筋混凝土楼板	—	
垫层	—	60mm 厚 C15 混凝土垫层	—
基土	—	素土夯实	

（三）弹性木地板构造

弹性木地板因其弹性好，故在舞台、练功房、比赛场等处广泛采用。

弹性木地板构造可分为衬垫式和弓式两种。衬垫式弹性木地板是用橡胶、软木、泡沫塑料或其他弹性好的材料作衬垫。衬垫可以按块状或通长条形布置。弓式弹性木地板有木弓式、钢弓式两种。木弓式弹性地板是用木弓支托格栅来增加格栅弹性，木弓下设通长垫木，用螺栓或钢筋固定在结构基层上，木弓长约 1000~1300mm，高度可根据需要的弹性通过试验确定。格栅上再铺毛板、油纸，最后铺钉硬木地板。钢弓式弹性地板是将格栅用螺栓固定在特制的钢弓上。弹性木地板构造如图 A-16、图 A-17 所示。

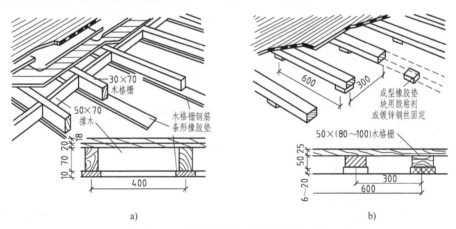

图 A-16　衬垫式弹性木地板构造示意图

a）条形橡胶垫　b）块状橡胶垫

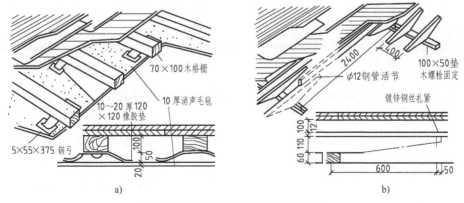

图 A-17　弓式弹性木地板构造示意图

a）钢弓式　b）木弓式

（四）弹簧木地板构造

弹簧木地板是由许多弹簧支承的整体式骨架地面，主要用于电话间和其他一些特殊场所地面。弹簧木地板具有很好的弹性，常与电子开关连用。如某电话间，人在进入地板时，地板加载，弹簧下沉，接通电流，电灯自动点亮；人离开后，地板回到原位，切断电流，电灯自动熄灭。这种构造具有智能化的特点，用于住宅、宾馆颇为方便。

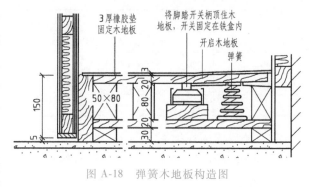

图 A-18　弹簧木地板构造图

弹簧木地板主要是由金属弹簧、钢骨架、厚木板、中密度板及饰面材料等几部分组成。应注意弹簧安装时应先做弹力试验。弹簧木地板构造如图 A-18 所示。

A4　特种楼地面装饰装修构造

考核点	1. 防静电楼地面构造要点 2. 发光楼地面构造要点 3. 网络地板楼地面构造要点		
知识点	1. 防静电楼地面的概念及适用范围 2. 发光楼地面的概念及适用范围 3. 网络地板楼地面的概念及适用范围		
数字化资源二维码	▣ 发光楼地面构造　　▣ 架空式防静电地板铺设构造	课件资源二维码	▣

一、防静电楼地面

防静电楼地面是指面层采用防静电材料铺设的楼地面。具体有防静电水磨石楼地面、防静电水泥砂浆楼地面、防静电活动楼地面，其构造做法与前述内容基本相同，但有以下几点需加以说明。

1) 面层、找平层、结合层材料内需添加导电粉。

2) 导电粉材料一般为石墨粉、炭黑粉或金属粉等，这些材料需经一系列导电试验成功后方可确定配方采用。

3) 水磨石面层的分格条如为金属条，其纵横金属条不可接触，应间隔 3～5mm，如图 A-19 所示，金属表面须涂绝缘涂料，铜分格条与接地钢筋网间的净距不小于 10mm。

4) 找平（找坡）层内需配置 $\phi4@200mm$ 导电网，如图 A-20、图 A-21 所示。

二、发光楼地面

发光楼地面是采用透光材料为面层，光线由架空层的内部向室内空间透射的楼地面，主

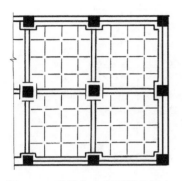

图 A-19　防静电水磨石楼地面金
属分格条平面示意图

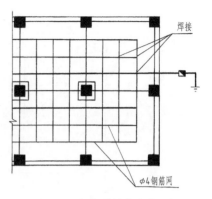

图 A-20　方格形导静电接地网

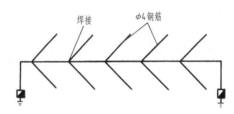

图 A-21　鱼骨形导静电接地网

要用于舞厅的舞池、歌剧院的舞台、豪华宾馆、游艺厅、科学馆等公共建筑楼地面的局部重点点缀。其构造组成如图 A-22 所示。

发光楼地面构造要点如下。

（1）架空支承结构　一般使用的有砖墩、混凝土墩、钢结构支架三种，其高度要保证光片能均匀地投射到楼地面，并且预留通风散热孔洞，使架空层与外部之间有良好的通风条件。一般沿外墙每隔 3~5m 开设 180mm×180mm 的孔洞，墙洞口加封钢丝网罩或与通风管相连。另外，还需要考虑维修灯具及管线的空间，要预留进人孔或设置活动面板。

（2）格栅层　格栅的作用是固定和承托透光面板面层，可采用木格栅、型钢、T 形铝型材等。其断面尺寸的选择应根据支承结构的间距确定，铺设找平后，将格栅与支承结构固定。对于木格栅，在施工前应预先进行防火处理。

（3）灯具　灯具应选用冷光源灯具，以免散发大量光热。灯具基座固定在楼板上。灯具应避免与木构件直接接触，并采取隔绝措施，以免引发火灾事故。

（4）透光面板　透光面板采用双层中空钢化玻璃、双层中空彩绘钢化玻璃、玻璃钢等材料。透光面板与搁栅固定有搁置与粘贴两种方法。搁置法节省室内使用空间，便于更换、维修灯具线路；粘贴法要设置专门的进人孔。

（5）细部处理　细部处理指透光材料之间的接缝处理和透光材料与其他楼地面交接处的处理。透光材料之间的接缝采用密封条嵌实、密封胶封缝。透光材料与其他地面交接处，用不锈钢板压边收口。

三、网络地板楼地面

网络地板楼地面是指采用阻燃型料壳内填充抗压材料的带有线槽模块，用于拼装布线的

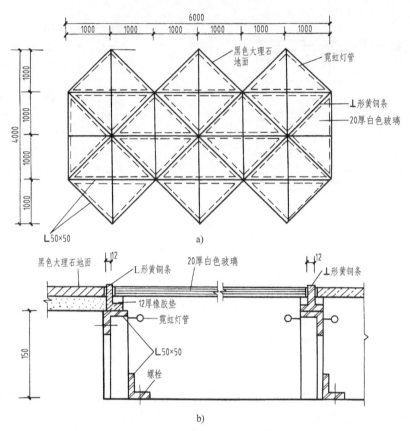

图 A-22 发光楼地面构造示意图

a) 平面示意图 b) 剖面示意图

楼地面面层。它可随意走线，也可称为线床地面。网络地板楼地面可减少钢筋混凝土楼板内穿线管的数量，线槽容量大，可随意改动、扩大线路，操作方便，广泛用于通信、邮电、电子计算机中心等现代化办公用房的楼地面。

1. 网络地板材料

网络地板由无槽形地板块、十字槽地板块、一字槽地板块和大小铁盖板及方块地毯组成，并与铸模电缆线坑模衔接，总高度小于 80mm，尺寸为 600mm×600mm。电缆坑槽以纵横交叉的方式运行于整个地板层，其中电力缆线槽为 120mm×26mm，数据资料缆线槽为160mm×26mm，电话缆线槽为 120mm×26mm。

2. 网络地板构造要点

（1）基层处理 网络地板的铺设要求地面平整，一平方米内不能有明显的凹凸现象，同时地面应无浮土、杂质。

（2）板块固定 按照布线槽的设计要求与地板的安装要求，进行板块固定。网络板块的固定可采用铺钉或胶粘的固定方法齐线紧密平铺，每四块调整误差，具体构造如图 A-23 所示。房间整体地板铺设完后，周围边角可裁无槽地板块来填补或用专用饰件来进行收口处理，要求填补后的表面与地板块高度一致。铺完后清除网络地板块与槽中砂土，盖上盖板，再进行地面的饰面处理。网络地板在特殊部位的构造做法如图 A-24 所示。

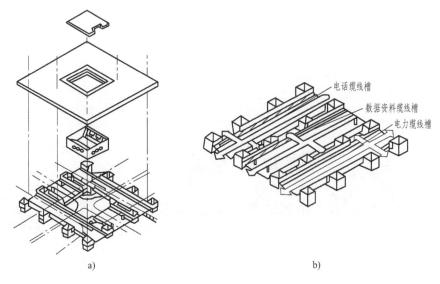

图 A-23　网络地板构造

a）带插座盒的网络地板构造　b）网络地板布线示意图

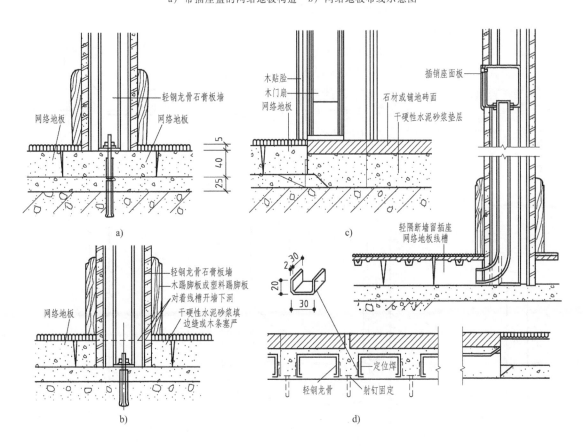

图 A-24　网络地板在特殊部位的构造做法

a）后安装轻隔断墙　b）先安装轻隔断墙　c）内门下做法

d）走道、电梯的非网络地板过线做法

A5　楼地面特殊部位的装饰装修构造

考核点	1. 抹灰类踢脚板的构造做法 2. 铺贴类踢脚板的构造做法 3. 木质踢脚板的构造做法 4. 不同材质楼地面交接处的过渡构造				
知识点	1. 踢脚板的概念 2. 踢脚板的作用 3. 踢脚板的构造高度及构造方式				
数字化资源二维码	不同材质楼地面交接处构造	木质踢脚板构造	异型踢脚板构造	课件资源二维码	

一、踢脚板装饰装修构造

　　踢脚板是楼地面与墙面相交处的构造处理。设置踢脚板的作用是遮盖楼地面与墙面的接缝，保护墙面根部免受外力冲撞及避免清洗楼地面时被污损，同时满足室内美观的要求。踢脚板的高度一般为 100~150mm。

　　踢脚板的构造方式有与墙面相平、突出、凹进三种，如图 A-25 所示。踢脚板按材料和施工方式分为抹灰类踢脚板、铺贴类踢脚板、木质踢脚板等。

　　抹灰类踢脚板做法主要有水泥砂浆抹面、现浇水磨石、丙烯酸涂料涂刷等，其做法与楼地面相同。当采用与墙面相平的构造方式时，为了与上部墙面区分，常做 10mm 宽凹缝。抹灰类踢脚板的构造做法如图 A-26 所示。

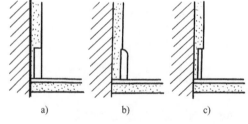

图 A-25　踢脚板的构造形式
a）相平　b）突出　c）凹进

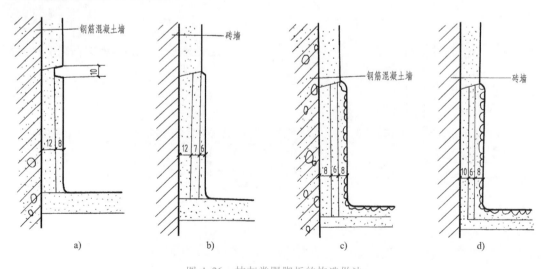

图 A-26　抹灰类踢脚板的构造做法
a）、b）水泥砂浆踢脚板　c）、d）现浇水磨石踢脚板

铺贴类踢脚板常用的有预制水磨石踢脚板、彩色釉面砖踢脚板、通体砖踢脚板、微晶玻璃板踢脚、石材板踢脚等。铺贴类踢脚板的构造做法如图 A-27 所示。

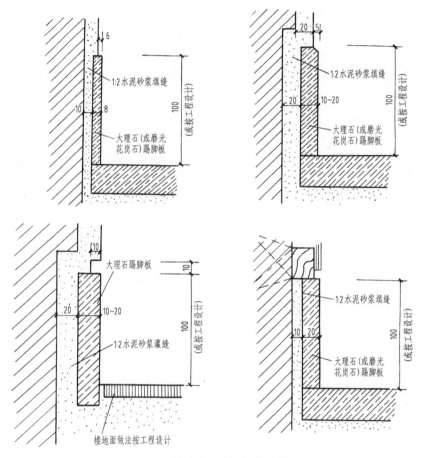

图 A-27　铺贴类踢脚板的构造做法

木质踢脚板多用墙体内预埋木砖来固定，为了避免受潮反翘，在靠近墙体一侧做凹口。木质踢脚板的构造做法如图 A-28 所示。

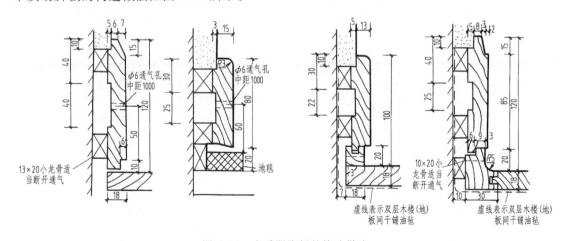

图 A-28　木质踢脚板的构造做法

二、不同材质楼地面交接处的过渡构造

　　使用功能不同的房间或同一功能房间内楼地面的不同部位有时采用不同的材质，不同材质之间如地毯与石材、不同质地的地毯、地毯与木地板、木地板与石材或地砖等的交接处，均应采用坚硬材料作边缘构件（如硬木、铜条、铝条等）进行过渡构造处理，以免出现起翘或参差不齐的现象。不同材质的分界线在同一功能的房间内时应根据使用要求或室内装饰设计确定，使用功能不同的房间，其楼地面分界线宜与门洞口内门框的裁口线一致。

　　常见不同材质楼地面交接处的过渡构造如图 A-29 所示。

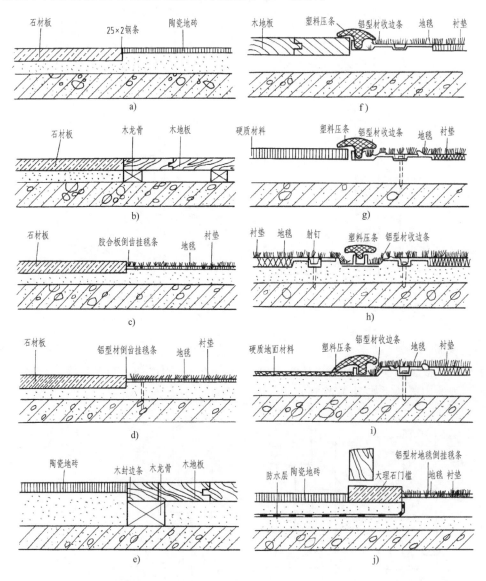

图 A-29　常见不同材质楼地面交接处的过渡构造

a) 石材板与陶瓷地砖交接　b) 石材板与木地板交接　c)、d) 石材板与地毯交接
e) 陶瓷地砖与木地板交接　f) 木地板与地毯交接　g) 硬质材料与地毯交接
h) 不同颜色、材质的地毯交接　i) 不同材质、不同地面高度交接　j) 卫生间地面门槛处理

【项目探索与实战】

项目探索与实战是以学生为主体的行为过程实践阶段。

实战项目一　某中学化学实验室地面构造设计

（一）实战项目概况

如图 A-30 所示，为某中学的化学实验室平面示意图。化学实验室位于首层，地面为美术水磨石地面，分格尺寸 800mm×800mm，颜色图案自定。

（二）实战目标

掌握现浇水磨石楼地面分层构造做法，能够熟练地绘制现浇水磨石楼地面的装饰施工图。

（三）实战内容及深度

用 2 号制图纸完成下列各图，比例自定。要求达到施工图深度，并符合国家制图标准。

1）化学实验室地面平面布置图，要求表示出地面拼花图案、分格尺寸，并标注出材料、颜色。

2）化学实验室地面分层构造剖面图，要求标明各分层构造具体做法。

3）踢脚板、门洞口、分隔条的节点详图。

（四）实战主要步骤

1）根据实战任务，每位学生首先进行楼地面剖面节点详图草图设计。

2）经指导教师审核后，开始独立绘制实战任务要求的全部图样。

① 用细线条画初稿，先画主要建筑构、配件，再画装饰的图示内容及剖面、索引符号，最后画内、外尺寸线及标高符号。

② 按线型要求加深加粗图线。

③ 标注尺寸和标高。

④ 书写文字说明、图名和比例。

实战项目二　某生活服务中心舞厅地面装饰装修构造设计

（一）实战项目概况

某生活服务中心舞厅平面图如图 A-31 所示，根据具体的使用功能，完成地面装饰装修构造设计。

（二）实战目标

掌握木楼地面及板块式楼地面分层构造做法，能够熟练地绘制相应楼地面的装饰施工图。

（三）实战内容及深度

1）绘制生活服务中心舞厅楼地面平面布置图，要求表示出楼地面图案、板材规格及材质。

2）绘制木地板楼地面及板块式楼地面分层构造详图，并标注具体的构造做法。

3）绘制踢脚板及不同材质相交处的节点详图。

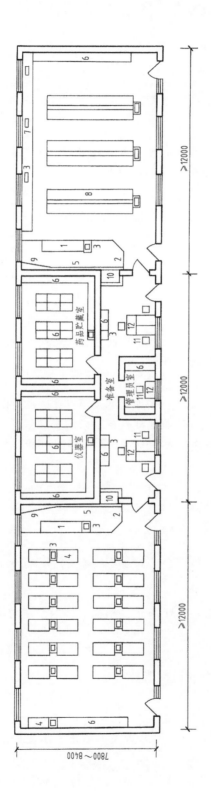

图 A-30　某中学化学实验室平面图

1—教师演示桌　2—讲台　3—水盆　4—学生实验台　5—黑板　6—柜子　7—周边实验台
8—岛式实验台　9—幻灯银幕　10—毒气柜　11—书架　12—教师桌

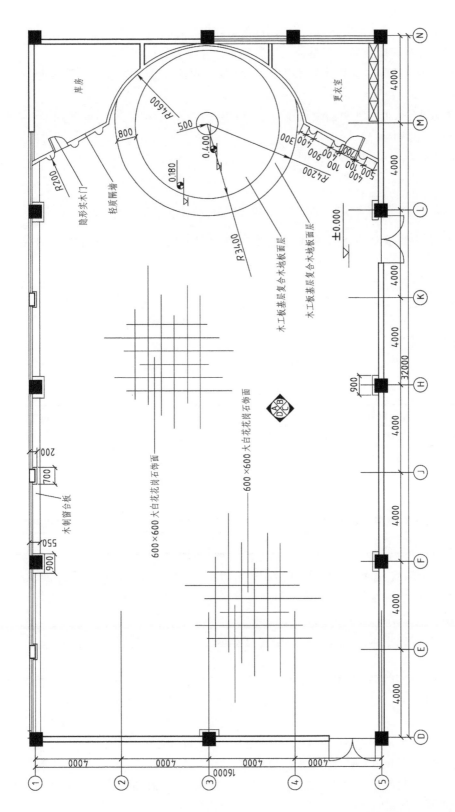

图 A-31　某生活服务中心舞厅平面图

（四）实战主要步骤

1）根据实战任务，每位学生首先进行楼地面平面布置草图、剖面节点详图草图设计。

2）经指导教师审核后，开始独立绘制实战任务要求的全部图样。

① 用细线条画初稿，先画主要建筑构、配件，再画装饰的图示内容及剖面、索引符号，最后画内、外尺寸线及标高符号。

② 按线型要求加深加粗图线。

③ 标注尺寸和标高。

④ 书写文字说明、图名和比例。

【项目提交与展示】

项目提交与展示是学生攻克难关完成项目设定的实战任务，进行成果的提交与展示阶段。

一、项目提交

1. 成果形式

通常是一本设计图册，包括封面、扉页、目录、设计说明和构造设计图。

2. 成果格式

（1）封面设计要素 封面设计要素包括文字、图形和色彩，详见表 A-25。

表 A-25 封面设计要素信息表

文字要素（必选要素）	图形、色彩要素（可选要素）
项目名称/项目来源单位	平面图案
设计理念（创新点、亮点）	设计标志
学校名称/专业名称	工程实景照片
班级/学号/姓名	调研过程记录照片
专业指导教师/企业指导教师	
完成日期	

（2）封面规格 一般采用 2 号图纸，规格与施工图一致，横排形式，装订线在左侧。

（3）封面排版 按信息要素重要程度设计平面空间位置，重要的放在醒目、主要位置，一般的放在次要位置。

（4）扉页 扉页表达内容一般包括设计理念、创新点、亮点、内容提要。纸质可采用半透明或非透明纸，排版设计要简洁明了。

（5）目录 一般采用二级或三级目录形式，层次分明，图名正确，页码指示准确。

（6）设计说明 设计说明主要包括工程概况、设计依据、技术要求及图纸上未尽事宜。

（7）构造设计图 构造设计图是图册的核心内容，要严格按照国家制图标准绘制，要求达到施工图深度。如需要向业主表达直观的形象，可以加色彩要素和排版信息。构造设计图可手绘表达，也可用 CAD 绘制。

（8）封底 封底是图册成果的句号，封底设计要与封面图案相协调或适当延伸。封底用纸应与封面用纸相同。

二、项目展示

项目展示包括 PPT 演示、图册展示及问答等内容。要求学生用演讲的方式展示最佳的语言表达能力，展示最得意的构造技术及应用能力。

1. 学生自述 5min 左右，用 PPT 演示文稿，展示构造设计的理念、方法、亮点及体会。

2. 通过问答，教师考查学生构造设计成果的正式性和正确性。

【项目评价】

项目评价是专业指导教师和企业指导教师针对学生构造设计的过程、成果及答辩进行综合评价，给出成绩的阶段。

一、评价功能

1）检验学生项目实战效果及学生观察问题、分析问题、应用专业知识解决实际问题的能力。

2）教师自检其选择的教学方法、手段、形式所得的成果。

二、评价内容

1）构造设计的难易程度。

2）构造原理的综合运用能力。

3）构造设计的基本技能。

4）构造设计的创新点和不足之处。

5）构造设计成果的规范性与完成情况

6）对所提问题的回答是否充分和语言表达水平。

三、成绩评定

总体评价参考比例标准：过程考核 40%，成果考核 40%，答辩 20%。

项目 B　墙、柱面装饰装修构造

【项目引入】

项目引入是学生明确项目学习目标、能力要求及通过对项目 B 的整体认识，形成宏观脉络的阶段。

一、项目学习目标

1）掌握墙、柱面装饰装修构造的基本概念、类型及构造组成。

2）熟悉各类墙、柱面装饰装修构造的基本做法。

3）掌握各类幕墙的构造组成、特点、作用及构造节点详图。

二、项目能力要求

1）能合理地选择墙、柱面装饰装修构造方案。

2）能分析、解决墙、柱面工程施工一线的构造技术问题，具备技术交底能力。

3）能根据真实工程项目中的任务条件，举一反三地对墙、柱面进行构造设计，并转化为施工图。

4）具备幕墙工程施工图设计能力。

三、项目概述

墙、柱面装饰装修工程包括建筑物外墙、柱面装饰装修和内墙、柱面装饰装修两大部分。

（一）墙、柱面装饰装修的作用

1. 外墙、柱面装饰装修的作用

（1）保护墙体　外墙直接与大气接触，风吹雨打、日晒雨淋以及腐蚀性气体和微生物的作用，都能使外墙墙体的耐久性直接受到影响。墙体装饰装修可以保护墙体不直接受到外力的磨损、碰撞和破坏，提高对外界各种不利因素的抵抗能力和耐久性，延长使用年限。

（2）改善墙体的物理性能　墙体通过使用一些有特殊性能的材料，可提高墙体保温隔热、隔声功能，同时还起防辐射、防火、防盗、防渗漏等作用。如现代建筑中大量采用的吸热和热反射玻璃，能吸收或反射太阳辐射热能的 50%~70%，从而可以大大节约能源。

（3）美化环境，丰富建筑的艺术形象　建筑物的外观效果，虽然主要取决于建筑的总体效果，如建筑的体量、形式、比例、尺度、虚实对比等，但外墙面装饰所表现的质感、色彩、线型等，也是构成总体效果的重要因素。采用不同的墙体装饰材料，应用不同的构造方法，可以美化建筑的外环境，丰富建筑形象。

2. 内墙、柱面装饰装修的作用

（1）保护墙体　内墙面在人们使用的过程中，会受到各种因素的影响。内墙面的装饰装修同外墙面一样，对墙体有保护的作用，延长墙体的耐久性。

（2）保证室内的使用条件　室内墙面经过装饰变得平整、光滑，不仅便于清扫和保持卫生，而且可以增加光线的反射，提高室内照度，保证人们在室内的正常工作和生活需要；当墙体本身热工性能不能满足使用要求时，可以在墙体内侧结合饰面做保温隔热处理，提高墙体的保温隔热能力。另外，内墙面装饰装修后有一定质量和厚度的饰面层，可以加强墙体的声学功能，提高墙体隔声、吸声、反射声波的能力。

（3）装饰美化室内环境　内墙面是室内的垂直界面，内墙面饰面层的质感、色彩、类型、饰物对装饰美化室内环境起着重要的作用。

（二）墙、柱面装饰装修的类型

墙、柱面装饰装修的类型有抹灰类、饰面板（砖）类、涂饰类、裱糊与软包类、幕墙类等。

【项目解析】

项目解析是在项目引入阶段的基础上，专业教师针对学生的实际学习能力对项目 B 墙、柱面的构造原理、构造组成、构造做法等进行解析，并结合工程实例、企业真实的工程项目任务，让学生获得相应的专业知识。

B1　抹灰类饰面装饰装修构造

考核点	1. 抹灰类饰面的类型 2. 一般抹灰的构造组成及构造做法 3. 常用装饰抹灰的构造组成及构造做法 4. 清水砌体勾缝饰面构造要求		
知识点	1. 一般抹灰的概念及等级 2. 装饰抹灰的概念及类型 3. 清水砌体勾缝饰面的概念及类型		
数字化资源二维码	墙面抹灰构造	课件资源二维码	

抹灰类饰面是指采用水泥砂浆、混合砂浆、石膏砂浆或水泥石渣浆等做成的各种饰面抹灰层。抹灰饰面一般分为一般抹灰、装饰抹灰和清水砌体勾缝三大类。

一、一般抹灰

1. 一般抹灰的等级

一般抹灰是指采用石灰砂浆、水泥砂浆、水泥混合砂浆、聚合物水泥砂浆、麻刀灰、纸筋灰等对建筑物的面层抹灰罩面。根据饰面质量要求和主要工序的不同，一般抹灰可分为高级抹灰、普通抹灰两个级别，见表 B-1。

2. 一般抹灰的构造

一般抹灰通常采用分层的构造做法，普通抹灰由底层、中层、面层或由底层、面层组成；高级抹灰由底层、数层中层和面层组成。

表 B-1　一般抹灰的等级、适用范围和工序要求

级别	适用范围	工序要求
普通抹灰	仓库、住宅、办公楼、学校、旅馆及高标准建筑物的附属房间	1 层底灰、1 层中灰、1 层面灰，阳角找方，设置标筋，分层赶平、修整，表面压光
高级抹灰	公共建筑、纪念性建筑、有特殊要求的办公楼以及涉外建筑等	1 层底灰、数层中灰、1 层面灰，阴阳角找方，设置标筋，分层赶平、修整，表面压光。要求颜色均匀，线脚平直清晰

（1）底层抹灰　底层抹灰又称为刮糙，是对墙体基层进行的表面处理，其作用是与基层墙体粘结兼初步找平。底层抹灰的厚度根据基层材料和抹灰材料不同而有所不同，应根据实际情况进行厚度的设计。

（2）中层抹灰　中层抹灰主要起找平、结合以及弥补底层抹灰的干缩、裂缝的作用。中层抹灰所用材料与底层抹灰基本相同。根据设计和质量要求，可以一次抹成，也可以分层操作。中层抹灰的厚度一般为 5~9mm。

（3）面层抹灰　面层抹灰又称为罩面，面层抹灰主要起装饰作用，要求表面平整、无裂纹、颜色均匀，面层抹灰厚度一般为 5~8mm。由于建筑内外墙面所处的环境不同，面层材料及做法也有所不同。

1）建筑外墙面。建筑外墙面防水和抗冻要求较高，面层抹灰一般用 1∶2.5 或 1∶3 水泥砂浆。当外墙面面积较大时，抹灰饰面因温度变化和材料干缩容易产生裂缝，应设置引条线将饰面分成小块进行抹灰施工。引条线设置的位置通常在窗洞口的四周，横向引条线也可设于圈梁的上下，如图 B-1 所示。

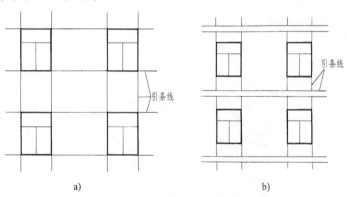

图 B-1　引条线设置位置

a）引条线设于窗四周　b）横向引条线设于圈梁上下

引条线一般为凹缝，断面形式有梯形、三角形和半圆形，如图 B-2 所示。

2）建筑内墙面。内墙抹灰的面层材料，潮湿环境用水泥砂浆，非潮湿环境采用纸筋灰罩面。纸筋灰是一种气硬性材料，和易性好，抹灰效果平整挺括。另外，纸筋灰罩面还可作为裱糊类和涂饰类饰面的基层。

一般抹灰饰面构造见表 B-2。

3. 抹灰墙体转角部位的保护

室内墙面、柱面的阳角和门洞口的阳角抹灰要求线条挺直，并要防止碰坏，因此无论设计有无规定，都需要做护角。护角的形式有直角、圆角或截角，做法有以下几种：

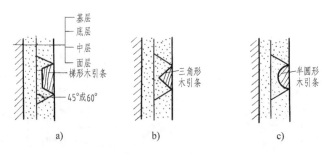

图 B-2　抹灰面引条线的形式

a）梯形木引条　b）三角形木引条　c）半圆形木引条

表 B-2　一般抹灰饰面构造

抹灰名称	底层		面层		应用范围
	材料	厚度/mm	材料	厚度/mm	
混合砂浆抹灰	1:1:6 水泥石灰砂浆	12	1:1:6 水泥石灰砂浆	8	一般民用建筑内、外墙面
水泥砂浆抹灰	1:3 水泥砂浆	12	1:2.5 水泥砂浆	8	一般民用建筑外墙面
		14	1:2.5 水泥砂浆	6	有防潮要求的房间、墙裙及建筑物阳角
纸筋麻刀灰抹灰	1:3 石灰砂浆	13	纸筋灰或麻刀灰玻璃丝	2	一般民用建筑内墙面
石膏灰罩面	1:(2~3) 麻刀灰砂浆	13	石膏灰	2~3	高级装修的室内顶棚和墙面抹灰的罩面
膨胀珍珠岩灰浆罩面	1:(2~3) 麻刀灰砂浆	13	水泥:石灰膏:膨胀珍珠岩=100:(10~20):(3~5)（质量比）的膨胀珍珠岩浆	2	保温隔热要求较高的建筑内墙面

1）水泥砂浆护角：从地面起不低于2m的高度范围内抹1:2水泥砂浆，护角每侧宽度不小于50mm。

2）暗金属护角：先在墙上先做暗金属护角条，然后再抹灰找平。

3）露明金属护角：在墙角做露明的不锈钢、黄铜、铝合金或橡胶的护角，高度不超过2m。

护角的做法详如图 B-3 所示。

二、装饰抹灰

装饰抹灰是在一般抹灰的基础上，利用不同的工具和操作方法对抹灰表面进行装饰性加工处理所形成的饰面层。与一般抹灰相比，装饰抹灰具有鲜明的艺术特色和强烈的装饰效果。装饰抹灰可分为抹灰类装饰抹灰和石渣类装饰抹灰。

（一）抹灰类装饰抹灰

抹灰类装饰抹灰是通过水泥砂浆的着色或水泥砂浆表面形态的艺术加工，获得一定色彩、线条、纹理质感，以达到装饰的目的。

根据构造方法和装饰效果的不同，抹灰类装饰抹灰分为以下几种类型。

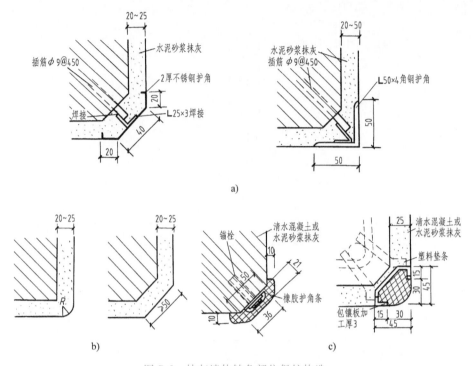

图 B-3　抹灰墙体转角部位保护构造

a）金属护角条　b）圆角或截角　c）橡胶护角

（1）水泥石灰类装饰抹灰　包括拉毛灰、甩毛灰、喷毛灰、搓毛灰、洒毛灰、拉条灰等。构造做法详见表 B-3。

（2）聚合物水泥砂浆装饰抹灰　包括喷涂、辊涂、弹涂。构造做法详见表 B-3。

表 B-3　常用墙面装饰抹灰构造做法

抹灰名称	构造做法	说明	特点
水泥石灰拉毛	①13mm 厚 1∶0.5∶4 水泥石灰膏砂浆打底，分两遍完成，待六七成干时，再刷水泥浆一道 ②4~20mm 厚 1∶0.5∶1 水泥石灰膏砂浆用棕刷、竹丝刷、笤帚等拉毛	拉毛有大拉毛和小拉毛，大拉毛掺入水泥量 20%~25%（质量分数）的石灰膏，小拉毛掺入水泥量 5%~12%（质量分数）石灰膏	手工操作，工效较低，易清洁
石膏拉毛灰	石膏粉加入适量水不停地搅拌，待过了水硬期后用刮板平整地刮在垫层上，然后拉毛、干燥后上油漆或涂料	一般用于室内抹灰	
油拉毛灰	石膏粉加入适量水不停地搅拌，待过了水硬期后加入油料拌和均匀；然后刮在垫层上 3~5mm 厚，再进行拉毛，干燥后上油漆或涂料	一般用于室内抹灰	
甩毛灰	13~15mm 厚 1∶3 水泥砂浆打底，待五六成干时，刷 1 遍水泥浆或水泥色浆。将 2 层灰浆用工具甩在墙上	室内外均可使用	—

（续）

抹灰名称	构造做法	说明	特点
喷毛灰	13mm 厚 1∶0.5∶4 水泥石灰膏砂浆分两次完成，待六七成干时，把 1∶1∶6 水泥石灰膏砂浆用挤压喷浆泵连续均匀地喷涂于墙面上	一般用于室内抹灰	—
搓毛灰	①1∶1∶6 水泥石灰膏砂浆打底 ②1∶1∶6 水泥石灰砂浆罩面后搓毛	装饰效果不及甩毛和拉毛（一般用于室内抹灰）	工艺简便，省工省料
拉条灰	①1∶1∶6 水泥石灰膏砂浆打底 ②1∶2.5∶0.5（体积比）水泥细黄砂纸筋灰混合砂浆第一遍面层 ③1∶0.5 水泥纸筋石灰膏第二遍面层 ④用拉条模沿导轨直尺从上往下拉条成型 ⑤喷刷涂料	细条形拉条灰第一遍面层用 1∶2∶0.5 的水泥细黄砂纸筋混合砂浆（一般用于室内抹灰）	立体感强，改善大空间墙面的音响效果，表面易积灰，多用于门厅、观众厅墙面装饰
洒毛灰	①1∶3 水泥砂浆打底，表面找平搓毛 ②彩色水泥砂浆中层 ③用竹丝帚蘸 1∶1 水泥砂浆洒到带色的中层灰面上	一次成活，不能补洒（室内外均可使用）	清新自然，操作简便
喷涂	在一般抹灰的基础上用挤压砂浆泵或喷斗将聚合物水泥砂浆喷涂到墙面上	表面灰浆呈波纹状或表面布满点状的颗粒（室内外均可使用）	—
辊涂	抹聚合物水泥砂浆面层后立即用特制的辊子在表面辊压出花纹，再用甲醛硅酸钠疏水剂溶液罩面	辊涂分干辊和湿辊。干辊压出的花纹印痕深；湿辊时，辊子反复蘸水，辊出的花纹印痕浅，线型圆满，但工效低（室内外均可使用）	

（3）仿（假）石　仿（假）石如果做得好，无论在颜色、花纹和光滑度等方面都接近天然大理石，从经济、实用、美观等方面来讲也是一种比较好的材料。做法是采用 1∶3 水泥砂浆打底，并划出纹道，其厚度一般为 13mm，要求底层冲筋、上杠、表面平整；然后再刮石膏浆一遍，后做石膏饰面层。其质量配合比为素石膏浆∶石膏色浆 = 100∶10，厚度为 5~7mm。

（4）仿（假）面砖　仿（假）面砖饰面是用掺氧化铁黄、氧化铁红等颜料的水泥砂浆通过手工操作达到模拟面砖的装饰效果的饰面做法。常用配合比是水泥∶石灰膏∶氧化铁黄∶氧化铁红∶砂子 = 100∶20∶（6~8）∶2∶150（质量比），水泥与颜料应预先按比例充分混合均匀。其做法是先在底灰上抹厚度为 3mm 的 1∶1 水泥砂浆垫层，然后抹厚度为 3~4mm 的面层砂浆，用铁梳子顺着靠尺板向上向下划纹；然后按面砖宽度用铁钩子沿靠尺板横向划沟，其深度为 3~4mm，露出垫层砂浆即可。仿（假）面砖沟纹清晰，表面平整，色泽均匀，可以假乱真。仿（假）面砖分层构造如图 B-4 所示。

（二）石渣类装饰抹灰

石渣类装饰抹灰是把以水泥为胶凝材料，以石渣为集料的水泥石渣浆抹于墙体的中层抹灰上，然后用水冲洗、斧剁、水磨等方法除去表面浆皮，露出石渣的颜色、质感的饰面做法。石渣类装饰抹灰常用于建筑外墙，近些年来在建筑中已较少使用。

1. 石渣类饰面的种类

石渣类饰面有水刷石、斩假石、拉假石、干粘石、

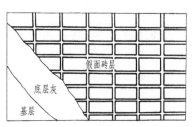

图 B-4　仿（假）面砖
分层构造示意图

干粘彩色瓷粒、喷彩釉砂等。

2. 石渣类饰面的材料

（1）胶结材料　胶结材料主要有硅酸盐水泥、普通硅酸盐水泥、矿渣硅酸盐水泥、火山灰质硅酸盐水泥、白色硅酸盐水泥、白色硫酸盐水泥、钢渣水泥及各种彩色水泥。

（2）集料　石渣类装饰抹灰使用的集料有彩色石渣、彩釉砂、着色砂、彩色瓷粒以及石屑、砾石等。彩色石渣常用品种及质量要求见表 B-4。

表 B-4　彩色石渣常用品种及质量要求

规格与粒径			质量要求
编　号	名称（规格）	粒径/mm	
1	大二分	约 20	①颗粒坚韧有棱角、洁净，不得含有风化的石粒 ②使用时应冲洗干净
2	一分半	约 15	
3	大八厘	约 8	
4	中八厘	约 6	
5	小八厘	约 4	
6	米粒石	0.3~1.2	

（3）颜料　石渣类装饰抹灰使用的颜料主要有氧化铁系颜料，如氧化铁黄、氧化铁红等，其色度不纯、颜色不鲜艳；酞菁系颜料，如酞菁蓝、酞菁绿等，色彩鲜艳、着色力强、耐久性好；钼红、铬红等颜料，色彩鲜艳、耐久性好。

3. 石渣类饰面的构造做法

（1）水刷石　外墙水刷石构造做法分三层，底层用 13mm 厚 1:3 水泥砂浆打底；中层为刮 1mm 厚素水泥浆一道；面层为 8~12mm 厚水泥石渣浆罩面。石渣采用"大八厘"时，水泥：石渣 = 1:1；石渣采用"中八厘"时，水泥：石渣 = 1:1.25；石渣采用"小八厘"时，水泥：石渣 = 1:1.5。水刷石构造做法如图 B-5 所示。

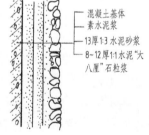

混凝土基体
素水泥浆
13厚1:3水泥砂浆
8~12厚1:1水泥"大八厘"石粒浆

水刷石饰面也须做引条线，引条线的分格线型与抹灰类饰面基本相同。水刷石饰面制作前，必须在墙面分格引条线部位先固定好木条，然后将配制好的石渣浆抹在中层上，与木分格条刮平，待表面初凝后，用刷子或喷水枪逐步冲洗掉表面的水泥浆皮，使石子外露部分为粒径的 1/3~1/2。

图 B-5　水刷石构造做法

（2）斩假石　斩假石又称为剁斧石，是以水泥石渣浆（或水泥石屑浆）涂抹在墙体的底层上，待凝固硬化后，用斧子及錾子等工具在表面剁斩出类似石材的纹理效果的一种装饰方法。斩假石工艺可使普通的石渣饰面显示出真石的效果，很适合用在建筑外墙、勒脚、台阶等部位。

斩假石的构造做法为：底层用 10mm 厚 1:3 水泥砂浆打底、划毛；中层为刮 1mm 厚素水泥浆一道；面层为 10mm 厚水泥石渣浆罩面［米粒石内掺 30%（质量分数）白云石屑］。

斩假石面层可以根据设计的意图斩琢成不同的纹样，常见的有棱点剁斧、花锤剁斧、立纹剁斧等几种效果。斩假石外观效果如图 B-6 所示。通常斩假石饰面的棱角及分格缝周边宜留 15~30mm 宽不剁，以使斩假石看上去极似天然石材的粗糙效果。斩假石构造做法如图

B-7 所示。

（3）干粘石　干粘石是把石渣、彩色石子等集料粘在水泥石灰浆或聚合物水泥砂浆粘结层上，拍平压实形成的一种装饰饰面，其装饰效果比水刷石更鲜明，而且操作简单、造价低。

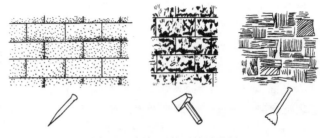

图 B-6　斩假石外观效果举例

干粘石施工有手甩和机械甩喷两种。石渣粒径一般选用 3 ~ 5mm 的"小八厘"，很少用"大八厘"。干粘石应做在干硬、平整而又粗糙的中层砂浆上，中层砂浆表面应先用水润湿，并刷水灰比 0.4~0.5 的水泥浆一遍，随即抹水泥石灰膏或聚合物水泥砂浆粘结层，砂浆稠度不大于 8cm，石粒嵌入砂浆的深度不应小于石子粒径的 1/2。干粘石构造做法如图 B-8 所示。

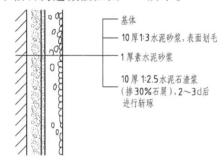

图 B-7　斩假石构造做法

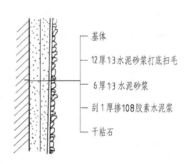

图 B-8　干粘石构造做法

三、清水砌体勾缝饰面构造

清水砌体勾缝饰面又称为清水墙，是指墙体砌成以后，不用其他饰面材料，在其表面仅做勾缝或涂透明色浆所形成的墙体。清水墙分为清水砖墙和清水混凝土墙。

1. 清水砖墙

（1）清水砖墙的特点　清水砖墙是一种传统的墙体装饰方法，至今仍不失为一种很好的外墙装饰方法。即使是在新型墙体材料及工业化施工方法已经居于主导地位的发达国家，清水砖墙仍在墙面装饰方法中占有重要地位。这是因为清水砖墙具有以下特点。

1）耐久性好，不易变色，不易污染，处理得当可避免明显的褪色和风化现象。

2）具有淡雅凝重的独特装饰效果。

（2）清水砖墙的构造及要求

1）砌筑用砖要求：质地密实，不易破碎，表面光洁，完整无缺，色泽一致，尺寸稳定，形状规则；砖的性能应该是表面晶化，吸水率低，抗冻效果好。

我国传统建筑中采用磨砖，但这种每块砖都要经过打磨的方法在今天已经不可能大面积应用了。相比之下，缸砖、城墙砖等用于清水砖墙是适宜的。规格尺寸多种多样的空心砖，只要符合上述要求，也可用于清水砖墙饰面。

2）清水砖墙的灰缝主要有平缝、平凹缝、斜缝、圆弧凹缝等形式，如图 B-9 所示。清水砖墙灰缝多采用 1∶1.5 的水泥砂浆，砂子的粒径以 0.2mm 为宜。根据需要可以在灰缝砂浆中掺入一定量的颜料，还可以在砖墙勾缝之前涂刷颜色或喷色，色浆由石灰浆加入颜料、胶粘剂构成。

2. 清水混凝土墙

清水混凝土墙有预制混凝土壁板饰面、现浇混凝土饰面、装饰混凝土饰面。

1）预制混凝土壁板饰面是指直接采用预制混凝土壁板形成外墙饰面。

2）现浇混凝土饰面是指采用大模板或滑模在施工现场现浇形成的混凝土墙体饰面。

3）装饰混凝土饰面是指利用混凝土本身的图案、线型，或水泥和集料的颜色、质感而发挥装饰作用的饰面混凝土，是目前常使用的清水混凝土墙饰面。装饰

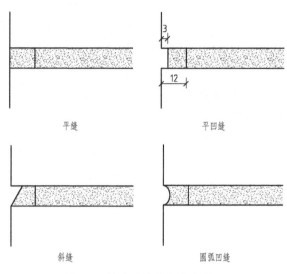

图 B-9　清水砖墙的灰缝形式

混凝土主要可分为清水混凝土和露集料混凝土两类。混凝土未经过处理，保持原有外观质地的为清水混凝土；反之将表面水泥浆膜剥离，露出混凝土粗细集料的颜色、质感的为露集料混凝土。当模板采用木板时，在混凝土表面能呈现出木材的天然纹理，自然、质朴。还可用硬塑料等做衬模，使混凝土表面呈现凹凸不平的图案，有很好的艺术表现力。模板接缝设计要与总体构图吻合，否则会显得零乱、破碎。混凝土的浇筑质量要求较高，表面不得有蜂窝和麻面，这就对混凝土配合比和浇筑方法有特定的要求。

B2　饰面板（砖）类饰面装饰装修构造

考核点	1. 饰面板（砖）类饰面的类型 2. 饰面板（砖）类饰面的构造组成 3. 饰面板（砖）类饰面的构造做法	
知识点	1. 饰面砖 （1）饰面砖饰面的概念 （2）外墙饰面砖的特点、排列及细部构造 （3）内墙饰面砖的特点、排列及细部构造 2. 饰面板 （1）饰面板饰面的概念	（2）石材饰面板粘贴、挂贴及干挂的构造方式及细部做法 （3）木质饰面板基本构造及细部做法 （4）常用玻璃装饰板的类型及构造做法 （5）常用金属薄板的类型及构造做法 （6）其他罩面板的类型及构造做法
数字化资源二维码	防火装饰板构造　干挂石材构造　墙面贴砖构造 墙体上干挂石材构造　饰面板粘贴构造	课件资源二维码

饰面板（砖）饰面是指采用天然或人造的，具有装饰性能与耐水、耐腐蚀性的板、块材料，用直接粘贴或钩挂构造连接于墙体的饰面构造。

饰面板（砖）饰面坚固耐用、色泽稳定、易清洗、耐腐蚀、防水、装饰效果丰富，它广泛应用于建筑室内外墙面装饰。

饰面板（砖）饰面分为饰面砖饰面和饰面板饰面两大类。

一、饰面砖饰面构造

饰面砖饰面是指将陶瓷面砖、玻璃面砖等块料粘贴到墙体底层抹灰上的一种装饰饰面。陶瓷面砖主要有外墙面砖、釉面砖（内墙面砖）、陶瓷壁画、装饰砖（花砖和腰线砖）、功能性瓷砖（抗菌）。玻璃面砖主要有玻璃锦砖、彩色玻璃面砖、釉面玻璃面砖等。

饰面砖一般用于内墙饰面和高度不大于 100m、抗震设防烈度不大于 8 度、满粘法施工的外墙饰面。

1. 外墙面砖饰面

（1）外墙面砖材料特点　用于建筑外墙装饰的陶质或炻质陶瓷面砖称为外墙面砖。外墙面砖具有结构致密、抗风化能力强，同时具有防火、防水、抗冻、耐腐蚀等性能特点。

外墙面砖根据外观和使用功能的不同，可以分为无釉外墙面砖、彩釉外墙面砖、劈离砖（劈裂砖）、彩胎砖（仿花岗石瓷砖）等。面砖背面一般都有断面为燕尾形的凹槽，这样做一来增加了面砖与砂浆的接触面积，使更多的胶浆渗入面砖内，黏结力得到增强；另一方面燕尾槽使砂浆层凹凸变化，对面砖具有挂接作用，使面砖粘结更牢固。

（2）外墙面砖饰面构造做法

1）基层处理：不同的墙面应采取不同处理方法。对于混凝土基层用聚合物砂浆修补平整；对于砖基层应以 12mm 厚 1∶3 水泥砂浆打底扫毛，6mm 厚 1∶0.2∶2.5 水泥石灰膏砂浆找平；对于加气混凝土可刷一道加气混凝土界面处理剂，用 1∶0.5∶4 水泥石灰膏砂浆扫毛，再用 6mm 厚 1∶0.2∶2 水泥石灰砂浆找平。

2）粘贴层：用专用粘贴剂粘贴 6~12mm 厚的面砖。

3）面层处理：1∶1 水泥砂浆（细砂）勾缝。

（3）外墙面砖饰面的排列与布缝　对于外墙面砖的铺贴，除了要考虑面砖块面的大小和色彩的搭配外，还应根据建筑的高度、转角的形式、门窗的位置来设计合理的排砖布缝方案。

外墙面砖的排列方法有长边水平粘贴和长边垂直粘贴两种。外墙面砖的布缝方法有齐密缝，划块留缝，齐离缝，错缝离缝、水平离缝、垂直密缝，水平密缝、垂直离缝六种，如图 B-10 所示。

（4）外墙面砖的细部构造　外墙面砖铺贴的细部构造主要是指窗上口、窗台及转角的构造，如图 B-11、图 B-12 所示。

2. 釉面砖（内墙面砖）饰面

釉面砖又称为瓷砖、釉面陶土砖，采用瓷土或耐火黏土焙烧而成。釉面砖表面为光滑的釉层，背面为带有凸凹纹的陶质坯体，有较大的吸水率（一般为 16%~22%），当受到存在温差的冻融环境作用时，釉层容易剥落，故釉面砖不宜用于室外装饰。

釉面砖有白色和彩色（可分为有光和无光）釉面砖、装饰（有花、结晶、斑纹、仿石等）釉面砖、图案釉面砖等。另外还有阳角条、阴角条、压条或带边的釉面砖、装饰砖

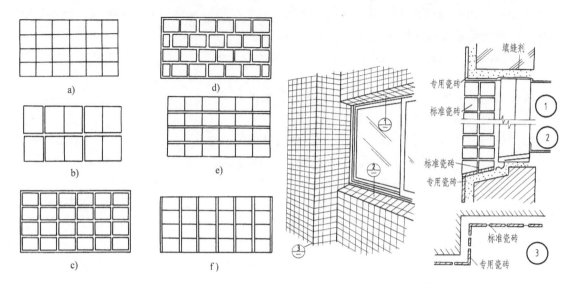

图 B-10 外墙面砖的布缝方法

a）齐密缝 b）划块留缝 c）齐离缝 d）错缝离缝

e）水平离缝、垂直密缝 f）水平密缝、垂直离缝

图 B-11 窗口部位面砖铺贴处理

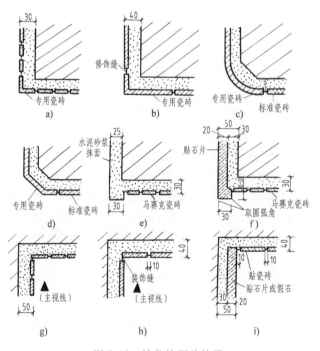

图 B-12 转角处面砖处理

a）对称角砖 b）非对称角砖 c）小圆弧角砖 d）钝角角砖

e）、f）整体性饰面压小块材饰面 g）、h）、i）阴角饰面砖

（花砖和腰线砖）供选用。釉面砖具有坚固耐用、色彩鲜艳、易于清洁、防火、防水、耐磨、耐腐蚀等特点。

釉面砖饰面构造做法随基层的不同而有所不同，详见表 B-5。

表 B-5　釉面砖饰面构造做法举例

基体	构造做法	厚度/mm
砖墙	①12mm 厚 1∶3 水泥砂浆打底，扫毛或划出纹道 ②8mm 厚 1∶0.1∶2.5 水泥石灰膏砂浆结合层 ③贴 5mm 厚釉面砖 ④白水泥擦缝	25
加气混凝土墙 （做法一）	①刷（喷）1 遍胶水溶液 ②7mm 厚 1∶0.5∶4 水泥石灰膏砂浆打底，扫毛或划出纹道 ③8mm 厚 1∶0.1∶2.5 水泥石灰膏砂浆结合层 ④贴 5mm 厚釉面砖 ⑤白水泥擦缝	20
加气混凝土墙 （做法二）	①涂刷 TG 胶浆（TG 胶∶水∶水泥＝1∶4∶1.5）1 遍 ②7mm 厚 TG 砂浆打底（水泥∶砂浆∶胶∶水＝1∶6∶0.2∶适量），扫毛 ③8mm 厚 1∶0.1∶2.5 水泥石灰膏砂浆结合层 ④贴 5mm 厚釉面砖 ⑤白水泥擦缝	20
纸面石膏板墙	①刷界面剂 1 遍 ②贴 5mm 厚釉面砖（背面刷 2～3mm 厚 YJ-Ⅲ型胶粘剂，然后粘贴） ③白水泥擦缝	7～8
石膏空心条板墙	①刷界面剂 1 遍 ②贴 5mm 厚釉面砖（背面刷 903 胶或 2～3mm 厚 IZ-Ⅱ型胶粘剂，然后粘贴） ③白水泥擦缝	7～8

3. 陶瓷锦砖饰面

陶瓷锦砖又称为"陶瓷马赛克"，是以优质瓷土为主要原料，压型烧制而成的片状不透明的小瓷砖，拼成各种图案贴在纸上的饰面材料。

（1）陶瓷锦砖的形状及规格　陶瓷锦砖单块基本形状有正方形、长方形、对角、斜长条、六角、半八角、长条对角等，见表 B-6。将各种颜色、几何形状的单块瓷片粘贴在牛皮纸上成为"一联"，每联尺寸为 305.5mm×305.5mm，约 0.093m^2，即一平方英尺。陶瓷锦砖基本拼花图案见表 B-6。

（2）陶瓷锦砖饰面构造做法

1）基层处理：砖墙面清扫积灰，适量湿水；混凝土基层刷混凝土界面处理剂一道（随刷随抹底灰）；加气混凝土可刷一道加气混凝土界面处理剂。

2）底层：10mm 厚 1∶3 水泥砂浆打底。

3）粘结层：5mm 厚 1∶1 水泥砂浆粘结层。

4）面层：贴 5mm 厚陶瓷锦砖（在陶瓷锦砖粘贴面上随贴随涂刷一道混凝土界面处理剂，以增强粘结力）。

5）面层处理：水泥擦缝。

4. 玻璃锦砖饰面

玻璃锦砖有透明、半透明、不透明之分，还有带金色、银色斑点或条纹等品种。颜色有红、黄、蓝、白、黑等几十种，单块尺寸一般为 20mm×20mm、30mm×30mm、40mm×40mm，厚（4～6）mm。玻璃锦砖每联尺寸为 328mm×328mm、305mm×305mm、295mm×295mm 等。

表 B-6　陶瓷锦砖的几种基本拼花图案

拼花编号	拼花说明	拼花图案
拼—1	各种正方与正方相拼	
拼—2	正方与长条相拼	
拼—3	大方、中方及长条相拼	
拼—4	中方及大对角相拼	
拼—5	小方及小对角相拼	
拼—6	中方及大对角相拼 小方及小对角相拼	
拼—7	斜长条与斜长条相拼	
拼—8	斜长条与斜长条相拼	
拼—9	长条对角与小方相拼	
拼—10	正方与五角相拼	
拼—11	半八角与正方相拼	
拼—12	各种六角相拼	
拼—13	小对角、中大方相拼	
拼—14	各种长条相拼	

拼—1　　拼—2　　拼—3

拼—4　　拼—5　　拼—6

拼—7　　拼—8　　拼—9

拼—10　　拼—11　　拼—12

拼—13　　拼—14

　　玻璃锦砖饰面的构造做法与陶瓷锦砖基本相同，但透明和半透明的玻璃锦砖粘贴时，需在其麻面上抹一层 2mm 左右厚的白水泥浆，为了粘结牢固，还可以在白水泥浆中掺水泥质量 4%~5% 的乳白胶。然后，纸面朝外，粘贴玻璃锦砖。玻璃锦砖饰面构造如图 B-13 所示。

　　二、饰面板饰面构造

　　饰面板饰面是指采用天然或人造的，具有装饰性能与耐水、耐腐蚀性的板、块材料，用直接粘贴或通过钩挂构造连接于墙体的饰面构造。饰面板饰面用于内墙饰面和高度不大于 24m、抗震设防烈度不大于 7 度的外墙饰面。

　　常用的墙面饰面板类型有：石材饰面、木质饰面板饰面、玻璃装饰板饰面、金属薄板饰面等。

　　（一）石材饰面

　　常用的石材饰面板有大理石、花岗石、青石板和

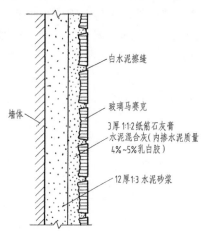

墙体

白水泥擦缝

玻璃马赛克

3厚1:1:2纸筋石灰膏水泥混合灰(内掺水泥质量4%~5%乳白胶)

12厚1:3水泥砂浆

图 B-13　玻璃锦砖饰面构造

人造石材四大类。

1. 石材饰面板材料特性

（1）大理石饰面板饰面 大理石又称为"云石"，是一种变质岩，属于中硬石材，主要由方解石和白云石组成。其纹理多样、色泽鲜艳、石质细腻、便于清洁、抗压性能好，硬度低（肖氏硬度 50 左右），易于加工成形，广泛用于建筑室内装饰。大理石不耐酸性物质（如 CO_2）的腐蚀，抗风化能力差，易被溶蚀失去表面光泽，一般不宜用于室外和公共卫生间等经常使用酸性洗涤材料的地方。

（2）花岗石饰面板饰面 花岗石是一种由长石、石英和少量云母组成的火成岩（即岩浆岩）。属于酸性岩石，呈整体的均粒状结构。一般说来，花岗石结构致密，强度和硬度极高（肖氏硬度 80~100），耐磨性好、吸水率小、耐酸碱、抗风化，广泛应用于建筑室内外各装饰部位。

（3）青石板、板岩饰面 青石是一种长期沉积形成的水成岩，材质较松散，呈风化状，可顺纹理劈成薄片，一般不磨光，具有山野风味的装饰效果。板岩是一种变质岩，具有板状结构，基本没有重结晶的岩石，原岩为泥质、粉质或中性凝灰岩，沿板纹理方向可以剥成薄片。板岩的颜色随其所含有的杂质不同而变化，含铁的为红色或黄色，含碳质的为黑色或灰色。

青石板、板岩往往用在某些特殊建筑装饰上。

（4）人造石材饰面板饰面 人造石材饰面板有水泥型、聚酯型、复合型、烧结型（微晶玻璃型）四种类型。人造石材的花纹图案可以人为控制，其效果甚至胜过天然石材，并且重量轻、强度高、耐腐蚀、耐污染、施工方便。

2. 石材饰面板饰面构造

根据石材规格及材质的不同，石材饰面板的饰面构造可分为粘贴法、挂贴法和干挂法三大类。小规格石材（一般指边长不大于 400mm，厚度 10mm 以内的薄板）通常采用粘贴法。大规格饰面板材（边长大于 400mm）常采用挂贴法或干挂法。

（1）小规格石材饰面粘贴构造 根据粘贴材料的不同可以分为普通砂浆粘贴、聚酯砂浆粘贴、树脂胶粘贴三种。

小规格石材饰面普通砂浆粘贴构造与面砖粘贴构造基本相同，详见饰面砖饰面构造。

1）聚酯砂浆粘贴构造：此做法仅适用于小面积且高度很低的墙面。在灌浆前先用胶砂比为 1∶（4.5~5）的聚酯砂浆固定板材四角和填满板材之间的缝隙，待聚酯砂浆固化并能起到固定拉紧作用以后，再进行一般石材施工时的灌浆操作。应注意的是分层灌浆的高度不能超过 15cm，一次灌浆初凝后方能进行第二次灌浆。不论灌浆次数及高度如何，每层板的上口应留 5cm 余量作为上层板灌浆时的结合层。固化剂的掺量按使用要求而定。聚酯砂浆粘贴石材构造如图 B-14 所示。

2）树脂胶粘贴构造。树脂胶粘贴法具有施工简便、经济、可靠、快捷的优点。在我国，目前采用树脂胶粘贴石材板饰面施工中，树脂胶粘剂一般采用大力胶（环氧树脂胶粘剂）。大力胶是一种水溶性环氧树脂聚合胶粘剂，分慢干型（PM）、快干型（PF）、透明型（69GEL）三种。采用大力胶粘贴石材板除具有干挂法的优点外，还有下列特点。

① 施工周期短，进度快，一般技术工人都能操作。

② 任何复杂的墙面、柱面造型均可施工。

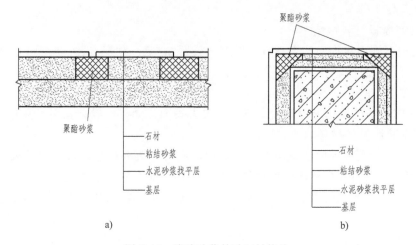

图 B-14　聚酯砂浆粘贴石材构造

a）墙面　b）柱面

③ 饰面石板与墙体距离仅有 5mm 左右，扩大了室内使用面积。

④ 施工高度不受限制，综合造价比其他构造做法低。

大力胶粘贴石材板有以下四种构造做法。

① 直接粘贴法。如图 B-15 所示，适用于高度≤9m 的建筑内墙及石材饰面板与墙面净

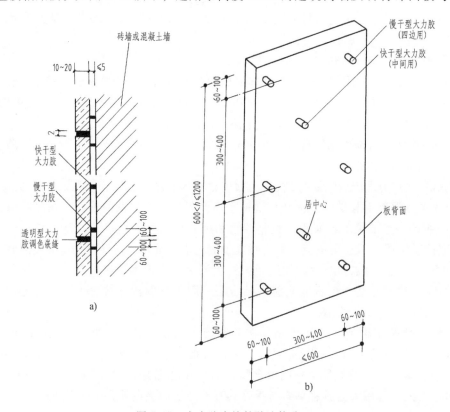

图 B-15　大力胶直接粘贴法构造

a）基本构造　b）饰面板背面点涂大力胶位置

空距离≤5mm 的情况。

②加厚粘贴法。如图 B-16 所示，适用于高度≤9m 的建筑内墙及石材饰面板与墙面净空距离为 5~20mm 的情况。

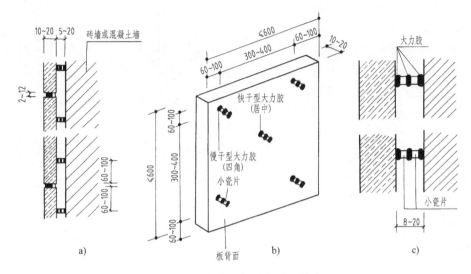

图 B-16 大力胶加厚粘贴法构造

a）基本构造 b）饰面板背面点涂大力胶位置 c）大力胶加厚处理示意图

③粘贴锚固法。如图 B-17 所示，适用于高度>9m 的建筑内墙。

④钢骨架粘贴法。如图 B-18 所示，适用于石材饰面板粘贴于钢骨架上的墙、柱面上。

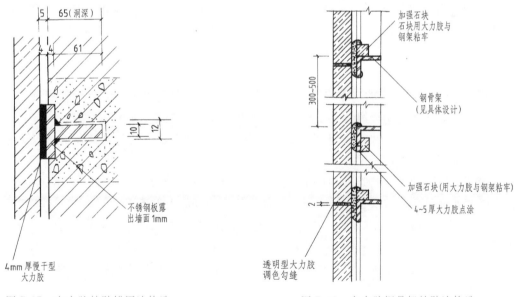

图 B-17 大力胶粘贴锚固法构造   图 B-18 大力胶钢骨架粘贴法构造

（2）石材饰面挂贴构造

1）传统钢筋网挂贴法 外墙饰面板传统钢筋网挂贴法又称为钢筋网挂贴湿作业法，是指将饰面板打眼、剔槽，用钢丝或不锈钢丝绑扎在钢筋网上，再灌 1：2.5 水泥砂浆将板粘牢，如图 B-19 所示。这种构造做法历史悠久，造价比较低，但存在以下缺点。

① 施工复杂、进度慢、周期长。

② 饰面板打眼、剔槽费时费工，而且必须由熟练的技术工人操作。

③ 因水泥的化学作用，致使饰面板发生泛碱、变色、锈斑等污染。

④ 由于挂贴不牢，饰面板常发生空鼓、裂缝、脱落等问题，修补困难。

通过对多年施工经验的总结，传统钢筋网挂贴法构造及做法得到了改进：首先将钢筋网简化，只拉横向钢筋，取消竖向钢筋；第二，对加工困难的打

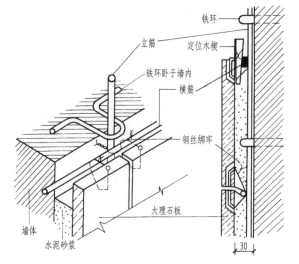

图 B-19　饰面板传统钢筋网挂贴法构造

洞、剔槽工作，改为只剔槽，不打眼或少打眼，改进后的传统钢筋网挂贴法构造如图 B-20 所示。

2）钢筋钩挂贴法　钢筋钩挂贴法又称为挂贴楔固法。它与传统钢筋网挂贴法不同之处是将饰面板以不锈钢钩直接楔固于墙体上。具体做法有以下两种：一种是将饰面板用 $\phi6$ 不锈钢铁脚直角钩插入墙内固定；另一种是饰面板用焊于不锈钢膨胀螺栓上的 $\phi6$ 不锈钢直角钩固定。饰面板钢筋钩挂贴法构造如图 B-21 所示。

3）石材饰面干挂法构造　干挂法又称为空挂法，是用高强度螺栓和耐腐蚀、高强度的柔性连接件将饰面板直接吊挂于墙体上或空挂于钢骨架上的构造做法，不需要再灌浆粘贴。饰面板与结构表面之间有 80～90mm 距离。

其具有以下主要特点。

① 饰面板与墙面形成的空腔内不灌水泥砂浆，彻底避免了由于水泥化学作用造成的饰面板表面泛碱、变色、锈斑以及由于挂贴不牢产生的空鼓、裂缝、脱落等问题。

② 饰面板是分块独立地吊挂于墙体上，每块饰面板的重量不会传给其他板材且无水泥砂浆重量，减轻了墙体的承重荷载。

③ 饰面板用吊挂件及膨胀螺栓等挂于墙上，施工速度较快，周期较短。由于干作业，不需要搅拌水泥砂浆，减少了工地现场的污染及清理现场的人工费用。

④ 吊挂件轻巧灵活，前、后、左、右及上、下各方向均可调整，因此饰面的安装质量易保证。

饰面板干挂法的基本构造有两种：直接干挂法与间接干挂法，构造做法如图 B-22 所示。

3. 石材饰面板的接缝形式

石材饰面板板缝的宽度：光面板、镜面板板缝为 1mm；粗磨面板、细磨面板、条纹面板板缝为 5mm；天然石材面板板缝为 10mm。

板材的接缝形式构造如图 B-23 所示；凹凸错缝构造如图 B-24 所示；墙面阴阳角接缝构造如图 B-25 所示。

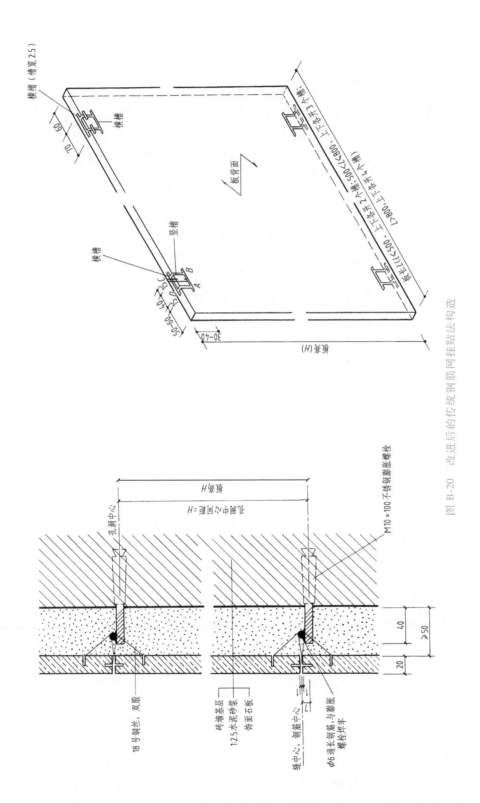

图 B-20　改进后的传统钢筋网挂贴法构造

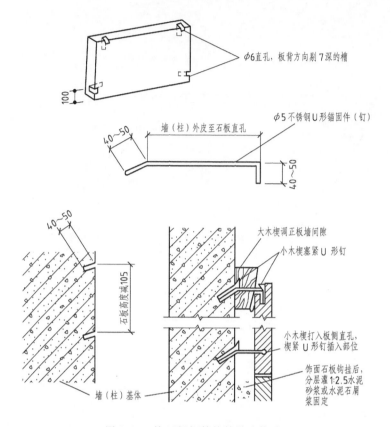

图 B-21　饰面板钢筋钩挂贴法构造

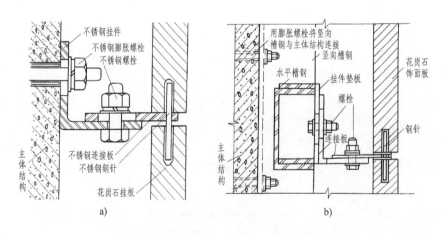

图 B-22　石材饰面板干挂法构造做法

a）直接干挂法　　b）间接干挂法

4. 饰面板的灰缝处理

饰面板类饰面，尤其是细琢面饰面板的墙面，通常都留有较宽的灰缝。灰缝的形状可做成凸形、凹形、圆弧形等各种形式。有时，为了加强灰缝的效果，常将饰面板材、块材的周边凿琢成斜口或凹口等不同形状。板材灰缝的形式如图 B-26 所示。

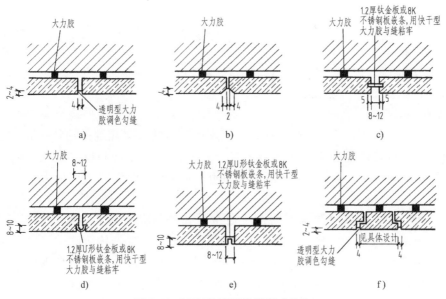

图 B-23　石材饰面板接缝形式构造

a) 平缝　b) 三角缝　c) 平缝加平嵌条　d)、e) 平缝加嵌条　f) 镶板勾凹缝

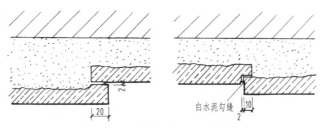

图 B-24　石材饰面板凹凸错缝构造

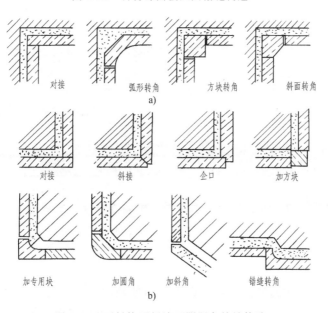

图 B-25　石材饰面板墙面阴阳角接缝构造

a) 阴角处理　b) 阳角处理

（二）木质饰面板饰面

1. 基本构造

木质饰面板做墙体饰面，可做成吸声墙体饰面、护壁、墙裙等。木质饰面板饰面构造如图 B-27 所示。

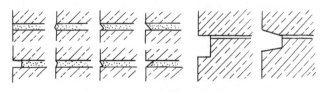

图 B-26　板材灰缝的形式

（1）木墙筋　根据设计要求弹分格线，预埋防腐木砖或采用冲击钻钻孔固定锥形木楔和尼龙胀管。然后将墙筋固定在木砖或木楔上。木墙筋由竖筋和横筋组成，断面一般为（20~40）mm×（20~40）mm，竖筋间距为 400~600mm，横筋间距可稍大一些，一般为 600mm 左右。

（2）防潮、防火处理　防潮层的做法通常是在基层龙骨与实体墙之间铺一层油毡，并用木压条将油毡两端临时固定，然后将木骨架钉牢。或者先抹防潮砂浆，干燥后涂一道聚氨酯防水涂膜橡胶，然后固定木骨架。为了防止墙体内的潮气使夹板产生屈曲，还可在壁板与墙体之间组织通风，方法是在板面上、下部位留透气孔或是在上下横筋上留通气孔，如图 B-28 所示。防火处理是用防火涂料把木骨架涂刷三遍，形成阻燃墙面的构造。

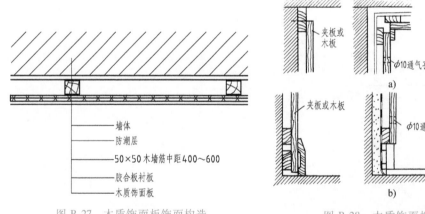

图 B-27　木质饰面板饰面构造

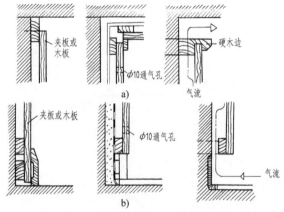

图 B-28　木质饰面板通风构造处理

a）与顶棚交接处　b）与地面交接处

（3）固定饰面板　饰面板的固定有三种做法：一是钉接；二是采用钉框固定；三是用大力胶粘结。通常为保证饰面板平整，几种方法结合起来使用效果最好。

2. 细部构造

木质饰面板细部构造处理，是影响木质饰面板装饰效果及质量的重要因素。

（1）木质饰面板的板缝处理　木质饰面板板缝的处理方法很多，主要有斜接密缝、平接留缝和压条盖缝。当采用硬木装饰条板为罩面板时，板缝多为企口缝。木质饰面板板缝构造如图 B-29 所示。

（2）木饰面板与踢脚的连接　对于踢脚板的处理主要有两种，一种是护墙板直接到地面留出凹凸线脚；另一种是踢脚板与护墙板做平，但上下留线脚，如图 B-30 所示。

（3）木饰面板上口压顶处理　护墙板和木墙裙的上部压顶做法基本相同，只是护墙板

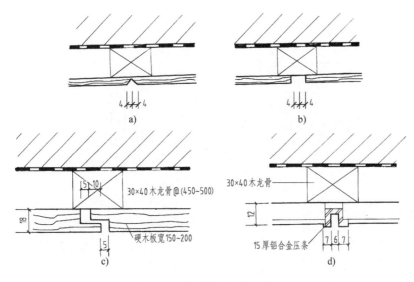

图 B-29　木质饰面板板缝构造

a）斜接密缝　b）平接留缝　c）企口缝　d）压条盖缝

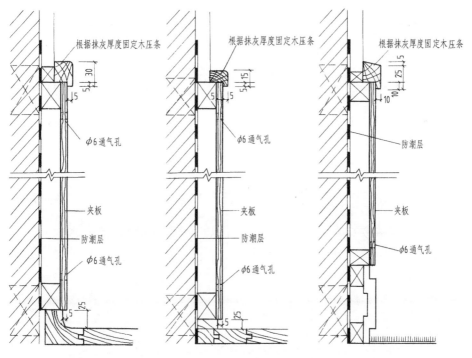

图 B-30　木饰面板与踢脚的连接

通常是做到顶，上部的压顶可以与顶角木制线条相结合；而木墙裙一般比较低，通常上部的压顶条与内窗的窗台线拉齐，也可做到 1600mm 以上，这样压顶条就位于一般人的视线以上，比较美观。木饰面板上口压顶处理如图 B-28a 和图 B-30 所示。

（4）木饰面板阳角、阴角构造处理　阳角和阴角处可采用斜口对接、企口对接、填块等方法，如图 B-31 所示。

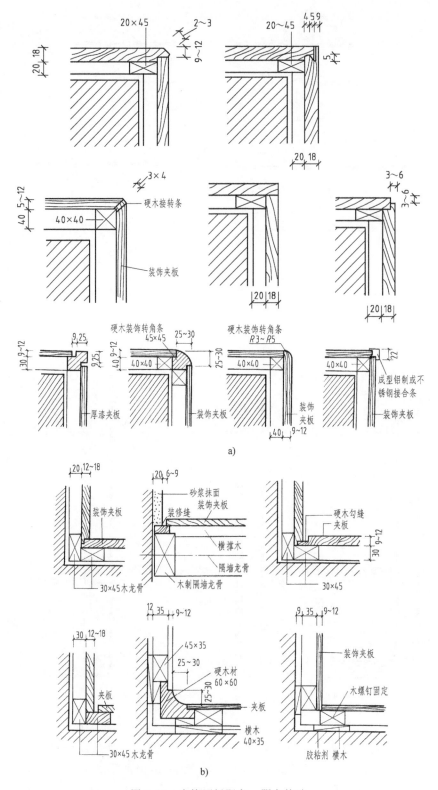

图 B-31　木饰面板阳角、阴角构造

a) 阳角构造　b) 阴角构造

（三）玻璃装饰板饰面

玻璃装饰板的种类繁多，如镭射玻璃装饰板、微晶玻璃装饰板、幻影玻璃装饰板、镜面玻璃板、彩金玻璃装饰板、珍珠玻璃装饰板、宝石玻璃装饰板、浮雕玻璃装饰板、无线遥控聚光有声动感画面玻璃装饰板等，现介绍几种常用玻璃装饰板饰面构造做法。

1. 镭射玻璃装饰板饰面

镭射玻璃装饰板又名激光玻璃装饰板、光栅玻璃装饰板，是当代激光技术与建筑材料技术相结合的一种高科技产品。镭射玻璃装饰板的基本构造做法分为以下两种。

（1）龙骨无底板胶贴　修整处理墙面后做防潮层，安装防腐防火木龙骨或轻钢龙骨，在龙骨上粘贴镭射玻璃。

（2）龙骨加底板胶贴　修整处理墙面后做防潮层，安装防腐防火木龙骨或轻钢龙骨，在龙骨上先钉底板（胶合板或纸面石膏板），然后粘贴镭射玻璃。

镭射玻璃装饰板内墙面装饰应注意以下两点。

1）镭射玻璃装饰板的光栅效果是随着环境条件的变化而变化的，同一块镭射玻璃放在某处可能色彩万千，但放在另一处也可能光彩全无。

2）普通镭射玻璃装饰板的太阳光直接反射比随人的视角和光线的变化而变化，在一般条件下，应将镭射玻璃装饰板放在与人视线位于同一水平处或低于视线之处，这样效果最佳。

2. 微晶玻璃装饰板饰面

微晶玻璃装饰板是一种高级的新型装饰材料，该板有红、白、黄、绿、灰、黑等颜色，表面光滑如镜，光泽柔和、莹润，具有耐磨、耐风化、耐高温、耐腐蚀及良好的电绝缘和抗电击穿性能。

微晶玻璃装饰板的造型有平面板和曲面板两种，用胶粘剂粘贴固定时，须用板后涂有 PVC 树脂的产品；用装饰钉固定时，须用预先在生产厂加工打好钉眼的产品。其基本构造做法与镭射玻璃装饰板饰面相同。

3. 幻影玻璃装饰板饰面

幻影玻璃装饰板是一种具有闪光镭射反光性能的装饰板，其基片为浮法玻璃或钢化玻璃，有单层、夹层之分；有金、银、红、紫、绿、蓝、七彩珍珠等色；并有硬质板和软质板两种，硬质板用于平面，软质板用于曲面。用这种板装饰墙、柱面，在阳光、灯光甚至在烛光的照射下，能产生一种奇妙的闪光效果，给室内增加特殊魅力。

用于内墙面装饰的幻影玻璃装饰板常用规格有 400mm×400mm、500mm×500mm、600mm×600mm 等，厚为 5mm。幻影玻璃装饰板饰面构造做法与镭

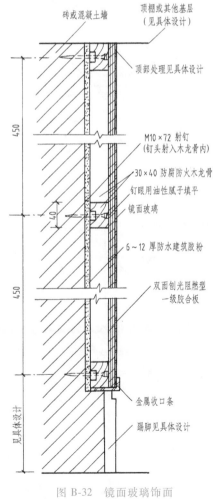

砖或混凝土墙

顶棚或其他基层
（见具体设计）

顶部处理见具体设计

M10×72 射钉
（钉头射入木龙骨内）

30×40 防腐防火木龙骨

钉眼用油性腻子填平

镜面玻璃

6～12 厚防水建筑胶粉

双面刨光阻燃型一级胶合板

金属收口条

踢脚见具体设计

450

40

450

见具体设计

图 B-32　镜面玻璃饰面
有龙骨构造做法

射玻璃饰面相同。

4. 镜面玻璃饰面

内墙面装饰用镜面玻璃是以高级浮法平板玻璃，经镀银、镀铜、镀漆等特殊工艺加工而成，与一般镀银玻璃镜、真空镀铝玻璃相比，具有镜面尺寸大，成像清晰、逼真，抗盐雾及抗热性能好，使用寿命长等特点。

镜面玻璃饰面内装饰的构造做法分为有龙骨做法和无龙骨做法两种。

（1）有龙骨做法　清理墙面，整修后涂防水建筑胶粉防潮层，安装防腐防火木龙骨，然后在木龙骨上安装阻燃型胶合板，最后固定镜面玻璃，如图 B-32 所示。有龙骨玻璃饰面板的玻璃固定方法有以下几种，如图 B-33 所示。

1）螺钉固定　如图 B-33a 所示，在玻璃上钻孔，用镀锌螺钉或铜螺钉直接把玻璃固定

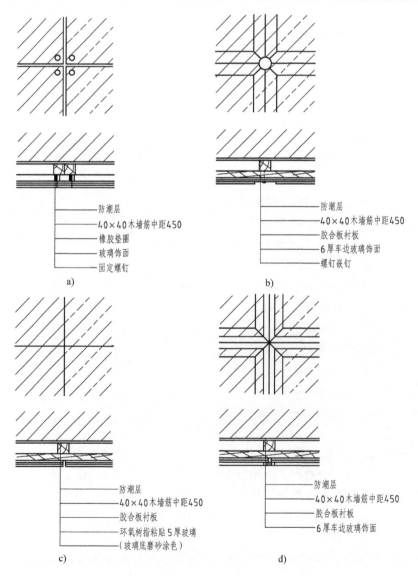

图 B-33　有龙骨玻璃饰面板固定构造

a）螺钉固定　b）嵌钉固定　c）粘贴固定　d）压条固定

在龙骨上，螺钉上需套上橡胶垫圈以保护玻璃。

2）嵌钉固定　如图 B-33b 所示，在玻璃的交点处用嵌钉将玻璃固定于龙骨上，把玻璃的四角压紧固定。

3）粘贴固定　如图 B-33c 所示，用环氧树脂或玻璃胶把玻璃粘贴在衬板上，一般小面积墙面装饰多采用这种方法。

以上三种方法固定的玻璃，周边都可加框，起封闭端头和装饰作用。

4）压条固定　如图 B-33d 所示，用压条和边框托压住玻璃，压条和边框用螺钉固定于木筋上。压条和边框由硬木、塑料、金属（铝合金、钢、铝等）材料制成。这种方法多用于大面积单块玻璃的固定。

（2）无龙骨做法　用 10mm 厚 1∶0.3∶3 水泥石灰膏砂浆打底，6mm 厚 1∶0.3∶2.5 水泥石灰膏砂浆找平、压实后，满涂防水建筑胶粉防潮层，做镜面玻璃保护层（粘贴牛皮纸或铝箔一层），最后用强力胶粘贴镜面玻璃，封边、收口。加气混凝土或硅酸盐砌块墙不宜采用无龙骨做法安装镜面玻璃。

彩金玻璃装饰板、珍珠玻璃装饰板、彩雕玻璃装饰板、宝石玻璃装饰板等饰面的构造做法与镭射玻璃相同，但装饰效果各有特点：彩金玻璃装饰板质地坚硬，表面金光闪闪，耐酸碱及各种溶剂；珍珠玻璃装饰板反射率、折射率高，具有珍珠光泽；彩雕玻璃装饰板又名彩绘玻璃装饰板，色彩迷人，立体感强，在夜间灯光下艺术效果更佳；宝石玻璃装饰板表面晶莹剔透，光芒闪耀，犹如宝石一般。

（四）金属薄板饰面

金属薄板又名金属墙板，其种类有铝合金饰面板、不锈钢饰面板、铝塑板、钛金板。板的造型有扣板、条板、方板、弧形板。金属薄板做室内墙体饰面，具有质轻、坚硬、色彩丰富、抗腐蚀、耐久、易加工、施工简便等特点。

金属薄板的构造做法有扣板龙骨做法、龙骨贴墙做法、铝合金龙骨做法、木龙骨装饰做法等。由于内墙装饰与顶棚、楼地面的关系比较复杂，墙面本身的艺术处理也比外墙装饰复杂、多样，故内墙金属薄板饰面多用木龙骨做法。现将主要常用的金属薄板饰面构造做法介绍如下。

1. 铝合金板饰面构造

铝合金饰面板与骨架的连接方式主要有两种。

（1）插接式构造　将材质较宽较厚的板条或方板用螺钉（或螺栓）等紧固件直接固定在型钢或木骨架上，这种固定方法耐久性好，室内外墙面都可使用，如图 B-34 所示。

（2）嵌条式构造　用特制的龙骨，将扣条板卡在特制的 V 形龙骨上，安装时不需要使用螺钉。此构造仅适用于较薄板条，多用于室内墙面装饰，如图 B-35 所示。

2. 不锈钢板饰面构造

不锈钢板分为亚光板和镜面板两种。反光率在 50% 以下者称为亚光板，亚光板板面柔和不刺眼，很有艺术效果；反光率在 90% 以上者称为镜面板，其表面可以映像，常用于柱面、墙面等反光率较高的部位。不锈钢板饰面构造做法有以下四种。

（1）铝合金或型钢龙骨贴墙　该构造是将铝合金或型钢龙骨直接粘贴于内墙面上，再将各种不锈钢平板与龙骨粘牢，如图 B-36 所示。

（2）墙板直接贴墙　该构造是将各种不锈钢平板直接粘贴于墙体表面上，如图 B-37 所

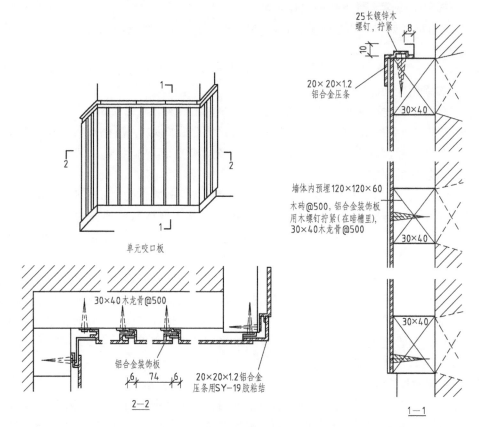

图 B-34　铝合金饰面板插接式构造

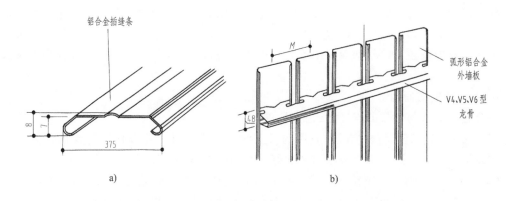

图 B-35　铝合金饰面板嵌条式构造

a) 铝合金条板形状和断面尺寸　b) 铝合金条板的安装

示。这种构造做法要求墙体找平层应特别坚固，与墙体基层粘结牢固，不得有任何空鼓、疏松、不实、不牢之处；找平层应平整、光滑，不得有飞刺、麻点、砂粒和裂缝。整个找平层的表面平整度偏差、阴阳角垂直偏差、阴阳角方正偏差均不得超过 2mm，立面垂直偏差不得超过 3mm，否则应进行修补。

（3）墙板离墙吊挂　该构造适用于墙面突出部位，如突出的线脚、造型面部位，墙内

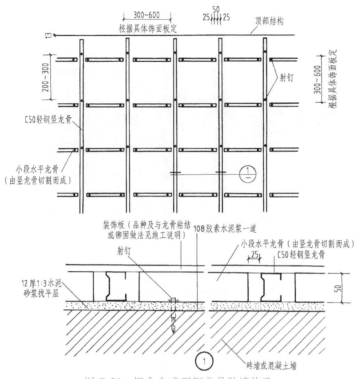

图 B-36 铝合金或型钢龙骨贴墙构造

需加保温层部位等，具体构造如图 B-38 所示。

（4）木龙骨贴墙

1）木龙骨的布置与固定。在墙上钻眼打楔，制作木龙骨并与木楔钉牢。

2）铺设基层板（如镀锌钢板、厚胶合板）以加强面板刚度和便于粘贴面板。

3）将不锈钢饰面板用螺钉等紧固件或胶粘剂固定在基层板上。

4）板缝处理。用密封胶填缝或用压条遮盖板缝。

3. 铝塑板饰面构造

铝塑板是以铝合金片及聚乙烯复合材料复合加工而成。其种类有镜面铝塑板、镜纹铝塑板、普通铝塑板三种。铝塑板饰面装饰构造有无龙骨贴板构造、轻钢龙骨贴板构造、木龙骨贴板构造，无论采用哪种构造，均不允许将铝塑板直接贴于抹灰找平层上，而应贴于纸面石膏板或阻燃型胶合板等比较平整光滑的基层之上。铝塑板饰面构造如图 B-39 和图 B-40 所示。

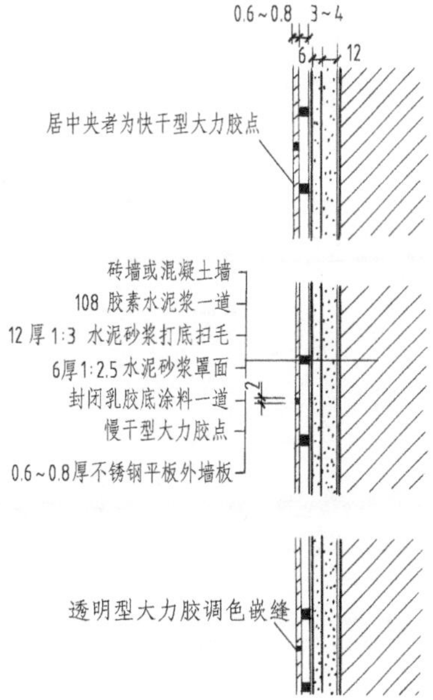

铝塑板粘贴方法有以下三种。

（1）胶粘剂直接粘贴法　在铝塑板背面涂橡胶类强力胶粘剂（如 801 强力胶、XY-401 胶、CX-401 胶等），待胶稍具黏性时，将铝塑板上墙就位，用手拍压实，使铝塑板与底板粘

图 B-37 不锈钢平板
直接贴墙构造

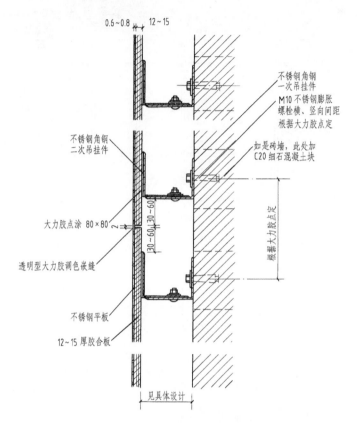

图 B-38　不锈钢平板离墙吊挂构造

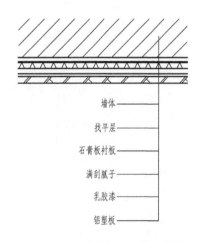

图 B-39　无龙骨铝塑板饰面构造

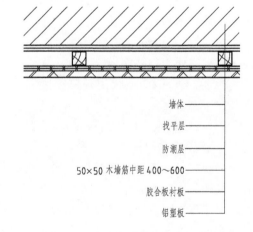

图 B-40　有木龙骨铝塑板饰面构造

牢。拍压时严禁用铁锤或其他硬物敲击。

（2）双面胶带及胶粘剂并用粘贴法　根据墙面弹线，将薄质双面胶带按田字形粘贴于底板上，无双面胶带处均匀涂橡胶类强力胶，然后将铝塑板与底板粘牢（操作同上）。

（3）发泡双面胶带直接粘贴法　将发泡双面胶带粘贴于底板上，然后根据弹线位置将铝塑板上墙就位，进行粘贴（操作同上）。

铝塑板饰面的板缝及收口构造直接影响装饰效果，常见板缝及收口构造如图 B-41、图 B-42 所示。从防火角度出发，用铝塑板做内墙装饰具有一定的局限性，不宜广泛应用。

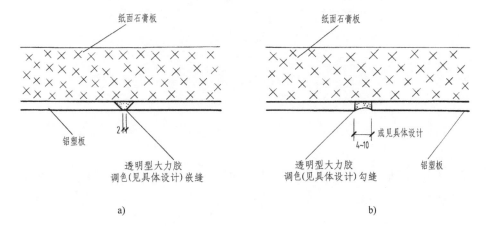

图 B-41 无龙骨铝塑板饰面板缝构造
a）对缝（窄缝）造型 b）宽缝造型

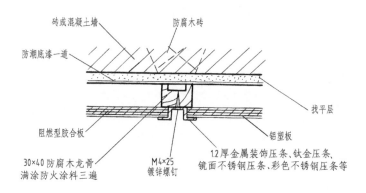

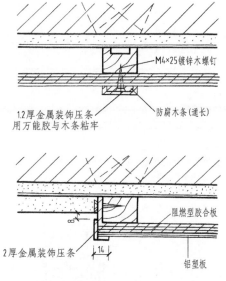

图 B-42 有龙骨铝塑板饰面板缝构造

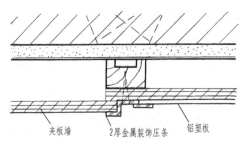

图 B-42　有龙骨铝塑板饰面板缝构造（续）

（五）其他罩面板饰面构造

1. 万通板

万通板又名聚丙烯装饰板，是以聚丙烯（PP）为主要原料，经混炼挤压成型。万通板有一般型和难燃型两种。室内墙面装饰必须用难燃型板。万通板具有重量轻，防火、防水、防老化等特点，有白、淡杏、淡蓝、淡黄、浅绿、浅红、银灰、黑等色，清雅宜人，美观大方，可用裁纸刀任意切割，粘、钉均可。用于墙面装饰的万通板规格有 1000mm×2000mm、1000mm×1500mm，板厚有 2mm、3mm、4mm、5mm、6mm 多种。万通板一般构造做法是在墙上涂刷防潮剂，钉木龙骨，然后将万通板粘贴于龙骨上。

2. 纸面石膏板

纸面石膏板是以熟石膏为主要原料，掺以适量纤维及添加剂，再以特制纸为护面，通过专门生产设备加工而成的板材。具有质轻、高强、防火、隔声等特点。纸面石膏板可钉、可锯、可钻，表面可刷涂料、可复合各种装饰贴面材料。纸面石膏板内墙装饰构造做法有两种，一种是直接贴墙做法，另一种是在墙体上涂刷防潮剂，然后铺设龙骨（木龙骨或轻钢龙骨），将纸面石膏镶钉或粘于龙骨上，最后进行板面修饰。

3. 夹心墙板

夹心墙板通常由两层铝或铝合金板中间夹聚氨酯泡沫或矿棉芯材构成，具有强度高、韧性好、保温、隔热、防火、抗震等特点。墙板表面经过耐色光或聚氟乙烯（PVF）辊涂处理，颜色丰富，不变色、不褪色。夹心墙板构造是采用专门的连接件将板材固定于龙骨或墙体上。

B3　涂饰类饰面装饰装修构造

考核点	1. 涂饰类饰面的类型 2. 涂饰类饰面的构造组成 3. 涂饰类饰面的构造做法
知识点	1. 涂饰类饰面的特点 2. 刷浆类的概念及基本分层构造 3. 涂料类的概念及基本分层构造 4. 油漆类的概念及基本分层构造 5. 外墙涂料饰面应注意的问题 6. 内墙涂料饰面应注意的问题
课件资源二维码	

涂饰类饰面是在墙体抹灰的基础上，局部或满刮腻子处理，使墙面平整后，涂刷选定的浆料或涂料所形成的饰面。

一、涂饰类饰面的特点

1）自重轻，构造简单，便于维修更新。

2）省工省料，工期短，工效高，造价低。

3）可配制任何一种需要的颜色，为设计师提供灵活多变的表现手段。

二、涂饰类饰面的种类及构造

按涂刷材料种类不同，涂饰类饰面可分为刷浆类、涂料类、油漆类。

（一）刷浆类

刷浆类饰面是采用石灰浆、大白浆、可赛银浆、色粉浆等刷、喷在墙体基层表面的一种饰面。刷浆类饰面构造简单，一般包括基层刮腻子找平，面层喷刷可赛银浆或色粉浆、油粉浆等。

1. 可赛银浆

可赛银（俗称酪素胶）有成品供应，颜色有粉红、中青、枯黄、浅蓝、深绿、蛋青、天蓝等。其主要成分（质量分数）是由碳酸钙 40%、滑石粉 54.9%、颜料 0.9% 搅拌研磨后，再加入 5% 的干胶粉（酪素胶）制成的一种粉末材料。

可赛银浆的调配方法：按可赛银质量的 40%～50% 加入热水（冬季用 60℃ 左右热水）搅拌均匀成糊状，放置 4h 左右，再搅拌均匀。使用时，按施工时所需黏度加入适量清水。

2. 色粉浆

将色粉浆按 1∶1 加温水拌成奶浆状，待胶溶化后加适量清水，调成适当浓度，过筛。

3. 油粉浆

油粉浆用于室内高级刷浆，配合比为生石灰∶桐油∶食盐∶血料∶滑石粉 = 100∶30∶5∶5∶（30～50）。

（二）涂料类

涂料是涂敷于表面，能与基层材料很好地粘结并形成完整而坚韧的保护膜的材料。

1. 涂料类饰面的类型

涂料类饰面种类繁多，性能各异，用途广泛。

1）按涂料作用位置分为外墙涂料、内墙涂料。

2）按涂料主要成膜物质的不同分为有机类涂料、无机类涂料、有机无机复合涂料。

3）按涂料的形态分为水性涂料、溶剂型涂料、粉末涂料、高固体分子涂料等。

4）按功能分为装饰涂料、防火涂料、防水涂料、防腐涂料、防霉涂料、导电涂料、防锈涂料、耐高温涂料、保温涂料、隔热涂料等。

5）按涂料厚度和质感分为薄质涂料、厚质涂料等。

2. 涂料类饰面的基本构造

涂料类饰面的涂层构造一般可以分为三层，即底层、中间层、面层。

（1）底层 底层俗称刷底漆，其主要目的是增加涂层与基层之间的黏结力，同时还可以进一步清理基层表面的灰尘，使一部分悬浮的灰尘颗粒固定于基层。另外，在许多场合中，底层涂料还兼具基层封闭剂的作用，用以防止水泥砂浆抹灰层中的可溶性盐等物质渗出表面，造成对涂饰饰面的破坏。

（2）中间层 中间层是整个涂层构造中的成型层。其目的是通过适当的工艺，形成具有一定厚度的、匀实饱满的涂层，通过这一涂层，达到保护基层和形成所需的装饰效果。因此，中间层的质量如何，对于饰面涂层的保护作用和装饰效果的影响很大。中间层的质量好，不仅可以保证涂层的耐久性、耐水性和强度，在某些情况下对基层可起到补强的作用。为了增强中间层的作用，近年来往往采用厚涂料，用白水泥、砂粒等材料配制中间层，这对提高膜层的耐久性显然也是有利的。

（3）面层　面层的作用是体现涂层的色彩和光感。从色彩的角度考虑，为了保证色彩均匀，并满足耐久性、耐磨性等方面的要求，面层最低限度应涂刷两遍。从光泽的角度考虑，一般而言油性漆、溶剂型涂料的光泽度普遍比水性涂料、无机涂料的光泽度要高一些。但从漆膜反光的角度分析，却不尽然，因为反光光泽度的大小不仅与所用溶剂的类型有关，还与填料的颗粒大小、基本成膜物质的种类有关。当采用适当的涂料生产工艺、施工工艺时，水性涂料和无机涂料的光泽度可以赶上或超过油性涂料、溶剂型涂料的光泽度。

3. 外墙涂料饰面

外墙涂料以丙烯酸酯系列涂料居多，其次是聚氨酯涂料和氟树脂涂料。丙烯酸酯涂料的耐久年限可达 10 年；聚氨酯涂料具有较好的耐候性、抗龟裂性，耐久年限可达 15 年；氟树脂涂料的耐候性和耐化学药品性都很好，耐久年限可达 20 年以上。

外墙涂料按装饰质感分为以下四类。

（1）薄质涂料　质感细腻，用料较省，包括平面涂料、砂壁状涂料和云母状涂料。

涂料涂饰前，将墙面基层表面浮灰杂物清除干净，空鼓部位用聚合物水泥腻子修补。抹灰面用铁抹压平，用毛刷带出小麻点，3d 后进行涂饰施工。

采用喷涂施工，喷涂厚度以盖底后最薄为佳，一般涂饰两次。

采用辊涂施工时，先将涂料刷在基层上，随即进行辊涂，辊子上必须蘸少量涂料，辊压方向要一致。

（2）复层花纹涂料　花纹呈凹凸状富有立体感。

复层花纹类外墙涂料是以丙烯酸乳液和无机高分子材料为主要成膜物质的掺有集料的新型涂料。复层花纹类外墙涂料饰面分米粒喷塑、压花喷塑、大花喷塑三类。

1）米粒喷塑：表面不出浆，满布米粒状颗粒。

2）压花喷塑：表面灰浆饱满，经辊压后形成立体花纹图案。

3）大花喷塑：喷点以不出浆为原则，使之出圆点，满布粗颗粒，颗粒大小一致，分布均匀。

涂饰施工时，将施工缝留在分格缝处，喷涂后再揭去分格条。

采用弹涂施工时，在基层表面先刷 1~2 遍涂料作为底色涂层；压花型弹涂在弹涂后要进行批刮压花；大面积弹涂如弹点不匀时，采用补弹和笔绘进行修补。

（3）彩砂涂料　用染色石英砂、瓷粒、云母粉为主要原料，色彩新颖、晶莹绚丽。

彩砂类涂料是以一定粒度配比的彩釉砂和普通石英砂为集料，以合成树脂乳液作胶凝剂，加适量助剂组成的一种饰面材料。合成树脂乳液有丙烯酸酯共聚乳液、苯乙烯-丙烯酸酯共聚乳液、纯丙烯酸酯共聚乳液三种；集料有着色集料和普通集料两种。着色集料是由颜料和石英砂烧结而成，普通集料有石英砂和白云母粉两种。助剂有增稠剂、成膜剂和防霉剂、防腐剂几种。彩砂涂料有单色、复色之分。彩砂类外墙涂料饰面构造如下。

1）基层处理。

2）10~12mm 厚 1：3 水泥砂浆打底。

3）6mm 厚 1：2.5 水泥砂浆罩面。

4）封闭乳胶底涂料 1 遍。

5）彩砂类外墙涂料 2 遍，有以下三种做法。

① 喷涂：特别适用于大面积饰面。

② 刷涂：具有方便、灵活、快干等优点，而且可使涂层均匀、细腻、接槎自然。

③ 辊涂：该法难度较高，要求具有一定技术水平的工人进行操作。

（4）厚质涂料　可喷涂、拉毛，也可做出不同质感的花纹。

厚质类外墙涂料是指以丙烯酸凹凸乳液为底漆，以苯乙烯、丙烯酸酯乳液为主要成膜物，配以不同的颜料、填料和集料制成。厚质类外墙涂料饰面有以下四种做法。

1）刷涂：适用于细粒状或云母状涂料。涂刷一般不少于两遍，前一遍的表面干燥后才能刷后一遍。

2）喷涂：适用于粗填料或云母片状的涂料。涂层要求均匀，以覆盖住底面为佳。

3）辊涂：适用于细粒状和云母片状涂料。

4）弹涂：适用于云母片状和细粒状涂料。弹涂前应先在基层面上刷 1~2 遍与面层性质相同的涂料。

4. 内墙涂料饰面

内墙涂料基本上可分为水包油型（O/W 型）和水包水型（W/W 型）两大类。水包油型涂料在生产和涂装施工中污染严重，现已被限制使用。水包水型涂料是以合成树脂乳液为基料，加入定量的填料、颜料及助剂，经研磨、分散以水稀释加工而成，俗称水性涂料。水包水型涂料包括乳液型涂料、无机涂料、水溶性涂料。由于水包水型涂料本身不含有机溶剂，故无毒、无味、不燃、不污染，被称为"绿色涂料"。

根据我国颁布的涂料国标的四种类型，现选择广泛应用于内墙的涂料品种，介绍其饰面的分层构造。

（1）合成树脂乳液内墙涂料饰面　合成树脂乳液内墙涂料俗称合成树脂内墙乳胶漆，是高分子胶粘剂合成乳液，以水为分散介质，无毒，不污染环境，耐水性达 24h，耐洗刷性达 200 次，可用于新旧石灰基层、水泥基层，刷涂、喷涂均可，最低成膜温度 0℃，表面干燥为 2h，全部干透为 6h，其饰面分层构造做法见表 B-7。

表 B-7　内墙涂料类饰面分层构造做法

饰面名称	构造做法		
	砖墙基体	混凝土墙基体	纸面石膏板基体
合成树脂乳液内墙涂料饰面	13mm 厚 1：0.3：3 水泥石灰膏砂浆打底,扫毛 5mm 厚 1：0.3：2.5 水泥石灰膏砂浆找平层 满刮腻子 3 遍 封闭底涂料 1 遍 合成树脂乳液内墙涂料 1 遍	刷素水泥浆 1 遍 [内掺 3%~5%（质量分数）106 胶] 10mm 厚 1：0.3：3 水泥石灰膏砂浆打底,扫毛 6mm 厚 1：0.3：2.5 水泥石灰膏砂浆找平层 满刮腻子 3 遍 封闭底涂料 1 遍 合成树脂乳液内墙涂料 1 遍	满刮腻子 1 遍找平 108 胶水溶液 1 遍（108 胶：水 = 3：7） 封闭底涂料 1 遍 合成树脂乳液内墙涂料 1 遍

（续）

饰面名称	构造做法		
	砖墙基体	混凝土墙基体	纸面石膏板基体
多彩合成树脂乳液内墙涂料饰面	13mm 厚 1：0.3：3 水泥石灰膏砂浆打底，扫毛 5mm 厚 1：0.3：2.5 水泥石灰膏砂浆找平层 满刮腻子 3 遍 封闭底涂料 1 遍 多彩合成树脂乳液内墙涂料 1 遍 罩光乳胶涂料 1 遍	刷素水泥浆 1 遍［内掺 3%～5%（质量分数）106 胶］ 10mm 厚 1：0.3：3 水泥石灰膏砂浆打底，扫毛 6mm 厚 1：0.3：2.5 水泥石灰膏砂浆找平层 满刮腻子 3 遍 封闭底涂料 1 遍 多彩合成树脂乳液内墙涂料 1 遍 罩光乳胶涂料 1 遍	满刮腻子 1 遍找平 108 胶水溶液 1 遍（108 胶：水＝3：7） 封闭底涂料 1 遍 多彩合成树脂乳液内墙涂料 1 遍 罩光乳胶涂料 1 遍
复层建筑涂料饰面	13mm 厚 1：0.3：3 水泥石灰膏砂浆打底，扫毛 5mm 厚 1：0.3：2.5 水泥石灰膏砂浆找平层 满刮腻子 3 遍 底涂层：封闭乳液底涂料 1 遍 主涂层：复层建筑涂料 2～3 遍 面涂层：合成树脂乳液内墙涂料 2 遍	刷素水泥浆 1 遍［内掺 3%～5%（质量分数）106 胶］ 10mm 厚 1：0.3：3 水泥石灰膏砂浆打底，扫毛 6mm 厚 1：0.3：2.5 水泥石灰膏砂浆找平层 满刮腻子 3 遍 底涂层：封闭乳液底涂料 1 遍 主涂层：复层建筑涂料 2～3 遍 面涂层：合成树脂乳液内墙涂料 2 遍	满刮腻子 1 遍找平 108 胶水溶液 1 遍（108 胶：水＝3：7） 封闭乳液底涂料 1 遍 合成树脂乳液砂壁状涂料 2 遍
合成树脂乳液砂壁状涂料饰面	13mm 厚 1：0.3：3 水泥石灰膏砂浆打底，扫毛 5mm 厚 1：0.3：2.5 水泥石灰膏砂浆找平层 满刮腻子 3 遍 封闭乳液底涂料 1 遍 合成树脂乳液内墙涂料 2 遍	刷素水泥浆 1 遍［内掺 3%～5%（质量分数）106 胶］ 10mm 厚 1：0.3：3 水泥石灰膏砂浆打底，扫毛 5mm 厚 1：0.3：2.5 水泥石灰膏砂浆找平层 满刮腻子 3 遍 封闭乳液涂料 1 遍 合成树脂乳液砂壁状涂料 2 遍	满刮腻子 1 遍找平 108 胶水溶液 1 遍（108 胶：水＝3：7） 封闭乳液底涂料 1 遍 合成树脂乳液砂壁状涂料 2 遍
水性绒面涂料饰面	13mm 厚 1：0.3：3 水泥石灰膏砂浆打底，扫毛 5mm 厚 1：0.3：2.5 水泥石灰膏砂浆找平层 满刮腻子 3 遍 底涂层：封闭乳液底涂料 1 遍 中涂层：水性绒面涂料 2 遍 面涂层：水性绒面涂料 3～4 遍	刷素水泥浆 1 遍［内掺 3%～5%（质量分数）106 胶］ 10mm 厚 1：0.3：3 水泥石灰膏砂浆打底，扫毛 6mm 厚 1：0.3：2.5 水泥石灰膏砂浆找平层 满刮腻子 3 遍 底涂层：封闭乳液底涂料 1 遍 中涂层：水性绒面涂料 2 遍 面涂层：水性绒面涂料 3～4 遍	满刮腻子 1 遍找平 108 胶水溶液 1 遍（108 胶：水＝3：7） 底涂层：封闭乳液底涂料 1 遍 中涂层：水性绒面涂料 2 遍 面涂层：水性绒面涂料 3～4 遍

（续）

饰面名称	构造做法		
	砖墙基体	混凝土墙基体	纸面石膏板基体
瓷釉涂料饰面	13mm 厚 1∶0.3∶3 水泥石灰膏砂浆打底,扫毛 5mm 厚 1∶0.3∶2.5 水泥石灰膏砂浆找平层 满刮腻子 3 遍 刷稀盐酸 1 遍 瓷釉涂料底釉稀浆 1 遍 瓷釉涂料底釉 3 遍 瓷釉涂料面釉 3 遍	刷素水泥浆 1 遍［内掺 3%~5%(质量分数)106 胶］ 10mm 厚 1∶0.3∶3 水泥石灰膏砂浆打底,扫毛 6mm 厚 1∶0.3∶2.5 水泥石灰膏砂浆找平层 满刮腻子 3 遍 瓷釉涂料底釉 3 遍 瓷釉涂料面釉 3 遍	满刮腻子 1 遍找平 108 胶水溶液 1 遍(108 胶∶水=3∶7) 刷稀盐酸 1 遍 瓷釉涂料底釉稀浆 1 遍 瓷釉涂料底釉 3 遍 瓷釉涂料面釉 3 遍
豪华纤维涂料饰面	13mm 厚 1∶0.3∶3 水泥石灰膏砂浆打底,扫毛 5mm 厚 1∶0.3∶2.5 水泥石灰膏砂浆找平层 满刮腻子 3 遍 封闭乳液底涂料 1 遍 豪华纤维涂料 1 遍	刷素水泥浆 1 遍［内掺 3%~5%(质量分数)106 胶］ 10mm 厚 1∶0.3∶3 水泥石灰膏砂浆打底,扫毛 6mm 厚 1∶0.3∶2.5 水泥石灰膏砂浆找平层 满刮腻子 3 遍 封闭乳液底涂料 1 遍 豪华纤维涂料 1 遍	满刮腻子 1 遍找平 108 胶水溶液 1 遍(108 胶∶水=3∶7) 封闭乳液底涂料 1 遍 豪华纤维涂料 1 遍
彩色珠光涂料饰面	13mm 厚 1∶0.3∶3 水泥石灰膏砂浆打底,扫毛 5mm 厚 1∶0.3∶2.5 水泥石灰膏砂浆找平层 满刮腻子 3 遍 底涂层:封闭乳液底涂料 1 遍;彩色珠光底涂料 1~2 遍 中涂层:彩色珠光中涂料 2 遍;罩光清漆 1 遍 面涂层:高级彩色珠光面涂料 2~3 遍	刷素水泥浆 1 遍[内掺 3%~5%(质量分数)106 胶] 10mm 厚 1∶0.3∶3 水泥石灰膏砂浆打底,扫毛 6mm 厚 1∶0.3∶2.5 水泥石灰膏砂浆找平层 满刮腻子 3 遍 底涂层:封闭乳液底涂料 1 遍;彩色珠光底涂料 1~2 遍 中涂层:彩色珠光中涂料 2 遍;罩光清漆 1 遍 面涂层:高级彩色珠光面涂料 2~3 遍	满刮腻子 1 遍找平 108 胶水溶液 1 遍(108 胶∶水=3∶7) 底涂层:封闭乳液底涂料 1 遍;彩色珠光底涂料 1~2 遍 中涂层:彩色珠光中涂料 2 遍;罩光清漆 1 遍 面涂层:高级彩色珠光面涂料 2~3 遍

（2）多彩合成树脂乳液内墙涂料饰面　多彩合成树脂乳液内墙涂料俗称多彩内墙乳胶漆、多彩花纹内墙涂料（与市面上所售的水包油型多彩花纹内墙涂料不同），它是以丙烯酸酯合成树脂乳液为粘结料，用水稀释加工而成。其饰面分层构造做法详见表 B-7。

（3）复层建筑涂料饰面　内墙用复层建筑涂料俗称内墙浮雕喷塑料或复层花纹内墙涂料，是内墙高档装饰材料之一，其涂层构造由底涂层、主涂层、面涂层组成。

1）底涂层　用以封闭内墙基层并增强主涂层的附着能力。一般多采用封闭乳漆（又名墙面封底漆）。

2）主涂层　内墙装饰的浮雕造型部分，是用一种厚质合成树脂乳液涂料涂于底涂层上，使之形成一种浮雕状（凹凸状）或平状花纹的装饰造型涂层。

3）面涂层　涂于主涂层的表面，用于着色，提高主涂层的耐候性、耐污染性及防水性等，一般多采用合成树脂乳液内墙涂料作面涂层。

（4）合成树脂乳液砂壁状涂料饰面　合成树脂乳液砂壁状涂料又称为彩色涂料。涂层色彩鲜艳，质感丰富，不易褪色。涂层造型有细粒状、砂粒状、云母状等，内墙多采用细粒状造型，其饰面分层构造做法见表 B-7。

（5）水性绒面涂料饰面　水性绒面涂料简称绒面涂料，是以多种着色粒子与树脂研磨加工而成，是高档建筑装饰涂料之一。涂膜色彩多样，耐水、耐酸、耐碱，而且具有绒面质感，优雅华贵、柔和大方。水性绒面涂料涂刷前须充分搅匀，若黏度太大难以喷刷时，可加少量清水稀释，并且注意环境温度低于 5℃ 或相对湿度大于 85% 时以及大风、雨天等均不得施工。水性绒面涂料饰面分层构造做法见表 B-7。

（6）瓷釉涂料饰面　瓷釉涂料又名液体瓷涂料，具有表面光亮、瓷釉质感显著、韧性好、耐高低温、耐沸水、耐冲击、耐油、耐蒸汽、附着力强、自然条件下固化性能好、色彩可任意调配、可用肥皂擦洗、易返修等特点。

瓷釉涂料除可整片大面积喷刷外，还可以分格涂装成瓷砖造型，不仅比粘贴瓷砖墙面省工省力、提高工效，而且对许多难以粘贴瓷砖的几何体复杂的墙面和造型面均可施工。瓷釉涂料不但可涂装于各种基层墙，而且还可涂于金属、玻璃、塑料等基材之上。瓷釉涂料饰面分层构造做法见表 B-7。

（7）豪华纤维涂料饰面　豪华纤维涂料俗称华彩壁、多彩壁内墙丝面豪华涂料。它是以天然和人造纤维为原料，加入各种辅料加工而成，无毒、无味、无有害物质。豪华纤维涂料涂膜坚韧耐久、不开裂、不剥落、不变形、整体性强、吸声、保温效果好，不仅耐水、防潮、防火、阻燃而且还能保持墙体的呼吸功能，透气性好。豪华纤维涂料饰面分层构造做法见表 B-7。

（8）彩色珠光涂料饰面　彩色珠光涂料是新型高档室内水包水型涂料之一，具有无毒、不燃、耐腐蚀、黏结力强、耐擦洗（可用肥皂水擦洗）、耐光性及抗粉性优良、长时间使用不泛菌等特点，有香味，为淡香型产品。彩色珠光涂料色彩品种繁多，可任意选色，室内墙面涂装后珠光闪闪，高雅华丽，装饰效果强烈。彩色珠光涂料饰面分层构造做法见表 B-7。

（三）油漆类

油漆是指涂刷在材料表面能够干结成膜的有机涂料。我国古代采用漆树的树脂作涂料，称为"大漆"，当前人工制造的涂料如以干性或半干性植物油脂、树脂、合成树脂为基本成膜原料的，也称为油漆。油漆类饰面与外界空气、水分隔绝，能起到防潮、防腐、防锈的作用，同时漆膜表面光洁、美观，能改善卫生条件，增强装饰效果。

油漆饰面可用于木材表面（木吊顶、木墙面、木装饰线、木家具、木地板）、金属表面（铁板、铁栏栅）和砖或混凝土墙面。

常用油漆有调和油漆、清漆、防锈漆。

1. 木墙面油漆的构造

木墙面的油漆，根据木材品种和质量的不同，应选择不同的油漆和施工方法。如水曲柳、椴木、桦木等浅白色木材，可涂饰清漆，以显示其本身的天然纹理；而一些色泽较重或有虫眼、疤疖的木材，则常用色漆。

木墙面油漆构造做法如下。

1）满刮腻子，打磨平整。

2）底漆一道封闭。

3）中层漆两道厚实饱满。

4）面层漆。

2. 抹灰墙面油漆的构造

1）水泥砂浆找平。

2）混合砂浆中层充分干燥无裂纹。

3）满刮腻子，打磨平整。

4）底漆一道封闭。

5）中层漆两道厚实饱满。

6）面层漆。

三、涂料饰面应注意的问题

1. 外墙涂料饰面应注意的问题

（1）耐污染性 涂料饰面的污染来源有人为的和自然界的两个方面，其性质有三种。

1）沉积性污染，即灰尘的黏附或沉积。沉积性污染的程度与涂膜表面平整性有关，一般来说沉积性污染比较容易清除。

2）侵入性污染，即尘埃、有色物质等随同液体侵入涂料表面的毛细结构内。这种污染的清除是比较困难的。涂膜表面比较致密的涂料不易发生侵入性污染。

3）吸附性污染，即由于静电引力与吸引力造成的污染，例如油污黏附在涂料上造成的污染等。

（2）耐久性

1）耐冻融性。外墙涂料的涂层表面毛细管内含有水分，在冬季可能发生反复冰冻和融化。水冰冻时发生膨胀，会使涂层脱落、开裂或起泡。涂料中的成膜物质的柔性越好，有一定的延伸性，耐冻融性就越好。耐冻融性是指涂料能够经受住冻融变化而不发生破坏的性能，一般是使涂层经$-20℃$和$23℃$、$50℃$处理，各 3h 为一次循环，经多次循环后不出现涂层开裂或脱落，循环的次数愈多耐冻融性愈好。

2）耐老化性。涂料中的成膜物质受大气中光、热、臭氧等因素的作用会发生分子的降解或交联，使涂层发黏或变脆，失去原有强度和柔性，从而造成涂层开裂、脱落、粉化。老化也包括涂层的变（褪）色。耐老化性通常用氙灯老化仪人工加速老化法测定。在一定光照强度、温湿度条件下处理一定时间后检查涂层有无起泡、剥落、裂纹、粉化和变色等现象。

3）耐碱性。建筑涂料大多以水泥混凝土、石灰抹面等碱性材料为装饰对象。耐碱性差的涂料受碱性的影响会使涂层剥离脱落，或变（褪）色。耐碱性的测定方法是将涂层浸在氢氧化钙的饱和溶液中一定时间后，检查有无起泡、剥落和变色等现象。

2. 内墙涂料饰面应注意的问题

（1）要求色彩丰富、质感细腻 内墙涂料的颜色应根据房间用途、家具颜色、外界环境及使用者的喜爱来决定，故要求色彩品种丰富。内墙涂层距离使用者视线较近，这就要求内墙涂料涂层应平滑细腻、凹凸感强、色彩柔和。

（2）耐碱性、耐水性、耐粉性好 由于内墙面抹灰基层材料中常常带有碱性，因而要求涂料应具有良好的耐碱性；又因为室内温度常常高于室外温度，同时为保持内墙面清洁，涂层需与水接触，故要求所用涂料应具有一定的耐水性和耐洗刷性；人和室内物品需靠近墙面，脱粉型的内墙涂料不能采用，而应选用具有良好的耐粉化性的涂料。

（3）透气性良好　室内空气中含水蒸气，用透气性良好的内墙涂料可消除墙面结露、挂水现象，同时可调节室内含水量，使室内环境清爽宜人。

（4）施工简单、整修方便　人们为了保持室内环境优雅，内墙面要经常翻新，改变面貌，因此，要求内墙涂料施工操作简单，涂膜干燥快，整修方便。

B4　裱糊与软包类饰面装饰装修构造

考核点	1. 裱糊与软包类饰面的类型 2. 裱糊与软包类饰面的构造组成 3. 裱糊与软包类饰面的构造做法
知识点	1. 常用壁纸的种类、适用范围及裱糊构造 2. 常用墙布的种类、适用范围及裱糊构造 3. 软包饰面构造组成及适用范围 4. 微薄木的概念、特点及分层构造
课件资源二维码	

裱糊与软包类饰面是采用柔性装饰材料，利用裱糊、软包方法所形成的一种内墙面饰面。这种饰面具有装饰性强、经济合理、施工简便、可粘贴等特点。现代室内墙面装饰常用的柔性装饰材料有各类壁纸、墙布、棉麻织品、锦缎、皮革、微薄木等。

一、壁纸饰面

1. 壁纸的种类与特性

壁纸又称为墙纸，其色彩、质感多样，通过适当的工艺和设计，可取得仿天然材料的装饰效果，而且大多耐用、易清洗。壁纸的种类很多，分类方式也多种多样，按外观装饰效果分类有印花壁纸、压花壁纸、浮雕壁纸等；按基层不同分类有全塑料基（使用较少）、纸基、布基、石棉纤维基或玻璃纤维基等；按施工方法分类有现场刷胶裱糊、背面预涂压敏胶直接铺贴等。在习惯上一般将壁纸分为三类，即普通壁纸、发泡壁纸和特种壁纸。常用壁纸的特点和适用范围见表 B-8。

表 B-8　常用壁纸特点和适用范围

类别	品种	特点	适用范围
普通壁纸	单色压花壁纸	花色品种多,适用面广、价格低。可制成仿丝绸、织锦等图案	居住和公共建筑内墙面
	印花壁纸	可制成各种色彩图案,并可压出具有立体感的凹凸花纹	
发泡壁纸	低发泡 中发泡 高发泡	中、高档次的壁纸,装饰效果好,并兼有吸声功能,表面柔软,有立体感	居住和公共建筑内墙面

（续）

类别	品种	特点	适用范围
特种壁纸	耐水壁纸	用玻璃纤维毡作基材	卫生间、浴室等墙面
	防火壁纸	有一定的阻燃防火性能	防火要求较高的室内墙面
	木屑壁纸	可在纸上漆成各种颜色，表面粗糙，别具一格	多用于高级公共厅、建筑厅堂
	彩色砂粒壁纸	在壁纸和无纺布等材料上压上砂料和水晶材料，使表面看起来更有层次感，装饰效果更佳	一般室内局部装饰
	纤维壁纸	质感强，并可使之与室内织物协调，以形成气氛高雅、舒适的环境	居住和公共建筑内墙面
聚氯乙烯壁纸（PVC 塑料壁纸）		以纸或布为基材，PVC 树脂为涂层，经复印印花、压花、发泡等工序制成。具有花色品种多样、耐磨、耐折、耐擦洗，可选性强等特点，是目前产量大、应用广泛的一种壁纸。经过改进的、能够生物降解的 PVC 环保壁纸，无毒、无味、无公害	各种建筑物的内墙面及顶棚
织物复合壁纸		将丝、棉、毛、麻等天然纤维复合于纸基上制成。具有色彩柔和、透气、调湿、吸声、无毒、无味等特点，但价格偏高，不易清洗	饭店、酒吧等高级墙面点缀
金属壁纸		以纸为基材，涂覆一层金属薄膜制成。具有金碧辉煌、华丽大方、不老化、耐擦洗、无毒、无味等特点。但金属箔非常薄，很容易折坏；基层必须非常平整、洁净，应选用配套胶粉裱糊	公共建筑的内墙面、柱面及局部点缀
复合纸质壁纸		将双层纸（表纸和底纸）施胶、层压、复合在一起，再经印刷、压花、表面涂胶制成。具有质感好、透气、价格较便宜等特点	各种建筑物的内墙面

2. 壁纸的裱糊构造

（1）基层处理

1）刮腻子，砂纸磨平，使基层平整、光洁、干净，不疏松掉粉，有一定强度。

2）为了避免基层吸水过快，应进行封闭处理，即在基层表面满刷清漆一遍。

（2）壁纸预处理　为防止壁纸遇水后膨胀变形，壁纸裱糊前应做预处理。各种壁纸预处理方法如下。

1）无毒塑料壁纸在裱糊前应先在壁纸背面刷清水一遍，再立即刷胶；或将壁纸浸入水中 3~5min 后，取出将水抖净，静置约 15min 后再刷胶。

2）复合壁纸不得浸水，裱糊前应先在壁纸背面涂刷胶粘剂，放置数分钟。裱糊时，应在基层表面涂刷胶粘剂。

3）纺织纤维壁纸不宜在水中浸泡，裱糊前宜用湿布清洁背面。

4）带背胶的壁纸在裱糊前应在水中浸泡数分钟。

5）金属壁纸在裱糊前浸水 1~2min，阴干 5~8min 后在其背面刷胶。

（3）裱糊壁纸　裱糊使用的胶粘剂可刷于基层，也可刷于壁纸背面，对于较厚的壁纸，应同时在纸背面和基层上刷胶粘剂。常用的胶粘剂有以下三种。

1）聚氨酯胶：特点是粘贴强度高，耐水性好，固化快。

2）粉状壁纸胶粘剂：特点是溶水速度快，溶水后无结块，胶液完全透明，易涂刷，不污染壁纸。

3）压敏剂：一种以橡胶为主要原料的胶粘剂。粘贴时由于大量溶剂挥发受阻，会逐渐产生大量气泡，使用时应及时排除。

裱糊壁纸的关键是裱贴的过程和拼缝技术。粘贴时要注意保持纸面平整，防止出现气泡，并将拼缝处压实。开关、插座等突出墙面的电气盒，裱糊前应先卸去盒盖。

还有一种风景壁纸，即把图画或彩色照片放大，复制到塑料壁纸上。风景壁纸画面大，景深远，层次分明，视野开阔，能在室内看到大自然的景观。风景壁纸裱糊应上至顶棚、下到地面，四周不宜留边框，这样看上去真实自然。

二、墙布饰面

1. 墙布的种类与特性

常用的墙布种类主要有：玻璃纤维墙布，纯棉装饰墙布，化纤装饰墙布，无纺墙布，人造革或皮革，丝绒、锦缎等。

（1）玻璃纤维墙布　玻璃纤维墙布是用玻璃纤维布为基材，表面涂布树脂、聚丙烯酸甲酯或聚丙烯酸乙酯、增塑剂、着色颜料等，经染色和挺括处理，配成色浆，印上彩色图案而成的一种新型卷材。这种墙纸本身有布纹质感，经套色印花后有较好的装饰效果，具有耐水洗擦、价格合理、工艺简单等特点。其次，它是非燃烧体，有利于减少建筑物内部装饰材料的燃烧荷载。不足之处是它的盖底力稍差，当基层颜色有深浅变化时，容易在裱糊面上显现出来。涂层一旦磨损破碎时，有可能散落出少量的玻璃纤维，故须注意保养。

（2）纯棉装饰墙布　纯棉装饰墙布是以纯棉为基材，表面涂饰耐磨树脂处理，经印花制作而成。它具有无化学污染、对人体无刺激、强度大、静电弱、吸声、无光、无味、无毒、花型色泽美观大方等特点，是比较理想的客房、住宅居室用壁纸。

（3）化纤装饰墙布　化纤装饰墙布是以化学纤维制成的布（单纶或多纶）为基材，经一定处理后印花而成，具有无毒、无味、透气、防潮、耐磨、无分层等特点，适用于宾馆、饭店、办公室、会议室及民用住宅内墙面装饰。常用的化学纤维有粘胶纤维、醋酸纤维、丙纶、腈纶、锦纶、涤纶等。

（4）无纺墙布　无纺墙布有多种花色图案。无纺墙布是采用棉、麻等天然纤维或涤纶、腈纶等合成纤维，经过无纺成型、上树脂、印刷彩色花纹而成的一种新型饰面材料。无纺墙布挺括，富有弹性，不易折断，纤维不老化不散失，色彩鲜艳，图案雅致，粘贴方便，有一定的透气性和防潮性。它适用于多种建筑物的室内墙面装饰。

（5）人造革或皮革　人造革或皮革墙面具有柔软、消声、保暖的特性，用皮革装饰的墙面豪华、高贵，但由于造价昂贵，仅只作点缀之用，特别适用于要求防止碰撞的房间及声学要求较高的室内。

（6）丝绒、锦缎　丝绒、锦缎为高级墙面装饰织物，我国很早就有使用丝绒、锦缎裱糊墙面的记载。丝绒、锦缎墙面是指用丝绒、锦缎浮挂墙面的做法，具有高贵、豪华的墙面装饰效果和独特的质感和触感。由于丝绒、锦缎的价格较高，裱糊比普通壁纸难度大，较潮湿地区容易霉变等因素，限制了丝绒、锦缎的应用范围。它广泛用于环境要求较高的餐厅、会客室、接待场所等。

2. 墙布裱糊构造

（1）玻璃纤维墙布、无纺墙布　裱糊玻璃纤维墙布和无纺墙布的方法同纸基墙纸裱糊方法基本相同，但有所不同的构造做法是以下几项。

1）玻璃纤维墙布和无纺墙布不需吸水膨胀，可以直接裱糊，如果预先湿水反而会因表面树脂涂层稍有膨胀而使墙布起皱，贴上墙后也难以平整。

2）粘贴玻璃纤维墙布的胶液宜用由聚醋酸乙烯乳液（俗称白乳胶）和羟甲基纤维素溶液调配而成的胶液。这种胶液能增加墙布与墙面的黏结力，减少翘角与起泡。

3）玻璃纤维墙布和无纺墙布盖底力稍差，如基层表面颜色较深时，应在胶粘剂中掺入10%白色涂料。如相邻部位的基层颜色有深有浅时，应作顺色处理，以免完成的裱糊面色泽有差异。

4）裱贴玻璃纤维墙布和无纺墙布时，墙布背面不要刷胶粘剂，而是将胶粘剂刷在基层上。因为墙布有细小孔隙，本身吸湿很小，如果将胶粘剂刷在墙布背面，胶粘剂的胶会印透表面而出现胶痕，影响装饰效果。玻璃纤维墙布、无纺墙布裱糊构造如图 B-43a 所示。

（2）丝绒、锦缎饰面　丝绒、锦缎裱糊制作要求甚高，基层应做好防潮、防腐、防火处理。做面层时，特别应注意要保持面料表面的洁净。丝绒、锦缎饰面裱糊构造如图 B-43b 所示。

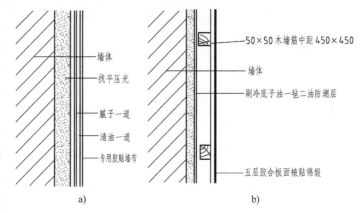

图 B-43　墙布饰面裱糊构造
a）玻璃纤维墙布、无纺墙布裱糊构造　b）丝绒、锦缎饰面裱糊构造

三、软包饰面

软包饰面是当代室内高级装饰之一，具有吸声、保温、质感舒适等特点，特别适用于室内有吸声要求的会议厅、会议室、多功能厅、录音室、影剧院局部墙面等处。

1. 软包饰面的构造组成

软包饰面由底层、吸声层、面层三大部分组成。

（1）底层　采用阻燃型胶合板、FC 板、埃特尼板等。FC 板或埃特尼板是以天然纤维、人造纤维或植物纤维与水泥等为主要原料，经烧结成型、加压、养护而成，比阻燃型胶合板的耐火性能高一级。

（2）吸声层　采用轻质不燃、多孔材料，如玻璃棉、超细玻璃棉、自熄型泡沫塑料等。

（3）面层　必须采用阻燃型高档豪华软包面料，常用的有各种人造皮革、特维拉 CS 装饰布、针刺超绒、背面深胶阻燃型豪华装饰布及其他全棉、涤棉阻燃型豪华软质面料。

2. 软包饰面构造做法

（1）无吸声层软包饰面构造做法　在墙体找平层上做防潮层，防潮层上应均匀涂刷一层清油或满铺油纸，不得用沥青油毡。将木龙骨固定于墙内预埋的防腐木砖上，然后将底层阻燃型胶合板就位，并将面层面料压封于木龙骨上，底层及面料钉完一块，再继续钉下一块，直至全部钉完为止。无吸声层软包饰面构造如图 B-44 所示。

（2）有吸声层软包饰面构造做法　在墙体找平层上做防潮层，防潮层应均匀涂刷一层清油或满铺油纸，不得用沥青油毡。将木龙骨固定于墙内预埋的防腐木砖上后，将底层阻燃

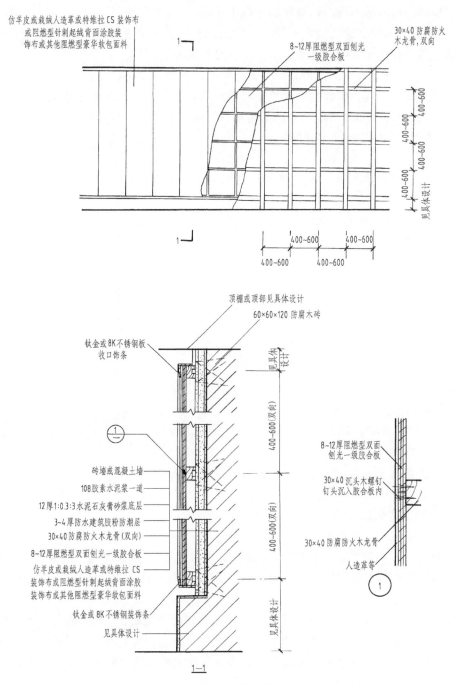

图 B-44 无吸声层软包饰面构造

型胶合板钉于木龙骨上,然后以饰面材料包矿棉(海绵、泡沫塑料、棕丝、玻璃棉等)覆于胶合板上,并用暗钉将其钉在木龙骨上。有吸声层软包饰面构造如图 B-45 所示。

四、微薄木饰面

微薄木是由天然木材经机械旋切加工而成的薄木片附上一层增强用的衬纸复合成的卷材。其特点是厚薄均匀,木纹清晰,材质优良,保持了天然木材的真实质感,并有柔性,可

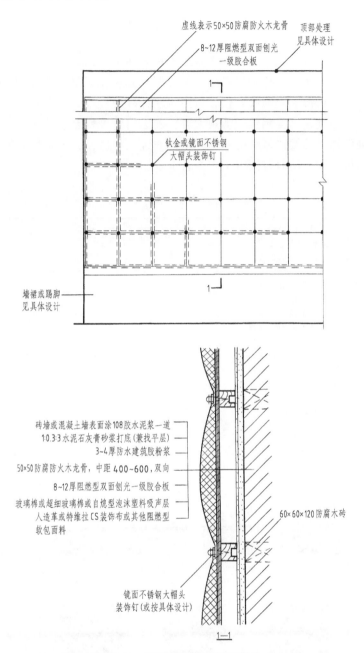

图 B-45　有吸声层软包饰面构造

以做曲面和大弯角而不必裁剪，且表面可以着色做各种油漆饰面。微薄木可以用作各种板材基层的表面，也可以粘贴在抹灰墙面上，由于它的天然材料质感和纹理，用它做装饰可创造自然、朴实的环境气氛。

　　微薄木在粘贴前，应用清水喷洒，然后放在平整的纤维板上晾至九成干，使卷曲的微薄木伸直后方可粘贴。基层处理用化学糨糊加老粉腻子满刮两遍，干燥后以 0 号砂纸打磨平整，再满涂清油（清漆加香蕉水）一道。然后在微薄木背面和表面同时均匀涂刷胶液，涂胶后晾置 10~15min，当表面胶液呈半干状态时，即可开始粘贴。贴完后，可按木材饰面的常规或设计要求进行漆饰处理。需注意，无论采用哪种漆饰工艺，都必须尽可能地将木材纹理显露出来。

上述构造做法费工费时，目前，常将微薄木预先加工，先把它复合于胶合板或其他人造板上，然后再进行墙面装饰。这种将微薄木复合于人造板上的装饰材料称为微薄木装饰板，又名薄木皮装饰板、微薄木装饰胶合板、微薄木装饰纤维板或微薄木装饰细木工板等。微薄木装饰面具有木纹逼真、真实感强、美观大方、施工简便等特点。

微薄木装饰板饰面的构造做法是：墙体上做防潮处理后，钉木龙骨于防腐木砖上，然后再将微薄木装饰板粘贴或用射钉固定于木龙骨上。

B5　幕墙类饰面装饰装修构造

考核点	1. 幕墙的类型 2. 幕墙的构造组成 3. 幕墙的构造做法		
知识点	1. 建筑幕墙的定义 2. 建筑幕墙的特征 3. 建筑幕墙的基本构造组成 4. 玻璃幕墙的主要材料 5. 框支承玻璃幕墙构造做法 6. 全玻璃幕墙构造做法 7. 点支式玻璃幕墙构造做法 8. 金属幕墙的主要材料 9. 金属幕墙的基本构造 10. 铝板幕墙构造做法 11. 蜂窝铝板幕墙构造做法 12. 石材幕墙的主要材料 13. 石材面板与骨架连接的构造 14. 建筑幕墙防火、防雷、保温、隔热构造要求		
数字化资源二维码	隐框式玻璃幕墙端部收口构造　 背栓式石材幕墙构造　 吊挂式全玻璃幕墙构造　 金属幕墙构造（一） 金属幕墙构造（二）　 拉杆式玻璃幕墙构造　 拉索式玻璃幕墙构造 隐框式玻璃幕墙构造　 全玻璃幕墙构造　 隐框玻璃幕墙层间梁处防火节点构造	课件资源二维码	

一、建筑幕墙的含义

（一）建筑幕墙的定义

建筑幕墙是悬挂于主体结构外侧，融围护功能和装饰性功能于一体的外墙饰面。

（二）建筑幕墙的特征

1）幕墙是独立的外围护结构。

2）幕墙包封主体结构（幕墙位于主体结构的外侧，并保持一定距离）。

3）幕墙荷载是通过连接件、吊挂件、支撑杆件传给主体结构的。

4）幕墙与主体结构采用可动柔性连接，相对主体结构有一定的位移能力。

（三）建筑幕墙的基本构造组成

建筑幕墙由支承结构体系（立柱、横梁、吊钩、支撑钢结构等）与面板两大部分组成。面板材料不同，其支撑骨架及构造也不同。

（四）建筑幕墙的类型

1. 按建筑幕墙的面板材料分类

（1）玻璃幕墙

1）框支承玻璃幕墙：指玻璃面板周边由金属框架支承的玻璃幕墙，主要包括下列类型。

① 明框玻璃幕墙：金属框架的构件显露于面板外表面的框支承玻璃幕墙。

② 隐框玻璃幕墙：金属框架完全不显露于面板外表面的框支承玻璃幕墙。

③ 半隐框玻璃幕墙：金属框架的竖向或横向构件显露于面板外表面的框支承玻璃幕墙。

2）全玻幕墙：是指由玻璃肋和玻璃面板构成的玻璃幕墙。

3）点支式玻璃幕墙：是指由玻璃面板、点支承装置和支承结构构成的玻璃幕墙。

4）双层幕墙：是指双层结构的新型幕墙。外层幕墙采用点支式玻璃幕墙、明框玻璃幕墙或隐框玻璃幕墙，内层幕墙采用明框玻璃幕墙、隐框玻璃幕墙或铝合金门窗。

（2）金属幕墙 面板为金属板材的建筑幕墙，主要包括：单层铝板幕墙、铝塑复合板幕墙、蜂窝铝板幕墙、不锈钢板幕墙、彩色钢板幕墙及搪瓷板幕墙等。

（3）石材幕墙 面板为建筑石材的建筑幕墙。

（4）人造板材幕墙 面板为瓷板、陶板、微晶玻璃板等的建筑幕墙。

（5）组合幕墙 面板由玻璃、金属、石材、人造板材等不同面板组成的建筑幕墙。

2. 按幕墙施工方法分类

（1）构件式幕墙 在施工现场依次安装立柱、横梁和面板的框支承建筑幕墙，如图 B-46 所示。

（2）单元式幕墙 将面板与金属框架（横梁、立柱）在工厂组装为幕墙单元，以幕墙单元形式在现场完成安装施工的框支承建筑幕墙（一般单元板块高度为一个楼层的层高），如图 B-47 所示。

（3）半单元式幕墙 半单元式幕墙又称元件单元式幕墙，这种幕墙综合了以上两种幕墙的特点，在现场安装

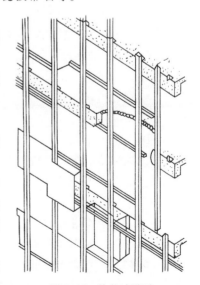

图 B-46 构件式幕墙

立柱，再把在工厂组装好的组件安装到立柱上。

二、玻璃幕墙构造

（一）玻璃幕墙主要材料

1. 骨架材料

（1）钢材　多采用角钢、槽钢、方钢管，钢材的材质以 Q235 为主。

（2）铝合金型材　多为经特殊挤压成型的铝镁合金型材，并经阳极氧化着色表面处理。

（3）紧固件　主要有膨胀螺栓、铝铆钉、射钉等。

（4）连接件　多采用角钢、槽钢、钢板加工而成。连接件的形状因不同部位、不同幕墙结构而有所变化。

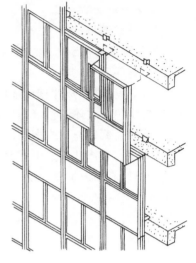

图 B-47　单元式幕墙

2. 玻璃板

用于玻璃幕墙的单块玻璃的厚度一般为 5~6mm，玻璃的品种有热反射浮法镀膜玻璃、吸热玻璃、夹层玻璃、夹丝玻璃、中空玻璃、钢化玻璃等。幕墙玻璃须满足抗风压、采光、隔热、隔声等性能要求。

3. 封缝材料

（1）填充材料　填充材料主要用于幕墙型材凹槽两侧间隙内的底部，起填充作用，以避免玻璃与金属之间的硬性接触，起缓冲作用。填充材料多为聚乙烯泡沫胶系列，有片状、圆柱条等多种规格，也可用橡胶压条。在填充材料上部多用橡胶密封材料和硅酮系列的防水密封胶覆盖。

（2）密封固定材料　在玻璃幕墙的玻璃装配中，密封固定材料不仅起密封作用，同时也起到缓冲、粘结作用，使玻璃与金属之间形成柔性缓冲接触。密封固定材料常采用橡胶密封压条，断面形状很多，其规格主要取决于凹槽的尺寸及形状。

（3）密封防水材料　铝合金玻璃幕墙用的密封防水材料为密封胶，有结构密封胶、建筑密封胶（耐候胶）、中空玻璃二道密封胶、管道防火密封胶等。结构玻璃装配使用的结构密封胶只能是硅酮密封胶，它具有良好的抗紫外线、抗腐蚀性能。

（二）框支承玻璃幕墙构造

根据幕墙玻璃和结构框架的不同构造方式和组合形式，框支承玻璃幕墙可分为明框式玻璃幕墙、隐框式玻璃幕墙和半隐框式玻璃幕墙（横隐竖框玻璃幕墙、竖隐横框玻璃幕墙）三种，如图 B-48 所示。

1. 明框式玻璃幕墙

明框式玻璃幕墙框架结构外露，立面造型主要由外露的横竖骨架决定，依据其施工方法的不同又可分为构件式和单元式两种。构件式明框玻璃幕墙较为常用，现将其构造介绍如下：

（1）立柱与建筑主体结构的连接构造　立柱通过连接件固定在楼板上，连接件可以位于楼板的上表面、侧面或下表面。一般为了便于施工操作，常布置在楼板的上表面。连接件的设计与安装，要考虑立柱能在上下、左右、前后均可调节移动，所以连接件上的所有螺栓孔都设计成椭圆形的长孔，如图 B-49 所示。立柱的连接要求：立柱只能一端固定于建筑物主

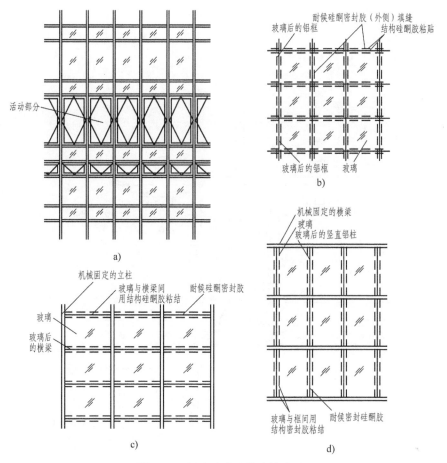

图 B-48　框支承玻璃幕墙的类型

a）明框式玻璃幕墙　　b）隐框式玻璃幕墙　　c）横隐竖框玻璃幕墙　　d）竖隐横框玻璃幕墙

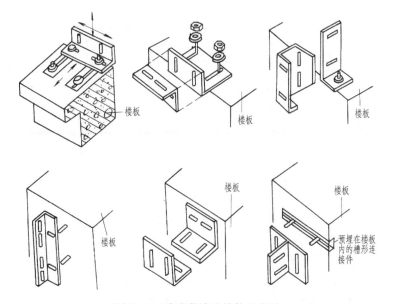

图 B-49　玻璃幕墙连接件示意图

框架上，而另一端套在固定于建筑物主框架上的相邻立柱的内套管上，这样便于适应杆件因温度变化而产生的变形。两立柱的留缝宽度应按计算要求确定，且不小于 15mm。立柱与建筑主体结构的连接如图 B-50 所示。

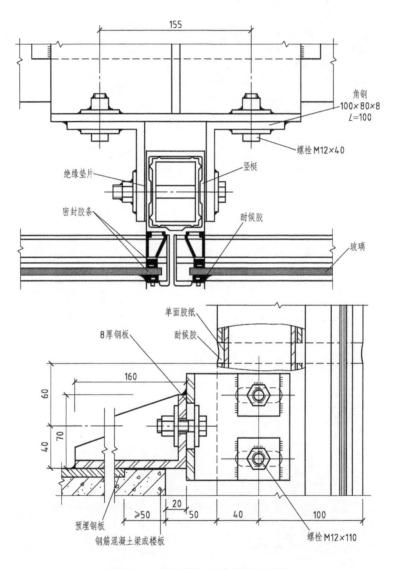

图 B-50　立柱与建筑主体结构的连接

（2）横梁与立柱的连接构造　幕墙的横梁与立柱的连接一般通过连接件（角铝）、铆钉或螺栓连接，如图 B-51 所示。

（3）转角部位构造　采用普通玻璃幕墙的建筑物，造型多种多样，有各种各样的转角。在转角部位要使用与玻璃幕墙转角角度相吻合的专用转角型材。明框玻璃幕墙直角转角构造如图 B-52 所示；任意角度转角构造如图 B-53 所示。

（4）端部收口构造　玻璃幕墙的收口处理是指将幕墙的竖梃、横档与结构联系起来并加以封修，包括幕墙在建筑物的洞口及两种不同材料交接处的衔接等。

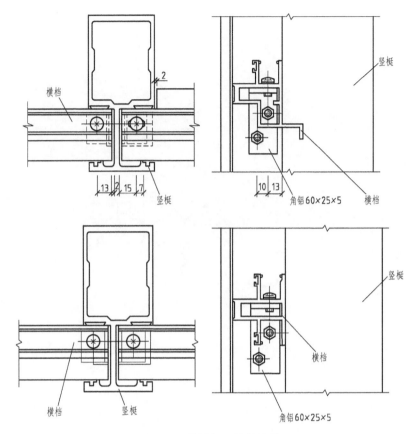

图 B-51　横梁与立柱的连接

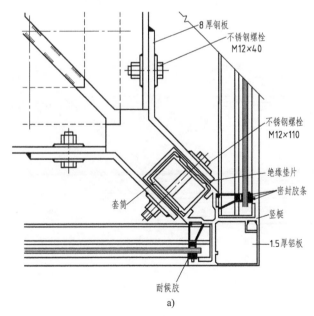

a)

图 B-52　明框玻璃幕墙直角转角构造

a）阳角构造

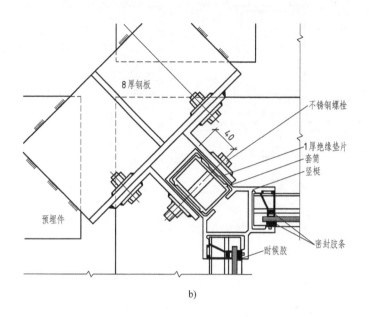

图 B-52 明框玻璃幕墙直角转角构造（续）

b）阴角构造

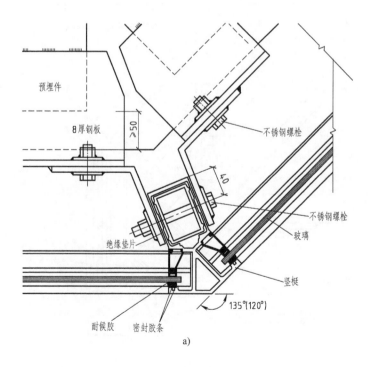

图 B-53 明框玻璃幕墙任意角度转角构造

a）阳角构造

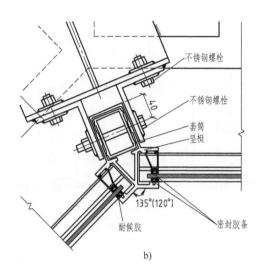

图 B-53 明框玻璃幕墙任意角度转角构造（续）

b）阴角构造

1）侧端收口节点。玻璃幕墙最后一根立柱侧面的收口构造采用平挂式侧封边构造（图 B-54a），当玻璃幕墙与其他墙面相交时，其收口构造采用内嵌式侧封边构造（图 B-54b）。

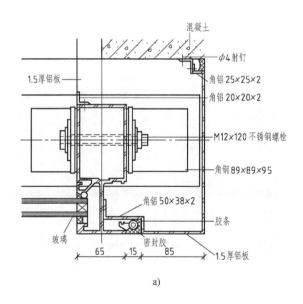

图 B-54 明框玻璃幕墙侧端收口构造

a）平挂式侧封边构造

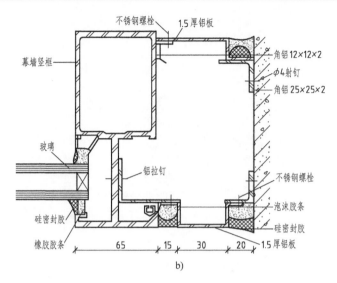

图 B-54　明框玻璃幕墙侧端收口构造（续）

b）内嵌式侧封边构造

2）上封顶构造。明框式玻璃幕墙上封顶构造如图 B-55 所示。一般采用铝板罩在幕墙上端的收口部位，铝板固定在横梁上。为了防止在压顶接口处有渗水现象，在压顶板的下面加铺一层防水层，目前用得较多的是三元乙丙橡胶防水层。铝压顶板可以侧向固定在骨架上，也可在水平面上用螺栓固定，但要注意，螺栓头部位须用密封胶密封，防止雨水在此部位渗漏。在横梁与铝板相交处，用密封胶作封闭处理，压顶部位的铝板用不锈钢螺栓固定在型钢

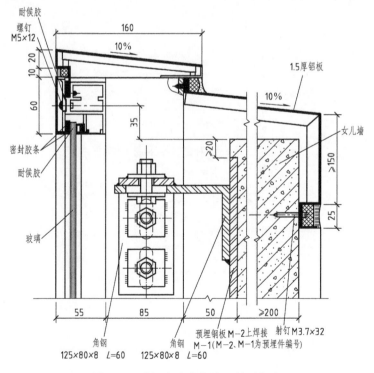

图 B-55　明框式玻璃幕墙上封顶构造

骨架上。

3）下封底构造。下封底收口处
理是指幕墙横档与主体结构水平面
接触部位的收口处理方法，如图
B-56所示。收口处理一般使铝合金
横梁离开主体结构一段距离，便于
横梁的布置及与立柱的固定。横梁
与结构之间的空隙，一般不用填缝
材料，只在外侧灌注一道密封胶。
横档与水平结构面相接触处，在外
侧及底侧安装一条铝合金板，起封
盖与防水的双层作用。

（5）明框式玻璃幕墙层间梁处
构造 明框式玻璃幕墙在层间梁处，
幕墙与主体结构的墙面之间一般宜
留出一段距离，并采取适当的防火
措施，如图B-57所示。

2. 隐框式玻璃幕墙

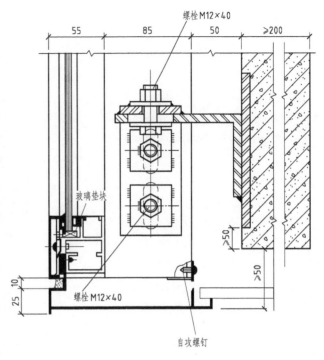

图 B-56　明框式玻璃幕墙下封底构造

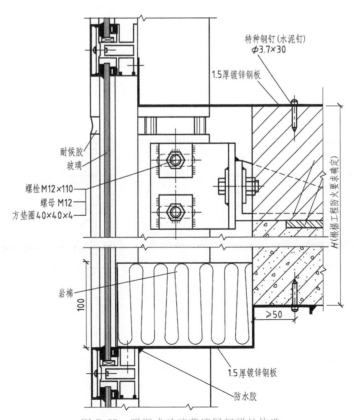

图 B-57　明框式玻璃幕墙层间梁处构造

　　隐框式玻璃幕墙是采用结构玻璃装配方法安装玻璃的幕墙。玻璃用硅酮密封胶固定在金属框上，所以玻璃外表面没有明露的框料镶嵌槽板，同时隐框式玻璃幕墙均采用镀膜玻璃。由于镀膜玻璃的单向透像特性，从外侧看不到框料，达到隐框的效果。

　　隐框式玻璃幕墙与明框式玻璃幕墙的构造原理相近，只是在骨架形式、玻璃的固定及部分细部节点有所区别。隐框式玻璃幕墙是将结构玻璃用装配方法固定在副框上，组合成一个结构玻璃装配组件，再用机械夹持的方法，将结构玻璃装配组件固定到主框立柱（横梁）上。

　　1）隐框式玻璃幕墙立柱与建筑主体结构的连接构造如图B-58所示。

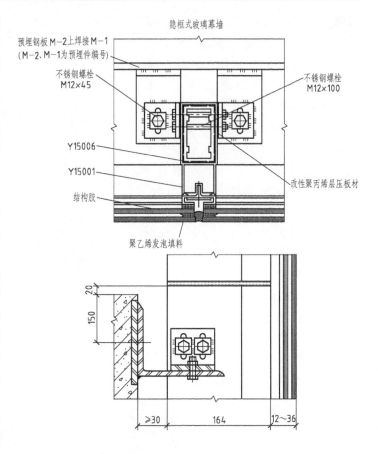

图 B-58　隐框式玻璃幕墙立柱与建筑主体结构的连接构造

　　2）隐框式玻璃幕墙横梁与立柱的连接构造如图 B-59 所示。

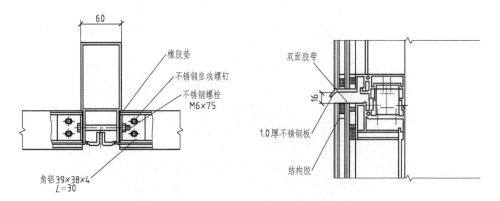

图 B-59　隐框式玻璃幕墙横梁与立柱的连接构造

　　3）隐框式玻璃幕墙转角处构造如图 B-60 和图 B-61 所示。

　　4）隐框式玻璃幕墙端部收口构造如图 B-62 所示。

　　5）隐框式玻璃幕墙层间梁处防火节点构造如图 B-63 所示。

（三）全玻璃幕墙

全玻璃幕墙是指幕墙支承框架与幕墙的面板材料均为玻璃的幕墙。在视线范围内不出现

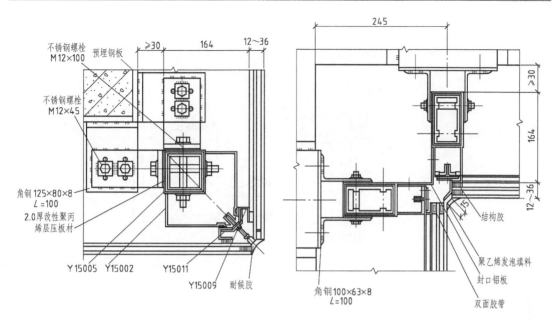

图 B-60　隐框式玻璃幕墙直角转角处构造

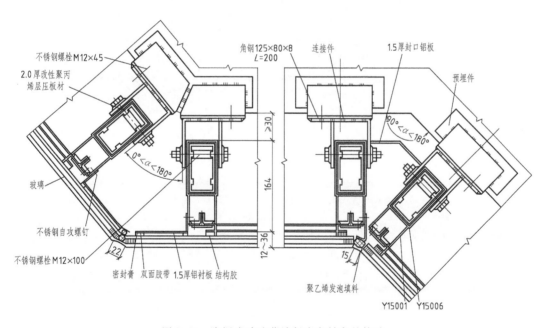

图 B-61　隐框式玻璃幕墙任意角转角处构造

金属框架。它是一种全透明，全视野的玻璃幕墙，一般用于厅堂和商店橱窗等处，形成无遮挡、透明墙面。

1. 全玻璃幕墙的类型

根据幕墙骨架受力支承体系的不同，全玻璃幕墙分为吊挂式、坐地式、吊挂点支式和坐地点支式四种。

2. 全玻璃幕墙的组成

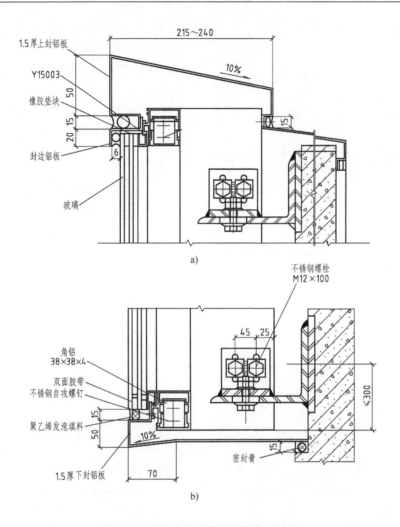

图 B-62　隐框式玻璃幕墙端部收口构造

a）隐框式玻璃幕墙上封顶构造　b）隐框式玻璃幕墙下封底构造

全玻璃幕墙由面玻璃、肋玻璃和吊挂结构系统及嵌固件等组成。

（1）面玻璃　面玻璃有三种尺度，一种小于层高，一种等于层高，一种跨越 2~3 个层高。玻璃高度和厚度决定了全玻璃幕墙的构造方式，当玻璃高厚尺寸出现下列情况时需采用吊挂式构造。

1）玻璃厚度 10mm，幕墙 4~5m 高时。

2）玻璃厚度 12mm，幕墙 5~6m 高时。

3）玻璃厚度 15mm，幕墙 6~7m 高时。

4）玻璃厚度 19mm，幕墙 7m 以上高时。

其他情况下，采用坐地式构造。另外，当面玻璃小于层高时，一般采用吊挂点支式和坐地点支式构造。

（2）肋玻璃　为了减小玻璃的厚度和增强玻璃墙面的刚度，每隔一定的距离需用条形玻璃作为加劲肋，固定在楼层楼板（梁）上，作为面玻璃的支点。肋玻璃的布置方式有后置式、骑缝式、平齐式、突出式四种，如图 B-64 所示。

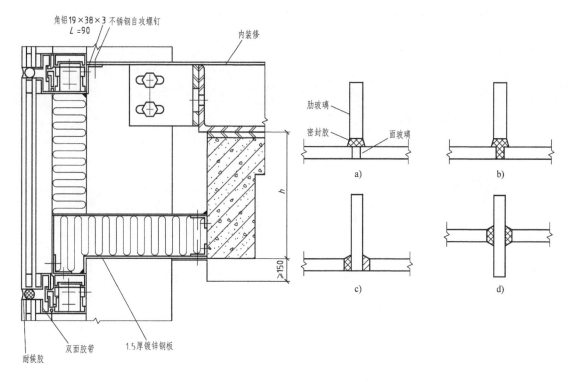

图 B-63 隐框式玻璃幕墙层间梁处防火节点构造　图 B-64 全玻璃幕墙肋玻璃与面玻璃的位置关系
a) 后置式　b) 骑缝式　c) 平齐式　d) 突出式

全玻璃幕墙的适用范围及玻璃尺寸见表 B-9。

表 B-9 全玻璃幕墙的适用范围及玻璃尺寸 （单位：mm）

规　格	项　目			
	吊　挂　式	坐　地　式	吊挂点支式	坐地点支式
玻璃面板 分格尺寸	1200×4000 至 1800×12000	1200×3000 至 1800×4000	1200×1500 至 1800×3000	1200×1500 至 1800×2500
肋板间距	1200～1800			
肋板高度	4000～12000	3000～4000	6000～10000	3000～4000
肋板宽度	400～1000	150～500	400～800	250～500

3. 吊挂式全玻璃幕墙构造

全玻璃幕墙中吊挂式构造较为复杂，具有代表性，现以其为例介绍如下。

吊挂式全玻璃幕墙构造主要包括上封顶、下封底、侧封边及幕墙与门框的连接构造。

（1）吊挂式全玻璃幕墙上封顶构造　在主体结构上通过预埋件连接角钢骨架体系，再用螺栓连接吊挂系统，吊挂玻璃面板和玻璃肋板，玻璃面板和玻璃肋板间用透明结构胶粘结。

（2）吊挂式全玻璃幕墙下封底构造　通过楼板面上预埋件用化学螺栓连接角钢，再由角钢连接镀锌槽钢，在镀锌槽钢内装配玻璃。

（3）吊挂式全玻璃幕墙侧封边构造　镀锌槽钢通过角钢和预埋件固定于侧墙上，再装配玻璃。

（4）吊挂式全玻璃幕墙与门框的连接构造　在门框部位，一般通过角钢相互焊接形成箱体骨架，外包金属薄板，在箱体与幕墙交界处通过角钢固定镀锌槽钢，在槽钢内嵌装玻璃。

吊挂式全玻璃幕墙构造如图 B-65 所示。

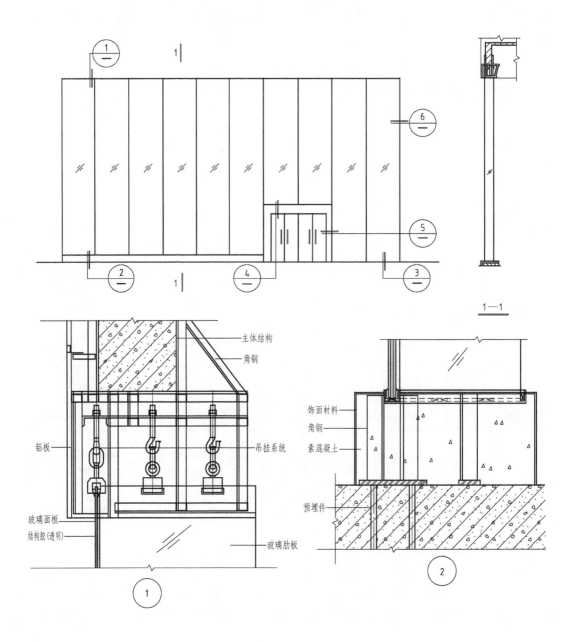

图 B-65　吊挂式全玻璃幕墙构造

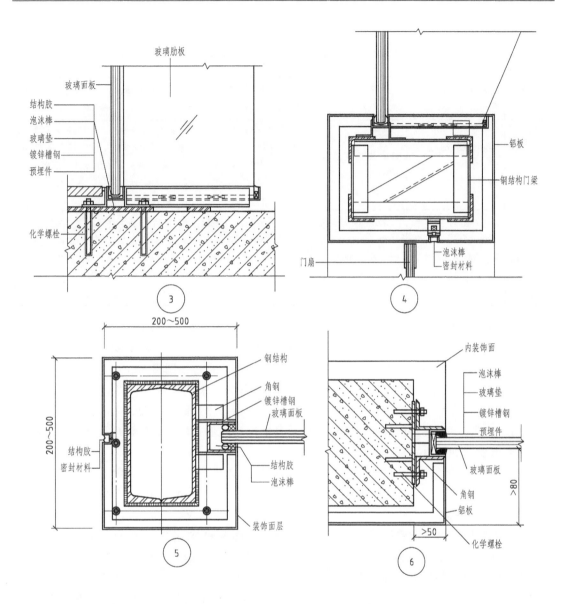

图 B-65　吊挂式全玻璃幕墙构造（续）

（四）点支式玻璃幕墙

点支式玻璃幕墙又称为点驳接式玻璃幕墙，是指采用专用连接件（驳接爪、连接件、撑杆等）将表面打孔的玻璃与后部支撑结构连接在一起形成的幕墙。

点支式玻璃幕墙采用透明玻璃，从室外直接可以看到室内空间，除了拉杆、钢索等简单的结构，没有框格结构影响视线，室内具有明亮开阔、通透晶莹的效果，适用于大型公共建筑，如歌剧院、展览大厅、机场候机厅、建筑的大堂等。

1. 点支式玻璃幕墙的构造类型

点支式玻璃幕墙根据支撑结构的不同分为拉索点支式玻璃幕墙、拉杆点支式玻璃幕墙、自平衡索桁架点支式玻璃幕墙、桁架点支式玻璃幕墙、立柱点支式玻璃幕墙。其特点及适应范围见表 B-10。

表 B-10　点支式玻璃幕墙的特点及适应范围　　　　　　　　（单位：mm）

内容	项目				
	拉索点支式玻璃幕墙	拉杆点支式玻璃幕墙	自平衡索桁架点支式玻璃幕墙	桁架点支式玻璃幕墙	立柱点支式玻璃幕墙
特点	轻盈、纤细、强度高，能实现较大跨度	轻巧、光亮，有极好的视觉效果，满足建筑高档装饰艺术要求	受拉、受压杆件合理分配内力，有利于主体结构承载，外观新颖，有较好观赏性	具备较大的强度、刚度，是大空间点支式幕墙中主要构件，在大跨度幕墙中综合性能优越	对周边结构要求不高，可选圆形、方形或异型断面的立柱，整体效果简洁明快
适应范围	拉索间距 $b=$ 1200～3500　层高 $h=3000～12000$ 拉索矢高 $f=h/$ （10～15）	拉杆间距 $b=$ 1200～3000　层高 $h=3000～9000$　拉杆矢高 $f=h/$（10～15）	自平衡间距 $b=$ 1200～3500　层高 $h\leqslant15000$　自平衡索桁架矢高 $f=h/$（5～9）	桁架间距 $b=$ 3000～15000　层高 $h=6000～40000$ 桁架矢高 $f=h/$（10～20）	立柱间距 $b=$ 1200～3500　层高 $h\leqslant8000$

（1）拉索点支式玻璃幕墙构造　　预应力拉索点支式连接结构幕墙的支撑系统为预应力双层悬索体系，其承载能力强，轻盈美观，通透性好，结构简捷、形式多样，视觉效果很好，是具有现代感的一种玻璃幕墙。拉索点支式玻璃幕墙构造如图 B-66 所示。

（2）拉杆点支式玻璃幕墙构造　　拉杆结构的受力支撑系统是由受拉杆件经合理组合并施加一定的预应力所形成的。拉杆桁架所构成的支承桁架体态简洁轻盈，尤其是用不锈钢材料作为拉杆时，更能展示出现代金属结构所具备的高雅气质，使建筑更富现代感。拉杆点支式玻璃幕墙构造如图 B-67 所示。

（3）自平衡索桁架点支式玻璃幕墙构造　　自平衡索桁架点支式玻璃幕墙的自平衡系统是由中央受压杆和两侧的拉索（拉杆）组成，拉索（拉杆）的拉力由中央受压杆平衡，无需施加到主体结构上，消除了主体结构的附加拉力。其视觉效果与拉索（拉杆）点支式玻璃幕墙基本相同。自平衡索桁架点支式玻璃幕墙构造如图 B-68 所示。

（4）桁架点支式玻璃幕墙构造　　桁架点支式玻璃幕墙的桁架是由若干短杆按一定规律组成的平面构架体系，常用的有平行弦桁架、抛物线桁架、三角腹杆桁架等。当玻璃上的荷载作用在节点上时，各杆件只受轴向力，截面上的应力分布均匀，可以充分发挥材料的作用。较大跨度结构常用此种结构形式。桁架点支式玻璃幕墙构造如图 B-69 所示。

（5）立柱点支式玻璃幕墙构造　　立柱点支式玻璃幕墙是用铝合金型材柱或钢柱（型钢或钢管柱）作为支撑结构来承受玻璃的荷载。立柱处于拉弯工作状态，荷载以点驳接头的集中荷载形式传给构件。

2. 点支式玻璃幕墙对玻璃、连接爪件的要求

（1）玻璃　　点支式玻璃幕墙的玻璃宜采用钢化玻璃。玻璃必须经过热处理，消除玻璃钢化过程中产生的内应力，减少钢化玻璃上墙后"自爆"的危险。钢化玻璃厚度一般选择 8mm、12mm、15mm，也可以采用钢化夹层玻璃、钢化中空玻璃、弯钢化玻璃、弯钢化中空玻璃、弯钢化夹层玻璃等。点支式玻璃幕墙对玻璃的加工制作要求很严，如对切割、钻孔、挖槽均有要求，当边缘有倒棱、倒角或磨边不光有微小棱角时均会造成应力集中，导致玻璃破裂。

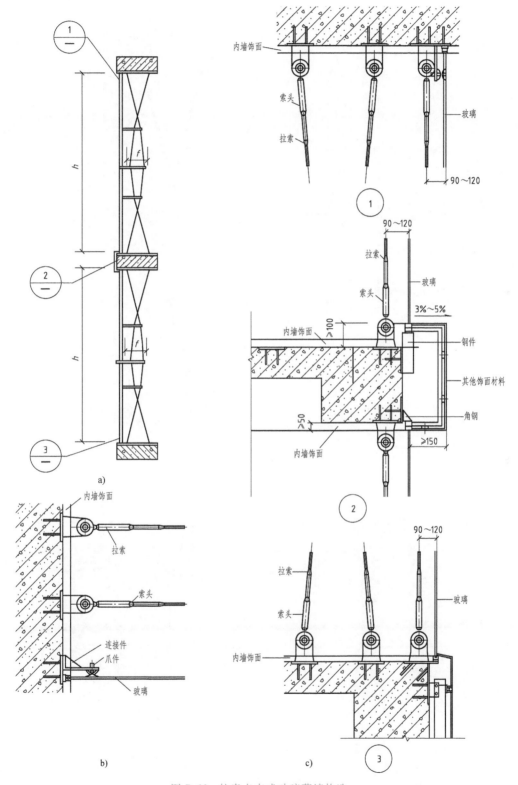

图 B-66 拉索点支式玻璃幕墙构造

a）拉索点支式玻璃幕墙剖面示意图   b）拉索点支式玻璃幕墙侧封边构造   c）剖面详图

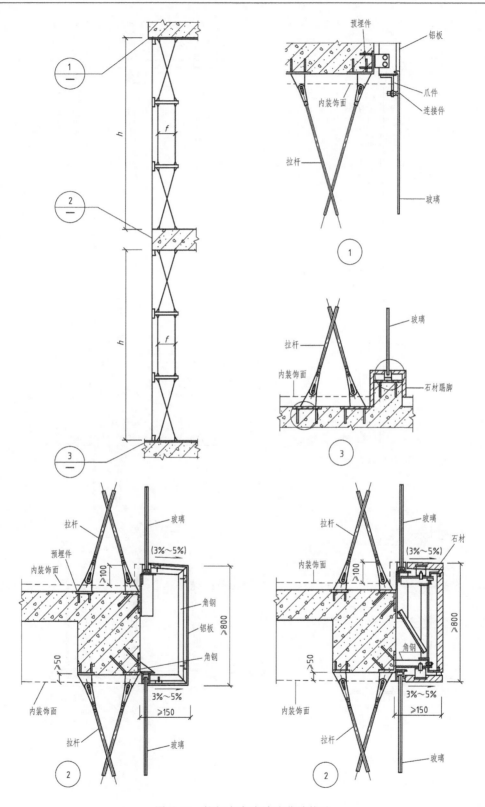

图 B-67　拉杆点支式玻璃幕墙构造

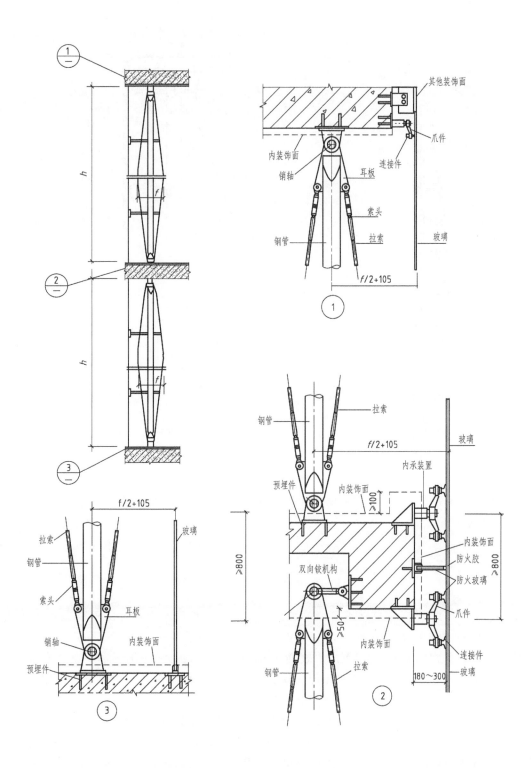

图 B-68　白平衡索桁架点支式玻璃幕墙构造

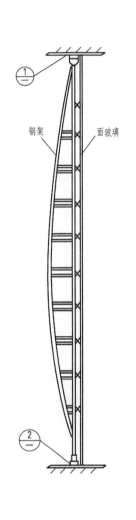
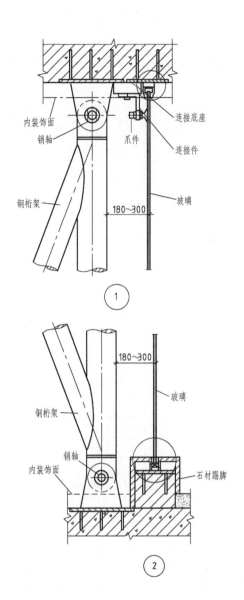

图 B-69　桁架点支式玻璃幕墙构造

（2）连接爪件　点支式玻璃幕墙的驳接件和驳接爪均用不同型号的不锈钢加工而成。驳接头有固定式和活动式两种，每种又可分为沉头式和浮头式，沉头式采用沉头螺栓固定玻璃，驳接头沉入玻璃外表面内，表面平整美观，玻璃孔洞为锥形洞，加工复杂，玻璃厚度不应小于 10mm；浮头式采用浮头螺栓固定玻璃，驳接头露在玻璃表面，如图 B-70所示。

驳接头与玻璃接触部位应加垫圈，一般用软金属或非金属软质材料制作。

驳接爪形式分多种，按规格分有 200、210、220、230 不锈钢系列驳接爪；按固定点数和外形可分为四点爪、三点爪、二点爪、单点爪和多点爪以及 X 形、Y 形、H 形等形状，如图 B-71 所示。

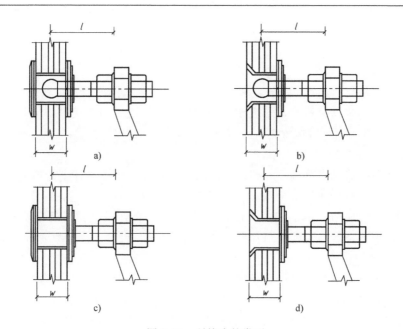

图 B-70　驳接头的类型

a）活动浮头式　b）活动沉头式　c）固定浮头式　d）固定沉头式

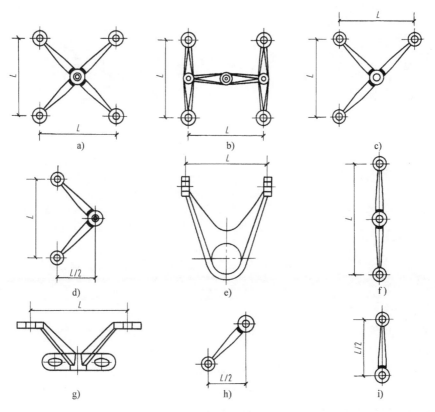

图 B-71　驳接爪的形式

a）四点 X 形　b）四点 H 形　c）三点 Y 形　d）二点 V 形　e）二点 U 形

f）二点 I 形　g）二点 K 形　h）单点 V/2 形　i）单点 I/2 形

三、金属幕墙

（一）金属幕墙的类型

金属幕墙按面板材料的不同可分为铝板幕墙（铝合金单板幕墙、铝塑复合板幕墙）、蜂窝铝板幕墙、不锈钢装饰板幕墙、彩色涂层钢板幕墙、彩色压型钢板幕墙等。

（二）金属幕墙的基本构造方式

1. 附着型金属板幕墙

附着型金属板幕墙是指幕墙作为外墙饰面附着在钢筋混凝土墙体上的幕墙体系。其构造做法为：先通过锚固螺栓连接 L 形角钢，然后将轻钢型材（横梁）通过螺栓连接或焊接与 L 形角钢连接，再将金属薄板槽型压条固定在轻钢型材（横梁）上，最后用防水填缝橡胶填充压条缝隙。附着型金属板幕墙构造如图 B-72 所示。

2. 构架型金属板幕墙

构架型金属板幕墙类似于隐框式玻璃幕墙，它由金属面板和支承结构体系（立柱、横梁等）组成。支撑结构材料有两种，一种为铝合金龙骨，一种为型钢龙骨。其基本构造为金属面板先与板框连接，再通过连接件与金属骨架连接。构架型金属板幕墙构造如图 B-73 所示。

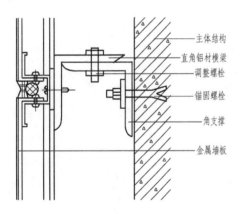

图 B-72　附着型金属板幕墙构造　　　　图 B-73　构架型金属板幕墙构造

（三）铝板幕墙构造

铝板幕墙质感独特，色泽丰富、持久，而且外观形状可以多样化，并能与玻璃幕墙材料、石材幕墙材料完美地结合。其自重轻，仅为大理石的五分之一，是玻璃幕墙的三分之一，大幅度减少了建筑结构和基础的负荷，而且维护成本低，使用较为广泛。目前常用的幕墙铝板主要有铝合金单板和铝塑复合板。

1. 面板

幕墙用铝合金单板厚度一般为 2.5mm、3.0mm、4.0mm、6.0mm；在制作成板时，先按设计要求进行钣金加工，直接折边，四角经高压焊接成密合的槽状。为了保证面板直挺，通常在铝板中部适当部位设加固角铝（槽铝）作加劲肋，加劲肋的铝螺栓用电栓焊焊接于铝板上，将角铝（槽铝）套上螺栓并紧固，如图 B-74a 所示；也有将铝管用结构胶固定在铝板上作加劲肋的，如图 B-74b 所示。

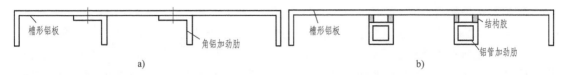

图 B-74 铝合金单板面板与加劲肋连接构造

　　幕墙铝塑复合板厚度一般为 3.0mm、4.0mm、6.0mm，是由两层 0.5mm 厚的纯铝板与中间夹层为 2.5~4mm 厚的聚乙烯（PE）或聚氯乙烯（PVC）经辊压热合而成。由于板材较薄，在幕墙制作过程中，先将板材四边折起用抽芯铝铆钉固定于板框上，再用结构胶将板框与铝塑板背面粘结，在板框中间一般还要设置有加强筋以保证墙板强度。铝塑复合板与板框的连接构造如图 B-75 所示。

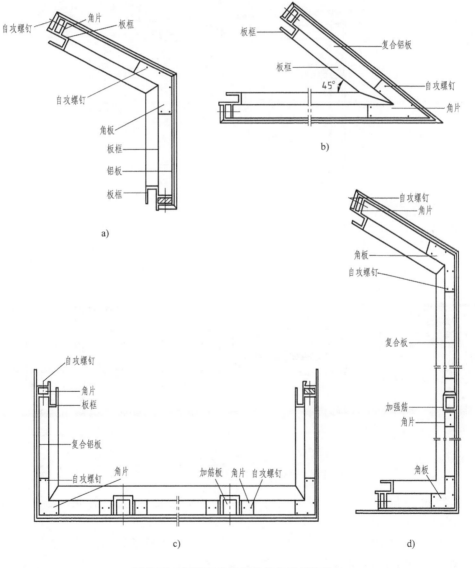

图 B-75 铝塑复合板与板框的连接构造

a）钝角 b）锐角 c）直角 d）综合加长

2. 铝板幕墙构造

铝合金单板幕墙和铝塑复合板幕墙构造相近，现以铝塑复合板幕墙为例进行介绍。

（1）立柱与主体结构及横梁与立柱的连接构造　在铝合金单板幕墙中铝合金立柱与主体结构连接构造为：先通过两片角钢或专门夹具与主体结构相连，角钢或夹具再通过不锈钢螺栓与竖杆相连。

横梁与立柱一般通过连接件、铆钉或螺栓连接。这部分构造与框支承玻璃幕墙相似，可参见相关图例。

（2）端部收口构造　铝塑复合板幕墙端部收口构造包括上封顶构造、下封底构造和侧封边构造，如图 B-76 所示。

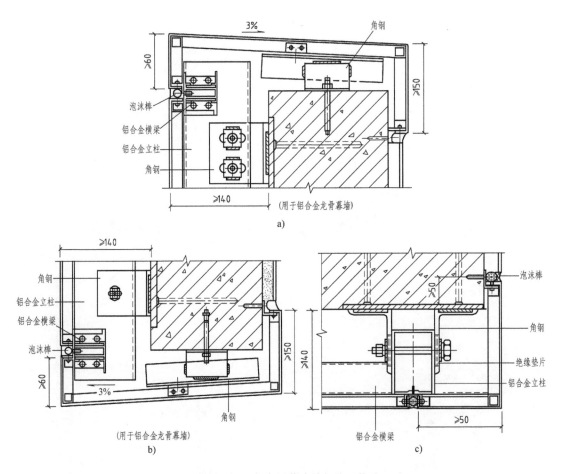

图 B-76　铝塑复合板幕墙端部收口构造
a）上封顶构造　b）下封底构造　c）侧封边构造

（3）转角部位构造　铝塑复合板幕墙转角部位有直角、钝角和弧角三种，如图 B-77 所示。

（4）不同材料交接处构造　在幕墙上，不同材料交接通常处于横梁、立柱部位，应先固定骨架，再将定形收口板用螺栓与其连接，在交接口加橡胶垫，并灌注密封胶，如图 B-78 所示。

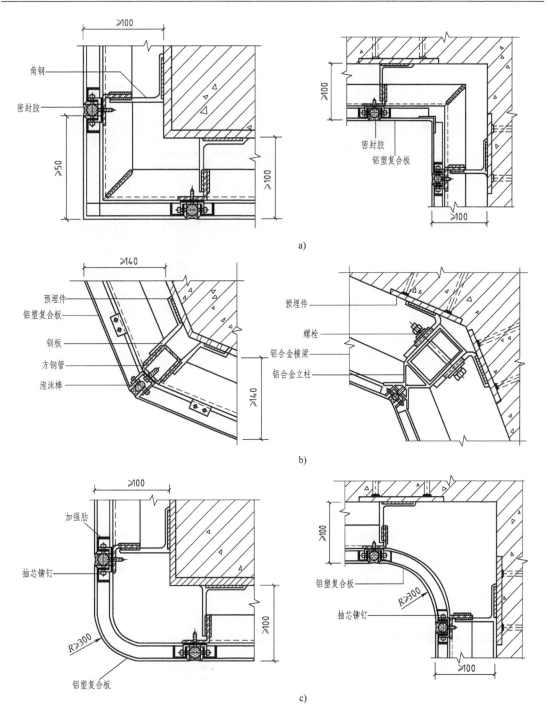

图 B-77　铝塑复合板幕墙转角部位构造

a）直角　b）钝角　c）弧角

（四）蜂窝铝板

　　蜂窝铝板是由两层铝板与蜂窝芯材粘接的一种复合材料。面板一般用 LD 型铝材，蜂窝材常用铝箔，厚度为 0.025～0.08mm，蜂窝形状有正六边形、扁六边形、长方形、正方形、

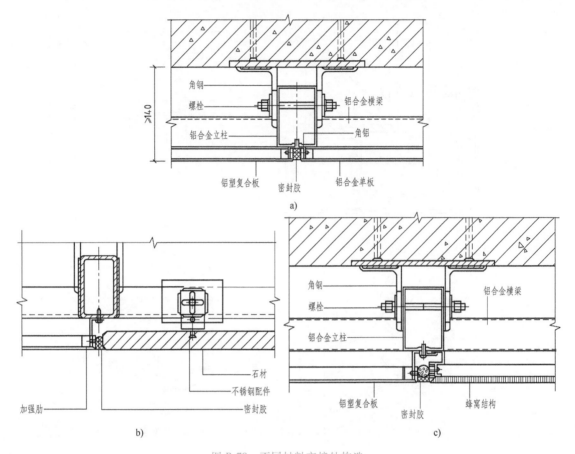

图 B-78　不同材料交接处构造

a）铝合金单板与铝塑复合板交接　b）铝塑复合板与石材交接

c）铝塑复合板与蜂窝铝板交接

偏置六角形、十字形、扁方形、折弯六角形、交叉折弯六角形等。幕墙用蜂窝铝板大都采用正六角形芯材，六角形边长有 2mm、3mm、4mm、5mm、6mm 几种。除铝箔外，还可采用玻璃钢蜂窝板和纸蜂窝板。

幕墙用蜂窝铝板一般为 10~20mm 厚，两层铝板各厚 0.8mm，中间为蜂窝芯材，用结构胶粘接成复合板。蜂窝铝板断面如图 B-79 所示。

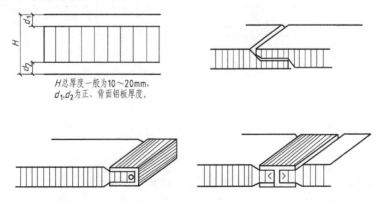

图 B-79　蜂窝铝板断面

1. 蜂窝铝板与板框的连接构造

蜂窝铝板与板框连接时，可用泡沫塑料填充，周边用结构胶密封；或者用螺钉固定，如图 B-80 所示。

2. 蜂窝铝板与骨架的连接构造

蜂窝铝板与骨架的连接有分件式连接和整体式连接两种构造方式，如图 B-81 所示。

（五）不锈钢装饰板幕墙

不锈钢装饰板幕墙是由 1.2 ～ 2mm 厚的不锈钢面板和轻钢龙骨骨架体系（角钢焊接骨架体系）组成的幕墙。

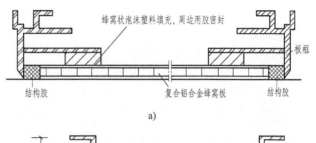

a)

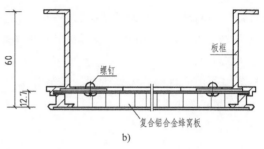

b)

图 B-80　蜂窝铝板与板框的连接

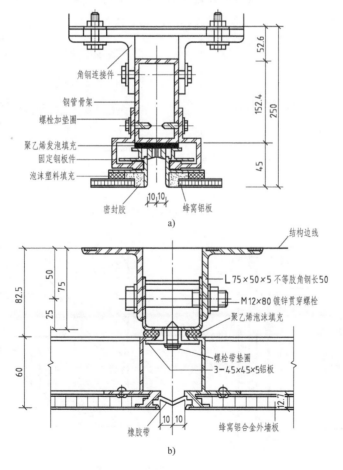

图 B-81　蜂窝铝板与骨架的连接构造

a）分件式连接　b）整体式连接

不锈钢装饰板有亚光不锈钢装饰板、镜面不锈钢装饰板、彩色不锈钢装饰板和浮雕不锈钢装饰板四种。

不锈钢装饰板幕墙的构造与铝板幕墙相同。

四、石材幕墙

（一）石材幕墙的材料组成

1. 面板

石材幕墙的面板材料有天然花岗石材板、人造石材板、超薄型石材蜂窝板。石材面板常用的厚度为 25~30mm，其中超薄型石材蜂窝板厚度为 10~15mm，最薄可达到 7~8mm。

2. 支承结构体系

石材幕墙所用的骨架有型钢骨架、轻钢骨架及铝合金骨架。

（二）石材幕墙的构造

1. 骨架与主体结构的连接

铝合金骨架体系由立柱和横梁组成，其与主体结构的连接构造与框支承玻璃幕墙的连接相同。型钢骨架体系有两种情况，一种有立柱和横梁，立柱通过角钢与主体结构的预埋件连接，横梁与立柱之间通过连接件焊接或螺栓连接。另一种无立柱，横梁通过连接件与主体结构的预埋件连接，但这种情况不适于高层建筑的外幕墙。无立柱骨架石材幕墙构造如图 B-82 所示。

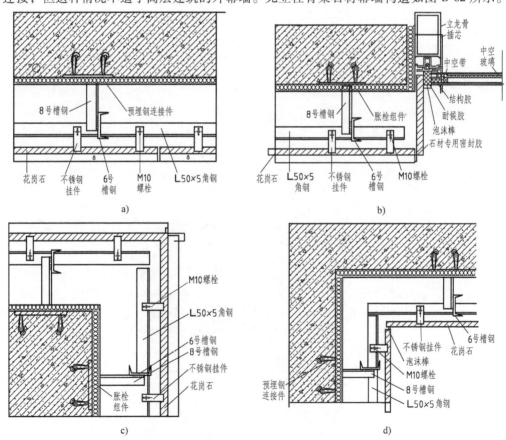

图 B-82　无立柱骨架石材幕墙构造

a）墙面石材节点构造　b）石材封边节点构造　c）阳角石材节点构造　d）阴角石材节点构造

2. 石材面板与骨架的连接构造

石材面板与骨架的连接构造有背栓式、单元式、短槽式、通槽式等。

（1）背栓式　幕墙骨架通过柱锥式锚栓连接石材。具体构造做法是在石材背面钻孔，采用专用柱锥式钻头和专用钻机，使钻孔底部扩大，安装时锚栓装入圆锥钻孔内，使扩压球张开并填满孔底，形成凸形结合。背栓式构造如图 B-83 所示。

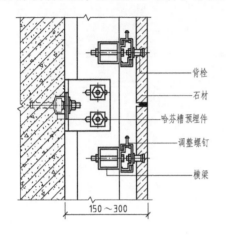
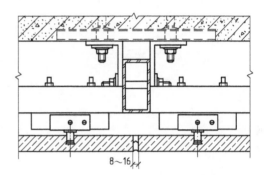

图 B-83　背栓式构造

（2）单元式　单元式是将石板材、铝合金窗、保温层等在工厂中组装在特殊强化的组合框架上，形成幕墙单元，然后将幕墙单元运至工地安装。由于是在工厂内工作平台上拼装组合，劳动条件和环境得到良好的改善，可以不受自然条件的影响，所以工作效率和构件精度都能有很大提高。单元式构造如图 B-84 所示。

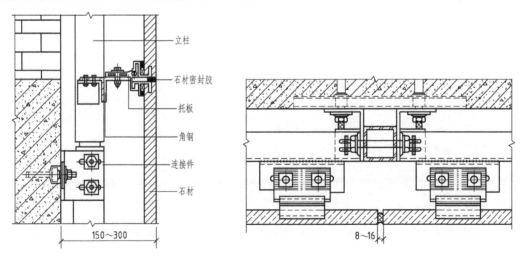

图 B-84　单元式构造

（3）短槽式　在石板上下边对应部位各开两个短平槽（弧形槽），采用 T 形或 L 形不锈钢挂件固定石材。短平槽长度不应小于 100mm，在有效长度内槽深度不宜小于 15mm；开槽宽度宜为 6mm 或 7mm；弧形槽的有效长度不应小于 80mm。不锈钢挂件厚度不宜小于 3.0mm。短槽式构造如图 B-85 所示。

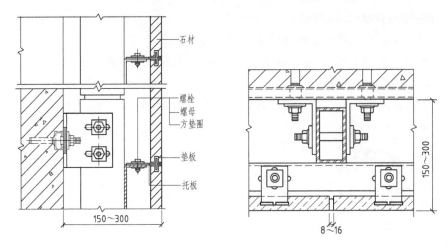

图 B-85　短槽式构造

（4）通槽式　构造原理同短槽式，只是在上下两断面开通长的槽，挂件一般采用不锈钢或铝合金挂件。

五、幕墙的其他构造要求

（一）建筑幕墙防火构造要求

1）幕墙与各层楼板、隔墙外沿间的缝隙，应采用不燃材料或难燃材料封堵，填充材料可采用岩棉或矿棉，其厚度不应小于100mm，并应满足设计的耐火极限要求，在楼层间和房间之间形成防火烟带。防火层应采用厚度不小于1.5mm的镀锌钢板承托，不得采用铝板。承托板与主体结构、幕墙结构及承托板之间的缝隙应采用防火密封胶密封；防火密封胶应有法定检测机构的防火检验报告。

2）无窗槛墙的幕墙，应在每层楼板的外沿设置耐火极限不低于1.0h、高度不低于0.8m的不燃实体裙墙或防火玻璃墙。

3）当建筑设计要求防火分区分隔有通透效果时，可采用单片防火玻璃或由其加工成的中空、夹层防火玻璃。

4）防火层不应与幕墙玻璃直接接触，防火材料朝玻璃面处宜采用装饰材料覆盖。

5）同一幕墙玻璃单元不应跨越两个防火分区。

（二）建筑幕墙防雷构造要求

1）幕墙的防雷设计应符合国家现行标准《建筑物防雷设计规范》（GB 50057—2010）和《民用建筑电气设计标准》（GB 51348—2019）的有关规定。

2）幕墙的金属框架应与主体结构的防雷体系可靠连接。

3）幕墙的铝合金立柱在不大于10m范围内宜有一根立柱采用柔性导线，把每个上柱与下柱的连接处连通。导线截面面积：铜质不宜小于25mm²，铝质不宜小于30mm²。

4）主体结构有水平均压环的楼层，对应导电通路的立柱预埋件或固定件应用圆钢或扁钢与均压环焊接连通，形成防雷通路。圆钢直径不宜小于12mm，扁钢截面不宜小于5mm×40mm。避雷接地一般每三层与均压环连接。

5）兼有防雷功能的幕墙压顶板宜采用厚度不小于3mm的铝合金板制造，与主体结构屋顶的防雷系统应有效连通。

6）在有镀膜层的构件上进行防雷连接，应除去其镀膜层。

7）使用不同材料的防雷连接应避免产生双金属腐蚀。

8）防雷连接的钢构件在完成后都应进行防锈涂装。

（三）一般建筑幕墙的保温、隔热构造要求

1）有保温要求的玻璃幕墙应采用中空玻璃，必要时采用隔热铝合金型材；有隔热要求的玻璃幕墙，宜设计适宜的遮阳装置或采用遮阳型玻璃。

2）玻璃幕墙的保温材料应安装牢固，并应与玻璃保持 30mm 以上的距离。保温材料填塞应饱满、平整，不留间隙。

3）玻璃幕墙的保温、隔热层安装内衬板时，内衬板四周宜套装弹性橡胶密封条，内衬板应与构件接缝严密。

4）在冬季取暖地区，保温面板的隔汽铝箔面应朝向室内；无隔汽铝箔面时，应在室内侧有内衬隔汽板。

5）金属与石材幕墙的保温材料可与金属板、石板结合在一起，但应与主体结构外表面有 50mm 以上的空气层（通气层），以供凝结水从幕墙层间排出。

B6　柱子饰面装饰装修构造

考核点	1. 柱子饰面的类型 2. 柱子饰面的构造
知识点	1. 石材饰面板包柱构造做法 2. 金属饰面板包柱构造做法 3. 纸面石膏板包圆柱构造做法 4. 装饰柱饰面构造做法
课件资源 二维码	

柱子在室内所处的位置十分显著，与人的视线接触较频繁，已成为室内装饰装修的重点部分。室内柱面装饰装修构造与内墙装饰构造基本相同，但也有一定的特殊性。柱体造型以圆柱包圆柱、方柱包方柱、方柱改圆柱居多。由于造型及饰面材料不同，柱子饰面构造做法也不完全相同。常用的有石材饰面板包柱、金属饰面板包柱、纸面石膏板包圆柱。

一、石材饰面板包柱

建筑室内柱子无论原来是何种形状，均可利用花岗石或大理石等石材饰面板装饰或改造成其他形状（如方柱包圆柱）。石材饰面板包柱构造做法有下列两种。

（1）圆柱包圆柱（或方柱包圆柱）　圆弧板的安装宜采用干挂法安装，干挂件厚度不应小于 5mm，并宜采用交叉式干挂件。石材圆柱圆弧板的加工分为等弧切割法和等厚切割法两种，其中等弧切割法较等厚切割法更节省材料和加工费，故为一般工程普遍采用。花岗石圆弧板壁厚度最小值不应小于 20mm。如图 B-86 所示。

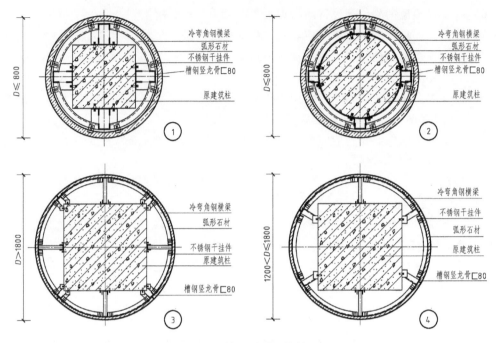

图 B-86　干挂石材圆柱横剖面

（2）石材饰面板直接粘贴法包柱　具体构造如图 B-87 所示。

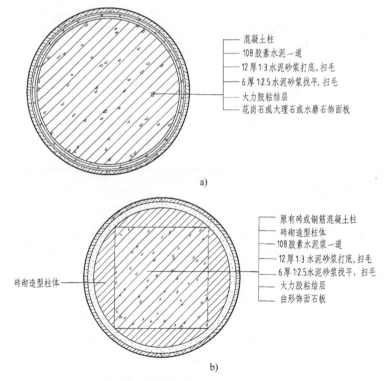

图 B-87　石材饰面板直接粘贴法构造

a）圆柱包圆柱　b）方柱改圆柱

二、金属饰面板包柱

金属饰面板包柱是采用不锈钢、铝合金、铜合金、钛合金等金属做包柱饰面材料，构造做法有柱面板直接粘贴法、钢骨架贴板法、木龙骨贴板法。

（1）金属饰面板直接粘贴法包柱　本做法适用于原有柱（方形或圆柱）直接装饰装修为金属柱，其基本构造如图 B-88 所示。

（2）金属板圆形包柱做法　结构柱为钢柱或其他钢结构柱，钢骨架采用 100 号槽钢和∟50×5 角钢，如图 B-89 所示。

（3）金属板方形包柱做法　结构柱为钢柱或其他钢结构柱，钢骨架采用"C 形龙骨 27×60@400"和"C 形龙骨 27×60"，如图 B-90 所示。

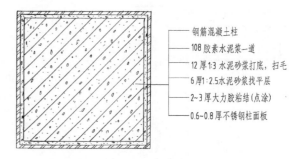

- 钢筋混凝土柱
- 108 胶素水泥浆一道
- 12 厚 1:3 水泥砂浆打底，扫毛
- 6 厚 1:2.5 水泥砂浆找平层
- 2~3 厚大力胶粘结（点涂）
- 0.6~0.8 厚不锈钢柱面板

图 B-88　不锈钢板包方柱直接粘贴法基本构造

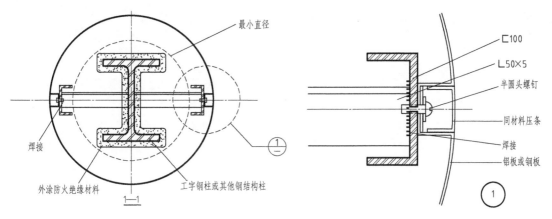

图 B-89　金属板圆形包柱做法

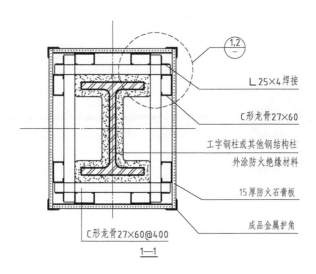

图 B-90　金属板方形包柱做法

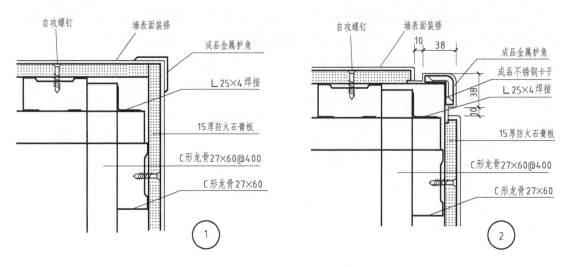

图 B-90　金属板方形包柱做法（续）

三、纸面石膏板包圆柱

纸面石膏板包圆柱是将原有柱（圆柱或方柱）加大或方柱改圆柱的装饰装修。纸面石膏板包圆柱的构造是将沿顶、沿地轻钢龙骨弯曲固定后，再将轻钢竖向龙骨按一定间距固定于沿顶、沿地龙骨上，使之构成圆形龙骨构架，然后将纸面石膏板安装于龙骨架上，基本构造如图 B-91 所示。

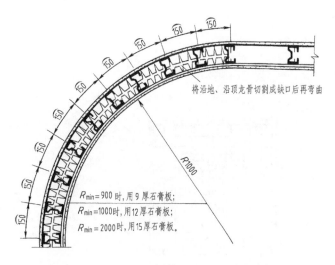

图 B-91　纸面石膏板包圆柱基本构造

四、装饰柱饰面

装饰柱是非承重柱，又称为假柱。其主要作用是分隔室内空间，烘托室内环境气氛。装饰柱的造型可以是方柱、圆柱、多边形柱，主要用轻钢龙骨做成造型骨架，骨架上固定衬板，外贴各种饰面。不锈钢装饰柱基本构造如图 B-92 所示。

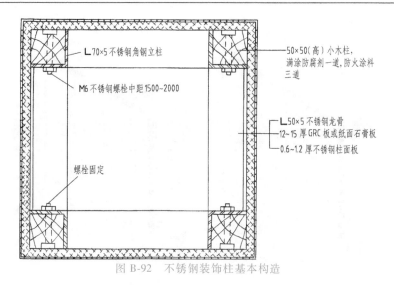

图 B-92　不锈钢装饰柱基本构造

B7　内墙面装配式装饰装修构造

考核点	1. 内墙面装配式装饰装修的类型 2. 内墙面装配式装饰装修的构造
知识点	1. 拼装式内墙面装饰装修的优点 2. 隔声内墙面装饰装修构造要点 3. 保温（隔热）内墙面装饰装修构造要点 4. 挂镜线、檐板线、装饰压条的概念
课件资源二维码	

内墙面装配式装饰装修构造主要有拼装式内墙面装饰、隔声内墙面装饰、保温（隔热）内墙面装饰、内墙面线脚装饰。

一、拼装式内墙面装饰装修

拼装式内墙面装饰装修与传统的木质罩面板装饰装修的最大区别是拼装式内墙面装饰装修不在施工现场用粘、钉的方式施工，而是按照设计要求，采用标准统一的配件在工厂预制框架、装饰板，在现场通过专用的五金零件将装饰板安装在框架上，如图 B-93 所示。这种形式做工精细、安装方便、施工快捷，降低了施工中的噪声及污染，减少了资源的浪费。这种装配方式是建筑装饰装修的发展方向之一。

二、隔声内墙面装饰装修

正常的墙面装饰装修可以改善墙体的隔声功能，但对于有特殊隔声要求的房间，在墙面装饰装修时要考虑采用以下特殊构造。

1）在房间内墙面与装饰板之间要安装吸声的矿棉纤维板或垫块。

2）要断开每个声桥。当装饰板与墙体、顶棚、地面接触时，将产生传递声音振动的声桥。为此，护墙板与墙体、顶棚、地面之间要留有间隙或用弹性持久的胶粘剂嵌缝或留出敞开的接缝。隔声内墙面装饰构造示例如图 B-94 所示。

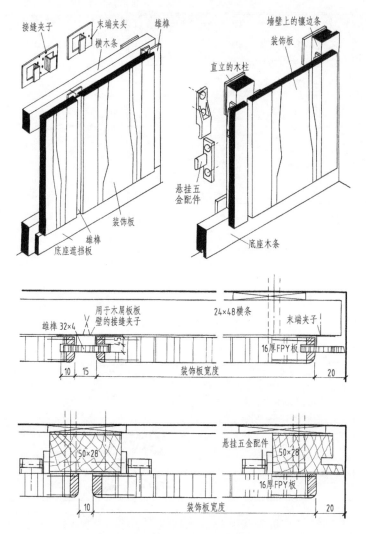

图 B-93　拼装式内墙面装饰装修构造示例

三、保温（隔热）内墙面装饰装修

由于外墙保温能力的不足，室内的湿热空气造成墙面的大量结露，并在墙角处出现霉点，这就需要采用保温（隔热）内墙面装饰来补救。保温（隔热）内墙面应加装一层矿棉纤维板或聚苯乙烯泡沫塑料制成的附加隔热层。为了避免室内潮湿空气中的水分在隔热层内结露，可将用铝或塑料膜制成的防潮层铺设到室内侧的隔热层上。防潮层的接头与墙、顶棚、地面的连接处要紧密粘贴。此外，护墙板后面要进行通风。保温（隔热）内墙面装饰装修构造示例如图 B-95 所示。

四、内墙面线脚装饰装修

内墙面线脚是挂镜线、檐板线、装饰压条等装饰线的总称。

1. 挂镜线

挂镜线是在室内四周墙面，距顶棚面一定距离处悬挂装饰物、艺术品、图片或其他物品的支承件。挂镜线除具有悬挂功能外，还具有装饰功能。壁纸、壁布上部收边压条，可用挂镜线代替。挂镜线与墙体的固定采用胀管螺钉固定或用胶粘剂直接与墙体粘接。

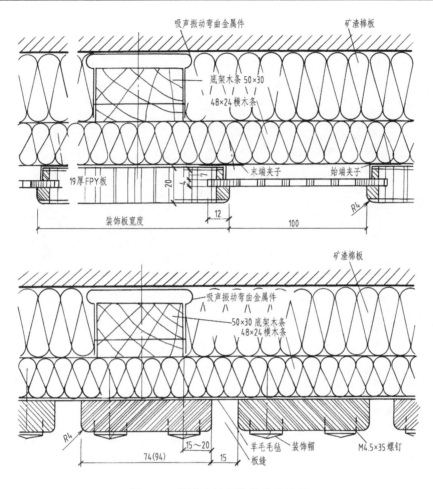

图 B-94 隔声内墙面装饰构造示例

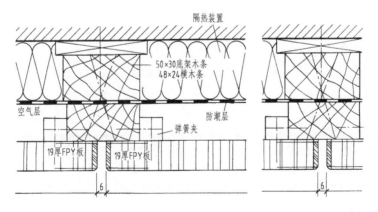

图 B-95 保温（隔热）内墙面装饰装修构造示例

2. 檐板线

檐板线是内墙与顶棚相交处的装饰线。檐板线可用于各类内墙面上部装饰的收口、盖缝，同时对内墙与顶棚相交处的阴角进行装饰。檐板线有木制线脚、石膏线脚，采用粘、钉的方式进行固定。

3. 装饰压条

装饰压条是对内墙的墙裙板、踢脚板及其他装饰板的接缝进行盖缝、装饰的压条。装饰压条有木压条和金属压条，采用钉、粘等方式进行固定。

线脚的形式多种多样，装饰市场上都是成品出售。线脚应用示意图如图 B-96 所示。

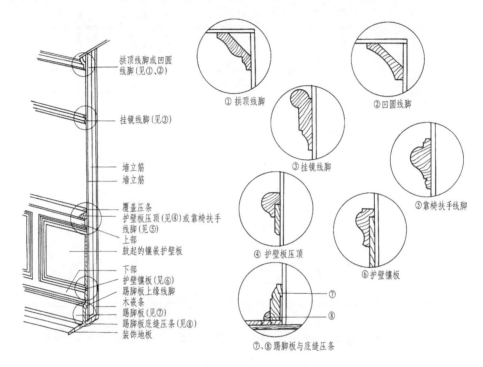

图 B-96 线脚应用示意图

【项目探索与实战】

项目探索与实战是以学生为主体的行为过程实践阶段。

实战项目一 某教学楼门厅全玻璃幕墙、内墙面及柱面石材干挂装饰装修构造设计

（一）实战项目概况

某教学楼建筑结构为框架结构，首层柱子有 700mm×700mm 和 700mm×500mm 两种，门厅空间跨越两层，建筑层高 3.6m，梁高 700mm，其余各部分尺寸如图 B-97、图 B-98 所示。该门厅入口外墙面采用全玻璃幕墙，其余内墙面采用石材干挂。

（二）实战目标

1）掌握全玻璃幕墙应用特点，能根据使用要求选择全玻璃幕墙构造方案，确定全玻璃幕墙的构造做法，熟练地绘制全玻璃幕墙的施工图。

2）掌握内墙面石材板与主体结构的连接构造，结合教学楼门厅的使用条件，确定内墙面石材干挂的构造做法，熟练地绘制内墙面和柱面石材干挂的构造节点详图。

（三）实战内容及深度

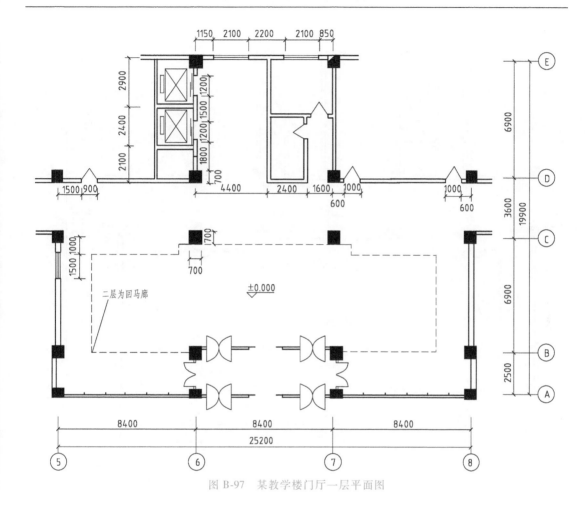

图 B-97　某教学楼门厅一层平面图

　　1）参观、走访各类公共建筑，记录全玻璃幕墙、内墙石材饰面构造的类型、材料、构造节点。

　　2）绘制门厅各个内墙面及柱子的立面图及节点详图，用墨线绘制，比例自定。

　　（四）实战主要步骤

　　1）根据实战任务，每位学生首先进行教学楼门厅室内各立面、柱子立面及节点详图草图设计。

　　2）经指导教师审核后，开始独立绘制实战任务要求的全部图样。

　　① 用细线画初稿，先画主要建筑构、配件，再画装饰的图示内容及剖面、索引符号，最后画内、外尺寸线及标高符号。

　　② 按线型要求加深加粗图线。

　　③ 标注尺寸和标高。

　　④ 书写文字说明、图名和比例。

实战项目二　框支式玻璃幕墙装饰装修构造设计

　　（一）实战项目概况

　　学生 3~5 人组成实训小组，选择综合性的公共建筑，最好是正在进行幕墙施工的工地，

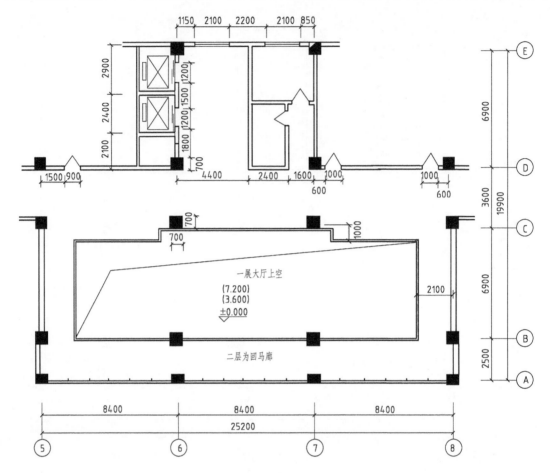

图 B-98 某教学楼门厅二层平面图

对下列构造内容进行实地调研、分析、归纳总结，写出四千字左右的实训报告。

（二）实战目标

通过现场调研，使学生把课堂所学知识与工程实际紧密结合，培养学生的工程实践能力。

（三）实战内容及深度

1）玻璃幕墙骨架结构的材料、型号、间距及体系。

2）玻璃幕墙骨架与承重结构的连接方法及连接件的形式、材料。

3）玻璃幕墙的玻璃类型、尺寸及与骨架的固定方式，玻璃幕墙开启窗的构造。

4）玻璃幕墙与其他饰面之间的交接构造。

5）玻璃幕墙的防火、防雷装置构造。

（四）实战主要步骤

1）根据实战任务，首先联系当地正在进行幕墙施工的工地。

2）以小组为单位，进行参观，注意文字记录和照相记录。

3）以小组为单位，分析、整理所记录的文字和图片，并收集相关资料进行补充完善。

4）在实地调研、分析、归纳总结的基础上，写出实训报告。

实战项目三 会议室内墙面装饰装修构造设计

(一) 实战项目概况

已知某会议室平面如图 B-99 所示,内墙饰面采用木质罩面板和织物软包饰面。试根据此图进行会议室内墙面的立面及构造设计。

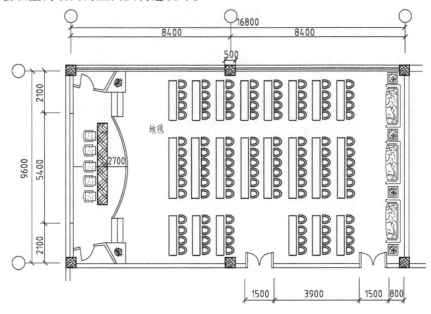

图 B-99 某会议室平面图

(二) 实战目标

掌握木质罩面板、软包饰面内墙装饰构造,能熟练地绘制木质罩面板饰面、软包饰面的分层构造图及细部节点构造图。

(三) 实战内容及深度

用 2 号图纸,用铅笔或墨线笔完成以下图样,比例自定。要求施工图深度符合国家制图标准。

1) 织物软包饰面的纵剖面图,并标注各分层构造及具体构造做法。

2) 木质罩面板饰面的纵剖面图,并标注各分层构造及具体构造做法。

3) 会议室立面图上装饰线的节点详图。

4) 会议室立面图上不同材质相交处的节点详图。

(四) 实战主要步骤

1) 根据实战任务,每位学生首先画出会议室内各立面及节点详图草图设计。

2) 经指导教师审核后,开始独立绘制实战任务要求的全部图样。

① 用细线条画初稿,先画主要建筑构、配件,再画装饰的图示内容及剖面、索引符号,最后画内、外尺寸线及标高符号。

② 按线型要求加深加粗图线。

③ 标注尺寸和标高。

④ 书写文字说明、图名和比例。

【项目提交与展示】

项目提交与展示是学生攻克难关完成项目设定的实战任务，进行成果的提交与展示阶段。

一、项目提交

1. 成果形式

（1）实战项目一、三　通常是一本设计图册，包括封面、扉页、目录、设计说明和构造设计图。

（2）实战项目二　通常为四千字左右的报告，包括封面、目录、文本图片及参考资料。

2. 成果格式

（1）封面设计要素　封面设计要素包括文字、图形和色彩，见表 B-11。

表 B-11　封面设计要素信息表

文字要素（必选要素）	图形、色彩要素（可选要素）
项目名称/项目来源单位	平面图案
设计理念（创新点、亮点）	设计标志
学校名称/专业名称	工程实景照片
班级/学号/姓名	调研过程记录照片
专业指导教师/企业指导教师	
完成日期	

（2）封面规格

1）实战项目一、三：一般采用 2 号图纸，规格与施工图相一致，横排形式，装订线在左侧。

2）实战项目二：一般采用 A4 打印纸，竖向排版，装订线在左侧。

（3）封面排版　按信息要素重要程度设计平面空间位置，重要的放在醒目、主要位置，一般的放在次要位置。

（4）扉页　扉页表达内容一般包括设计理念、创新点、亮点、内容提要。纸质可采用半透明或非透明纸，排版设计要简洁明了。

（5）目录　一般采用二级或三级目录形式，层次分明，图名正确，页码指示准确。

（6）设计说明　设计说明主要包括工程概况、设计依据、技术要求及图样上未尽事宜。

（7）构造设计图　构造设计图是图册的核心内容，要严格按照国家制图规范绘制，要求达到施工图深度。如需要向业主表达直观的形象，可以加色彩要素和排版信息。构造设计图可手绘表达，也可用 CAD 绘制。

（8）封底　封底是图册成果的句号，封底设计要与封面图案相协调或适当延伸。封底用纸应与封面用纸相同。

二、项目展示

项目展示包括 PPT 演示、图册展示及问答等内容。要求学生用演讲的方式展示最佳的语言表达能力，展示最得意的构造技术及应用能力。

1）学生自述 5min 左右，用 PPT 演示文稿展示构造设计的理念、方法、亮点及体会。

2）通过问答，教师考查学生构造设计成果的正式性和正确性。

【项目评价】

项目评价是专业指导教师和企业指导教师针对学生构造设计的过程、成果及答辩进行综合评价，给出成绩的阶段。

一、评价功能

1）检验学生项目实战效果及学生观察问题、分析问题、应用专业知识解决实际问题的能力。

2）教师自检其选择的教学方法、手段、形式所得的成果。

二、评价内容

1）构造设计的难易程度。

2）构造原理的综合运用能力。

3）构造设计的基本技能。

4）构造设计的创新点和不足之处。

5）构造设计成果的规范性与完成情况。

6）对所提问题的回答是否充分和语言表达水平。

三、成绩评定

总体评价参考比例标准：过程考核 40%，成果考核 40%，答辩 20%。

项目 C　轻质隔墙与隔断装饰装修构造

【项目引入】

项目引入是学生明确项目学习目标、能力要求及通过对项目 C 的整体认识，形成宏观脉络的阶段。

一、项目学习目标

1）掌握隔墙、隔断的作用，并能正确区别隔墙与隔断。

2）掌握轻质隔墙、隔断的类型及构造做法。

二、项目能力要求

1）能合理地选择轻质隔墙、隔断的构造方案。

2）能分析处理轻质隔墙、隔断的立面造型与周围环境协调的问题。

3）能灵活应用轻质隔墙、隔断的构造原理，进行施工图设计。

三、项目概述

隔墙与隔断是分隔建筑内外空间的非承重墙。因此，在构造上要求隔墙和隔断要自重轻、厚度薄、刚度好。隔墙与隔断的区别如下。

1）隔墙高度是到顶的；而隔断高度可到顶或不到顶。

2）隔墙在很大程度上限定空间，即完全分隔空间；而隔断限定空间的程度较弱，使相邻空间有似隔非隔的感觉。

3）隔墙在一定程度上满足隔声、阻隔视线的要求，并可分隔有防潮、防火要求的房间；而隔断在隔声、阻隔视线方面无要求，并具有一定的空透性，使两个空间有视线的交流。

4）隔墙一经设置，往往具有不可更改性，至少是不能经常变动；而隔断则比较容易移动和拆除，具有灵活性，可随时连通和分隔相邻空间。

【项目解析】

项目解析是在项目引入阶段的基础上，专业教师针对学生的实际学习能力对轻质隔墙与隔断的构造原理、构造组成、构造做法等进行解析，并结合工程实例、企业真实的工程项目任务，让学生获得相应的专业知识。

C1　轻质隔墙构造

考核点	1.轻质隔墙的类型 2.轻质隔墙的构造组成 3.轻质隔墙的构造做法
知识点	1.砌块隔墙的概念及特点 2.骨架隔墙的概念、类型及构造组成 3.板材隔墙的概念、类型及构造组成

（续）

数字化资源二维码	玻璃砖隔墙构造　　加气混凝土砖墙构造　　普通砖隔墙构造 轻钢龙骨石膏板隔墙构造　　石膏空心条板隔墙构造	课件资源二维码	

隔墙按构造方式可分为砌块隔墙、骨架隔墙、板材隔墙三种。

一、砌块隔墙

砌块隔墙是指用加气混凝土砌块、空心砌块及各种小型砌块等砌筑而成的非承重墙，具有防潮、防火、隔声、取材方便、造价低等特点。传统砌块隔墙由于自重大、墙体厚、需现场湿作业、拆装不方便，在工程中已逐渐少用。

目前，建筑装饰装修工程中采用的玻璃砖砌筑隔墙，是一种强度高，外观整洁、美丽而光滑，易清洗，保温、隔热、隔声性能好的优质砌块隔墙。它不仅能分隔空间，而且还有采光功能，具有较强的装饰效果。

玻璃砖常用的规格有 150mm×150mm×40mm、200mm×200mm×90mm、220mm×220mm×90mm 等。玻璃砖隔墙高度宜控制在 4.5m 以下，长度不宜过长，四周要镶框，最好是金属框，也可以是木质框。砌筑时一边铺水泥砂浆，一边将玻璃砖砌上，而且上下左右每三块或四块要放置 φ6 钢筋，以增强稳定性，尤其是纵向砖缝内一定要灌满水泥砂浆。玻璃砖之间的缝宽视玻璃砖的排列调整而定，一般为 10~20mm，待水泥砂浆硬化后，用白水泥勾缝，白水泥中可掺一些胶水，以避免龟裂。玻璃砖隔墙构造如图 C-1 所示。

二、骨架隔墙

骨架隔墙是由骨架（龙骨）和饰面材料组成的轻质隔墙。常用的骨架有木骨架和金属骨架，饰面有抹灰饰面和板材饰面。

（一）抹灰饰面骨架隔墙

抹灰饰面骨架隔墙，是在骨架上加钉板条、钢板网、钢丝网，然后做抹灰饰面，还可在此基础上另加其他饰面，这种抹灰饰面骨架隔墙已很少采用。

（二）板材饰面骨架隔墙

板材饰面骨架隔墙自重轻、材料新、厚度薄、干作业、施工灵活方便，目前室内采用较多。

1. 木骨架隔墙

木骨架隔墙是由上槛、下槛、立柱（墙筋）、横档或斜撑组成的骨架，然后在立柱两侧铺钉饰面板，如图 C-2 所示。这种隔墙质轻、壁薄、拆装方便，但防火、防潮、隔声性能差，并且耗用木材较多。

（1）木骨架　木骨架通常采用 50mm×(70~100)mm 的方木。立柱之间沿高度方向每隔

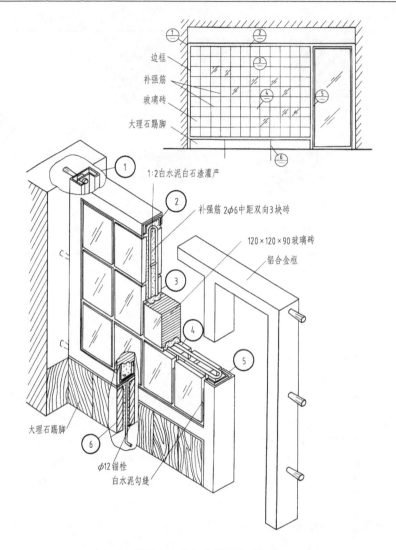

图 C-1　玻璃砖隔墙构造

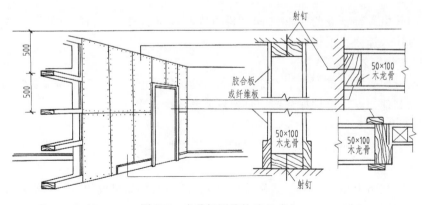

图 C-2　木骨架隔墙构造组成

1.5m 左右设横档一道，两端与立柱撑紧、钉牢，以增加强度。立柱间距一般为 400～600mm，横档间距为 1.2～1.5m。有门框的隔墙，其门框立柱加大断面尺寸或双根并用。木骨架的固定多采用金属胀管、木楔圆钉、水泥钢钉等，如图 C-3 所示。另外，木骨架还应作防火、防腐处理。

（2）饰面板　木骨架隔墙的饰面板多为胶合板、纤维板等木质板。

饰面板可经油漆涂饰后直接做隔墙饰面，也可用作其他装饰面的衬板或基层板，如镜面玻璃装饰的基层板，壁纸、壁布裱糊的基层板，软包饰面的基层板、装饰板及防火板的粘贴基层板。

饰面板的固定方式有两种：一种是将面板镶嵌或用木压条固定于骨架中间，称

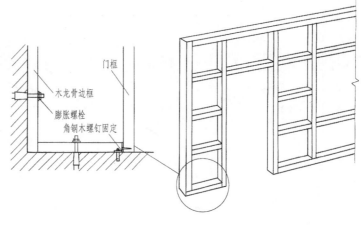

图 C-3　木骨架的固定

为嵌装式；另一种是将面板封于木骨架之外，并将骨架全部掩盖，称为贴面式，如图 C-4 所示。贴面式的饰面板要在立柱上拼缝，常见的拼缝方式有坡口缝、凹缝、嵌缝和压缝，如图 C-5 所示。

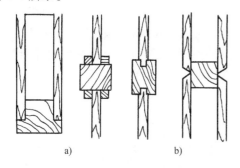

图 C-4　木骨架隔墙饰面板固定方式
a）嵌装式　b）贴面式

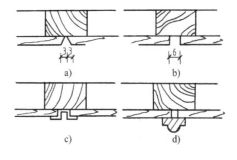

图 C-5　木骨架隔墙贴面式饰面板拼缝方式
a）坡口缝　b）凹缝　c）嵌缝　d）压缝

2. 金属骨架隔墙

金属骨架隔墙一般采用薄壁轻质型钢、铝合金或拉眼钢板做骨架，两侧铺钉饰面板，如图 C-6 所示。这种隔墙因其材料来源广泛、强度高、质轻、防火、易于加工和大批量生产等特点，近几年得到了广泛的应用。

（1）金属骨架　由沿顶龙骨、沿地龙骨、竖向龙骨、横撑龙骨和加强龙骨及各种配件组成。通常做法是将沿顶和沿地龙骨用射钉或膨胀螺栓固定，构成边框，中间设竖向龙骨，如有需要还可加横撑和加强龙骨，龙骨间距为 400～600mm。骨架和楼板、墙或柱等构件连接时，多用膨胀螺栓固定，竖向龙骨、横撑之间用各种配件或膨胀铆钉相互连接，如图 C-7 所示。在竖向龙骨上每隔 300mm 左右预留一个准备安装管线的孔。龙骨的断面多数用 T 形或 V 形。

（2）饰面板　金属骨架的饰面板采用纸面石膏板、金属薄钢板或其他人造板材。目前应用最多的是纸面石膏板、防火石膏板和防水石膏板。

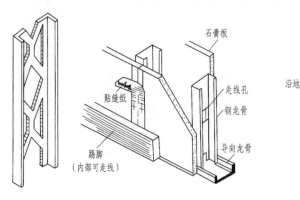

图 C-6　金属骨架隔墙的组成　　　　　　　图 C-7　金属骨架的相互连接

（3）轻钢龙骨纸面石膏板隔墙的构造要求

1）隔墙高度大于纸面石膏板的板长时，在横接缝处应设一根横撑，以增强隔墙的稳定性。当隔墙高大于 3.6m 时，应在竖向龙骨的上下方各安装一排横撑，以保证两侧纸面石膏板错缝排列。

2）为利于防火，纸面石膏板应纵向安装。

3）纸面石膏板分正反面，通常有打字标记的一面为反面，施工中应将反面一侧面对轻钢龙骨。

4）纸面石膏板与龙骨的连接采用钉、粘、夹具卡固等方式，其中用自攻螺钉固定应用较多。

5）纸面石膏板可采用单层、双层和多层。安装双层或多层纸面石膏板时，相邻两层板的接缝应错开，如图 C-8 所示。

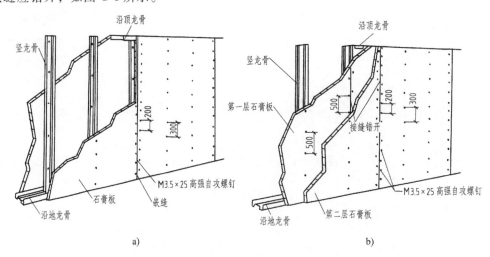

a)　　　　　　　　　　　　　　　　b)

图 C-8　轻钢龙骨纸面石膏板的安装构造

a）单层纸面石膏板安装　b）双层纸面石膏板安装

6）为避免纸面石膏板吸水变形，应在纸面石膏板安装后立即做防潮处理。防潮处理一般有两种方法，一种是用涂料防潮；另一种是刮腻子裱壁纸或进行其他装饰。

7）纸面石膏板之间的接缝有明缝和暗缝两种。明缝一般适用于公共建筑大房间的隔墙；暗缝适用于居住建筑小房间的隔墙。明缝的做法是：安装板材时留 8~12mm 的间隙，再用石膏油腻子嵌入并用勾缝工具勾成凹缝，或在明缝中嵌入铝合金压条。暗缝做法是：将板边缘刨成斜面倒角，再与龙骨固定，安装后在接缝处填腻子，待初凝后再抹一层腻子，然后粘贴穿孔纸带。水分蒸发后，用腻子将纸带压住，与墙面抹平，如图 C-9 所示。

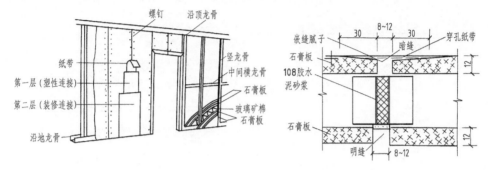

图 C-9　轻钢龙骨纸面石膏板接缝构造

三、板材隔墙

板材隔墙是用各种板状材料直接拼装而成的隔墙，这种隔墙一般不用骨架，有时为了提高其稳定性也可设置竖向龙骨。隔墙所用板材一般为等于房间净高的条形板材，通常分为复合板材、单一材料板材、空心板材等类型。常见的有金属夹芯板、石膏夹芯板、石膏空心板、泰柏板（舒乐舍板）、增强水泥聚苯板（GRC 板）、加气混凝土条板、水泥陶粒板等。

板材隔墙构造主要解决板底与楼地面的固定和板顶与顶棚相接处及板缝处理的构造问题。

1. 板材隔墙与楼地面的固定构造

1）板材与楼地面直接固定（直钉式），如图 C-10a 所示。

2）板材用木肋与楼地面固定（加套式），如图 C-10b 所示。

3）板材用木楔与楼地面固定（加楔式），如图 C-10c 所示。

4）板材用混凝土肋与楼地面固定（砌筑式），如图 C-10d 所示。

2. 板材隔墙与顶棚相接处的构造

板材与顶棚相接处设 36.5mm×18mm 通长木导轨与隔墙板的上部缺口嵌接，如图 C-11 所示。另外，还可采用砂浆嵌缝、压条或线脚盖缝进行装饰。

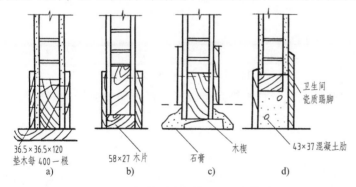

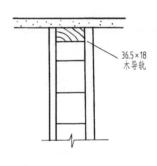

图 C-10　板材隔墙与楼地面固定构造　　　图 C-11　板材隔墙与顶棚

a）直钉式　b）加套式　c）加楔式　d）砌筑式　　　　　相接处构造

3. 板材隔墙板缝处理

板材隔墙板与板之间的缝隙可盖木制或塑料压条，也可用金属嵌条作装饰或用胶粘剂粘结，如图 C-12 所示。

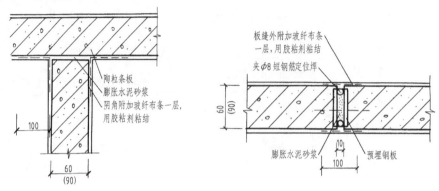

图 C-12　板材隔墙板缝处理构造

C2　隔断构造

考核点	1. 传统建筑隔断的类型及构造 2. 现代建筑隔断的类型及构造				
知识点	1. 碧纱橱的概念及构造要点 2. 罩的概念、类型及构造要点 3. 博古架的概念及构造要点 4. 固定式隔断的类型及构造做法 5. 活动式隔断的类型及构造做法				
数字化资源二维码	玻璃隔断构造	移动隔断构造	木龙骨隔断构造	课件资源 二维码	

一、传统建筑隔断的类型及构造

1. 碧纱橱

碧纱橱即室内隔扇，它是对传统室内空间进行分隔处理的装饰性隔断，安装于室内柱间。碧纱橱的隔扇每樘由 6~12 扇组成，除了两扇作为通行门开启外，其余均固定。隔扇多数是用硬木加工制作骨架，隔心镶嵌玻璃或裱糊纱纸。裙板多数镂雕图案或以螺钿、玉石、贝壳等作装饰。传统室内隔扇构造如图 C-13 所示。

2. 罩

罩是一种作为室内分隔而又不封闭空间的木隔断，根据其结构形式不同可分为几腿罩、栏杆罩、门洞罩、落地罩、落地花罩、床罩等。几腿罩是指没有隔扇，以抱框作为罩腿的花罩；栏杆罩是在几腿罩的基础上，在左右抱框与间框之间各加入一副栏杆形成；门洞罩是按门洞形式做成圆洞形或八角洞形的隔断；落地罩是在几腿罩的基础上，在两边各安装一扇隔

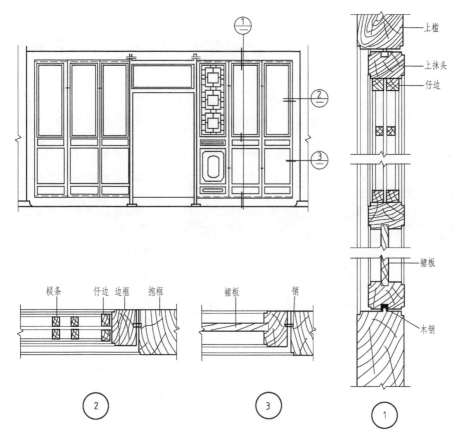

图 C-13　传统室内隔扇构造

扇而成，并在隔扇下部做有须弥座形式的木脚墩；若将隔扇全部改为花罩，使整个花罩落在须弥座墩上，则称为落地花罩；床罩在北方又称为炕罩，是在床榻前安置的小型落地罩。罩是一种观赏性很强的构件，用罩分隔空间能增加空间的层次，造成一种有分有合、似分似合的空间环境。传统室内罩的形式如图 C-14 所示。

3. 博古架

博古架又称为"多宝格"，是一种既有实用价值又有装饰价值的空间分隔构件。其实用价值表现在它能陈放各种古玩和器皿，其装饰价值来源于它的分格形式和做工的精巧。博古架常以硬木制作，多用于客厅、书房的空间分隔，如图 C-15 所示。

上述传统隔断大量应用于现代建筑中，只是工艺、材料更加先进多样，形式更接近功能要求和人们的欣赏趣味。

二、现代建筑隔断的类型及构造

现代建筑隔断的类型很多，按隔断的固定方式分为固定式隔断和活动式隔断；按隔断的开启方式分为推拉式隔断、折叠式隔断、直滑式隔断、拼装式隔断；按隔断的材料分为木隔断、竹隔断、玻璃隔断、金属隔断等。另外，还有硬质隔断、软质隔断、家具式隔断、屏风式隔断等。下面按固定方式介绍隔断构造。

（一）固定式隔断

固定式隔断所用材料有木制、竹制、玻璃、金属及水泥制品等，可做成花格、落地罩、

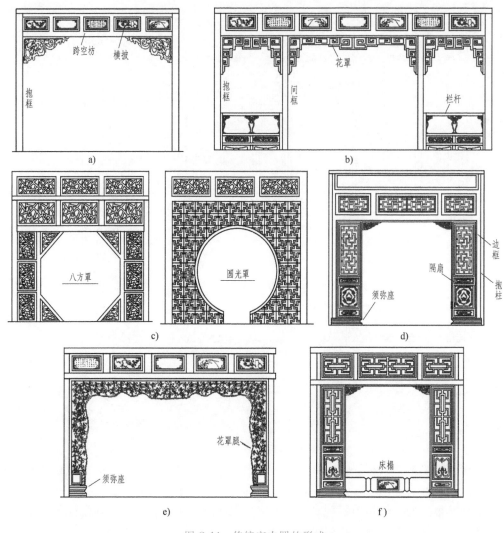

图 C-14　传统室内罩的形式

a）几腿罩　b）栏杆罩　c）门洞罩　d）落地罩　e）落地花罩　f）床罩

图 C-15　传统室内博古架形式

a）有装饰性栏杆的横披　b）普通横披

飞罩、博古架等各种形式，俗称空透式隔断。下面介绍几种常见固定式隔断。

1. 木隔断

木隔断通常有两种，一种是木饰面隔断；另一种是硬木花格隔断。

（1）木饰面隔断　木饰面隔断一般采用木龙骨上固定木板条、胶合板、纤维板等面板，做成不到顶的隔断。木龙骨与楼板、墙应有可靠的连接，面板固定在木龙骨上后，用木压条盖缝，最后按设计要求罩面或贴面。

另外，还有一种开放式办公室的隔断，高度为 1.3~1.6m，用高密度板做骨架，防火装饰板为罩面，用金属（镀铬铁质、铜质、不锈钢等）连接件组装而成，如图 C-16 所示。这种隔断便于工业化生产，壁薄体轻，面板色泽淡雅、易擦洗、防火性好，并且能节约办公用房面积，便于内部工作人员进行业务沟通，是一种流行的办公室隔断。

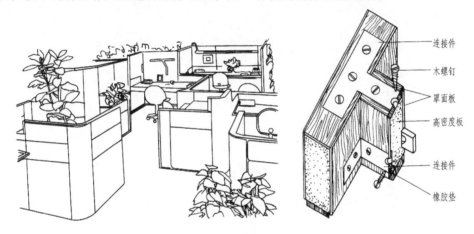

图 C-16　开放式办公室木隔断

（2）硬木花格隔断　硬木花格隔断常用的木材多为硬质杂木，它自重轻，加工方便，制作简单，可以雕刻成各种花纹，做工精巧、纤细。

硬木花格隔断一般用板条和花饰组合，花饰镶嵌在木质板条的裁口中，采用榫接、销接、钉接和胶接，外边钉有木压条，为保证整个隔断具有足够的刚度，隔断中立有一定数量的板条贯穿隔断的全高和全长，其两端与上下梁、墙之间应有牢固的连接，如图 C-17 所示。

2. 玻璃隔断

玻璃隔断是将玻璃安装在框架上的空透式隔断。这种隔断可到顶或不到顶，其特点是空透、明快，而且在光的作用下色彩有变化，可增强装饰效果。

玻璃隔断按框架的材质不同有带裙板玻璃木隔断、落地玻璃木隔断、铝合金框架玻璃隔断、不锈钢柱框玻璃隔断。

（1）带裙板玻璃木隔断　由上部的玻璃和下部的木墙裙组合而成。具体构造做法是：根据隔断的位置，按照设计要求先做下部的木墙裙，即用预埋木楔固定墙筋，然后再固定上、下槛及中间横档，最后固定玻璃，如图 C-18 所示。玻璃可选择平板玻璃、夹层玻璃、磨砂玻璃、压花玻璃、彩色玻璃等。

（2）落地玻璃木隔断　直接在隔断的相应位置安装竖向木骨架，并与墙、柱及楼板连接，然后固定上、下槛，最后固定玻璃。对于大面积玻璃板，玻璃放入木框后，应在木框的上部和侧边留 3mm 左右的缝隙，以免玻璃受热开裂，如图 C-19 所示。

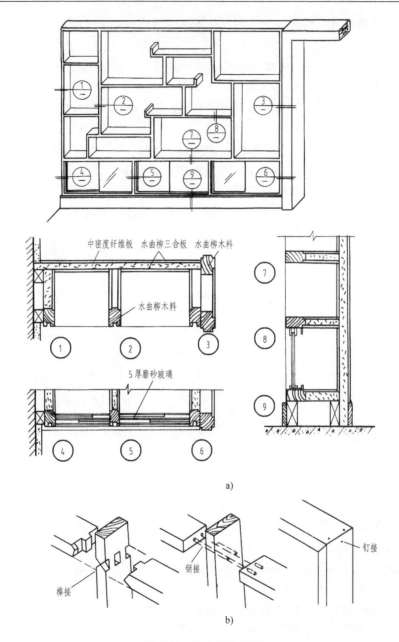

图 C-17　硬木花格隔断

a）局部立面及节点构造　b）花格与木板条的连接

（3）铝合金框架玻璃隔断　用铝合金做骨架，将玻璃镶嵌在骨架内所形的隔断，如图 C-20 所示。

（4）不锈钢柱框玻璃隔断　这种隔断的构造关键是要解决好玻璃板与不锈钢柱框的连接固定。玻璃板与不锈钢柱框的固定方法有三种：第一种是将玻璃板用不锈钢槽条固定；第二种是将玻璃板直接镶在不锈钢立柱上；第三种是根据设计要求用专用的不锈钢紧固件将相应部位打孔的玻璃与不锈钢柱连接固定，如图 C-21 所示，此种固定方法要求玻璃必须是安全玻璃，而且玻璃上的孔位尺寸精确。这种玻璃隔断现代感强、装饰效果好。

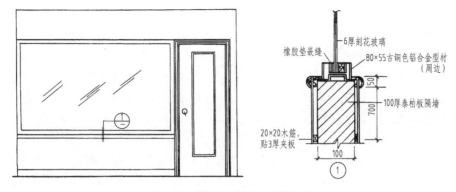

图 C-18 带裙板玻璃木隔断构造

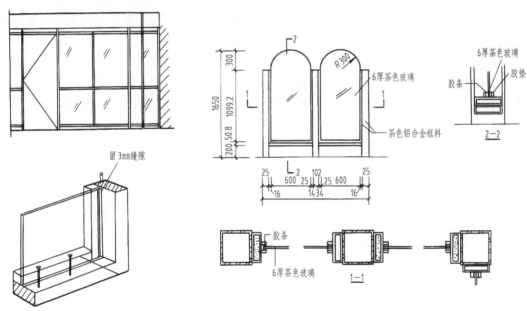

图 C-19 落地玻璃木隔断构造　　　　　图 C-20 铝合金框架玻璃隔断构造

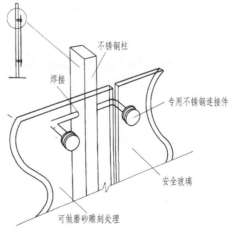

图 C-21 不锈钢柱框玻璃隔断玻璃固定

（二）活动式隔断

活动式隔断又称为移动式隔断，其特点是使用时灵活多变，可以随时打开和关闭，使相邻空间根据需要成为一个大空间或几个小空间；关闭时能与隔墙一样限定空间，阻隔视线和声音。也有一些活动式隔断全部或局部镶嵌玻璃，其目的是增加透光性，不强调阻隔人们的视线。活动式隔断有拼装式、直滑式、折叠式、帷幕式和起落式五大类，其构造较为复杂，下面介绍几种常见的活动式隔断。

1. 拼装式隔断

拼装式隔断是用可装拆的壁板或门扇（通称隔扇）拼装而成，不设滑轮和导轨。隔扇高2~3m，宽600~1200mm，厚度视材料及隔扇的尺寸而定，一般为60~120mm。隔扇可用木材、铝合金、塑料做框架，两侧粘贴胶合板及其他各种硬质装饰板、防火板、镀膜铝合金板；也可以在硬纸板上衬泡沫塑料，外包人造革或各种装饰性纤维织物，再镶嵌各种金属和彩色玻璃饰物制成美观高雅的屏风式隔扇。

为装卸方便，隔断的顶部应设通长的上槛，用螺钉或钢丝固定在顶棚上。上槛一般要安装凹槽，设插轴来安装隔扇。为便于安装和拆卸隔扇，隔扇的一端与墙面之间要留空隙，空隙处可用一个与上槛大小、形状相同的槽形补充构件来遮盖。隔扇的下端一般设有下槛，需高出地面，且在下槛上也设凹槽或与上槛相对应设插轴。下槛也可做成可卸式，以便将隔扇拆除后不影响地面的平整。拼装式隔断立面与构造如图C-22所示。

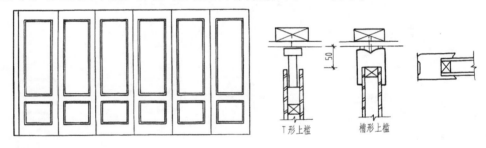

T形上槛　　　槽形上槛

图 C-22　拼装式隔断立面与构造

2. 直滑式隔断

直滑式隔断是将拼装式隔断中的独立隔扇用滑轮挂置在轨道上，可沿轨道推拉移动的隔断。轨道可布置在顶棚或梁上，隔扇顶部安装滑轮，并与轨道相连；隔扇下部地面不设轨道，主要为避免轨道积灰损坏。

面积较大的隔断，当把活动扇收拢后会占据较多的建筑空间，影响使用和美观，所以多采取设贮藏壁柜或贮藏间的形式加以隐蔽，如图C-23所示。

3. 折叠式隔断

折叠式隔断是由多扇可以折叠的隔扇、轨道和滑轮组成。多扇隔扇用铰链连在一起，可以随意展开和收拢，推拉快速方便。但由于隔扇本身重量、连接铰链五金重量以及施工安装、管理维修等诸多因素造成的变形会影响隔扇的活动自由度，所以可将相邻两隔扇连在一起，此时每个隔扇上只需装一个转向滑轮，先折叠后推拉收拢，增加了灵活性，如图C-24所示。

4. 帷幕式隔断

帷幕式隔断是用软质、硬质帷幕材料和轨道、滑轮、吊轨等配件组成的隔断。它占用面积少，能满足遮挡视线的要求，使用方便，便于更新，一般多用于住宅、旅馆和医院。

帷幕式隔断的软质帷幕材料主要是棉、麻、丝织物或人造革。硬质帷幕材料主要是竹片、金属片等条状硬质材料。这种帷幕隔断最简单的固定方法是用一般家庭中固定窗帘的方法，但比较正式的帷幕隔断，构造要复杂很多，且固定时需要一些专用配件，如图 C-25 所示。

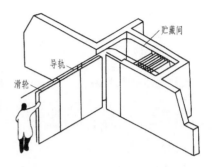

图 C-23　直滑式隔断示意图

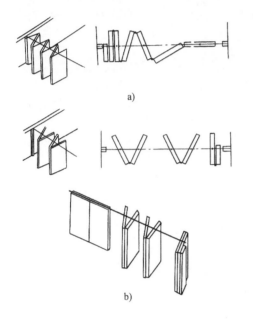

图 C-24　折叠式隔断示意图
a）连续铰合　b）单对铰合

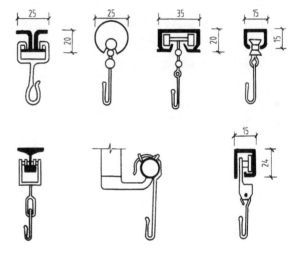

图 C-25　帷幕式隔断固定专用配件
（轨道、滑轮、吊钩）

【项目探索与实战】

项目探索与实战是以学生为主体的行为过程实践阶段。

实战项目一　餐厅轻质隔墙、隔断构造设计

（一）实战项目概况

任课教师给定某一餐厅工程案例的平面图，要求学生采用轻质隔墙划分出包间空间，采用中国传统式隔断分隔开敞式就餐空间。轻质隔墙高度按实际工程案例确定。隔断高 1200～1500mm，长 2100～3000mm，可以是固定式，也可以是活动式。

（二）实战目标

1）掌握隔墙应用特点，能根据使用要求选择隔墙构造方案，确定隔墙的构造做法，熟练地绘制隔墙的施工图。

2）掌握中国传统式隔断的类型，结合具体的使用条件，设计隔断造型，确定隔断的构造做法，能熟练地绘制隔断的施工图。

（三）实战内容及深度

1）画图表示设计隔墙的立面形式、剖面分层构造及节点详图，用墨线绘制，比例自定。

2）根据设计图样，自制隔墙模型。

3）参观、走访当地餐厅，记录其隔断的类型、材料、构造节点。

4）设计2~3种隔断立面形式、节点详图，用墨线绘制，比例自定。

（四）实战主要步骤

1）根据实战任务，每位学生首先进行隔墙、隔断的立面及剖面节点详图草图设计。

2）经指导教师审核后，开始独立绘制实战任务要求的全部图样。

① 用细线画初稿，先画主要建筑构、配件，再画装饰的图示内容及剖面、索引符号，最后画内、外尺寸线及标高符号。

② 按线型要求加深加粗图线。

③ 标注尺寸和标高。

④ 书写文字说明、图名和比例。

实战项目二　玄关隔断构造设计

（一）实战项目概况

已知某玄关隔断立面及平面图如图C-26所示，根据此图，进行玄关隔断的细部构造设计。

（二）实战目标

正确理解玄关的作用，灵活设计各种造型新颖的玄关隔断，掌握玄关的构造形式、构造做法。

（三）实战内容及深度

绘制玄关隔断玻璃的安装节点详图、柚木镶拼的纵向剖面图及玻璃与柚木饰面连接过渡构造。用墨线笔完成，比例自定。

（四）实战主要步骤

1）根据实战任务，每位学生首先进行玄关隔断的立面及剖面节点详图草图设计。

2）经指导教师审核后，开始独立绘制实战任务要求的全部图样。

① 用细线画初稿，先画主要建筑构、配件，再画装饰的图示内容及剖面、索引符号，最后画内、外尺寸线及标高符号。

② 按线型要求加深加粗图线。

③ 标注尺寸和标高。

④ 书写文字说明、图名和比例。

【项目提交与展示】

项目提交与展示是学生攻克难关完成项目设定的实战任务，进行成果的提交与展示阶段。

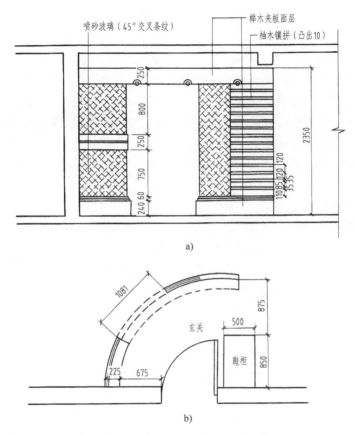

图 C-26　某玄关隔断立面及平面图

a）玄关立面展开图　b）玄关平面位置图

一、项目提交

1. 成果形式

通常是一本设计图册，包括封面、扉页、目录、设计说明和构造设计图。

2. 成果格式

（1）封面设计要素　封面设计要素包括文字、图形和色彩，详见表 C-1。

表 C-1　封面设计要素信息表

文字要素（必选要素）	图形、色彩要素（可选要素）
项目名称/项目来源单位	平面图案
设计理念（创新点、亮点）	设计标志
学校名称/专业名称	工程实景照片
班级/学号/姓名	调研过程记录照片
专业指导教师/企业指导教师	
完成日期	

（2）封面规格　一般采用 2 号图纸，规格与施工图相一致，横排形式，装订线在左侧。

（3）封面排版　按信息要素重要程度设计平面空间位置，重要的放在醒目、主要位置，一般的放在次要位置。

（4）扉页　扉页表达内容一般包括设计理念、创新点、亮点、内容提要。纸质可采用半透明或非透明纸，排版设计要简洁明了。

（5）目录　一般采用二级或三级目录形式，层次分明，图名正确，页码指示准确。

（6）设计说明　设计说明主要包括工程概况、设计依据、技术要求及图纸上未尽事宜。

（7）构造设计图　构造设计图是图册的核心内容，要严格按照国家制图规范绘制，要求达到施工图深度。如需要向业主表达直观的形象，可以加色彩要素和排版信息。构造设计图可手绘表达，也可用 CAD 绘制。

（8）封底　封底是图册成果的句号，封底设计要与封面图案相协调或适当延伸。封底用纸应与封面用纸相同。

二、项目展示

项目展示包括 PPT 演示、图册展示及问答等内容。要求学生用演讲的方式展示最佳的语言表达能力，展示最得意的构造技术及应用能力。

1）学生自述 5min 左右，用 PPT 演示文稿，展示构造设计的理念、方法、亮点及体会。

2）通过问答，教师考查学生构造设计成果的正式性和正确性。

【项目评价】

项目评价是专业指导教师和企业指导教师针对学生构造设计的过程、成果及答辩进行综合评价，给出成绩的阶段。

一、评价功能

1）检验学生项目实战效果及学生观察问题、分析问题、应用专业知识解决实际问题的能力。

2）教师自检其选择的教学方法、手段、形式所得的成果。

二、评价内容

1）构造设计的难易程度。

2）构造原理的综合运用能力。

3）构造设计的基本技能。

4）构造设计的创新点和不足之处。

5）构造设计成果的规范性与完成情况。

6）对所提问题的回答是否充分和语言表达水平。

三、成绩评定

总体评价参考比例标准：过程考核 40%，成果考核 40%，答辩 20%。

项目 D 顶棚装饰装修构造

【项目引入】

项目引入是学生明确项目学习目标、能力要求及通过对项目 D 的整体认识，形成宏观脉络的阶段。

一、项目学习目标

1）掌握顶棚的概念、作用及类型。

2）掌握吊顶的构造组成、构造方法。

3）掌握常用吊顶形式、材料的选用及构造做法。

4）熟悉吊顶各构造与设备之间的关系。

5）熟悉吊顶细部构造。

二、项目能力要求

1）能合理地选择吊顶构造方案。

2）能分析、解决吊顶与设备之间的节点构造的技术问题。

3）能根据真实工程项目中的任务条件，举一反三地进行吊顶造型、构造方案设计，并转化为施工图。

4）具备吊顶工程施工图技术交底的能力。

三、项目概述

1. 顶棚的概念

顶棚俗称天棚或天花板，是室内空间上部通过采用各种材料及形式组合，形成具有使用功能和美学目的的建筑装饰构件，也是构成室内空间的顶界面。

2. 顶棚的作用

1）从空间、光影、材质等方面渲染室内环境，烘托气氛。

2）隐蔽各种设备管道和装置，并便于安装和检修。

3）改善室内光环境、热环境及声环境。

3. 顶棚的类型

顶棚按饰面与基层的关系可归纳为直接式顶棚与悬吊式顶棚两大类。

（1）直接式顶棚 直接式顶棚是在屋面板或楼板结构底面直接做饰面材料的顶棚。它具有结构简单、构造层厚度小、施工方便，可取得较高的室内净空、造价较低等特点，但没有提供隐蔽管线、设备的内部空间，故用于普通建筑或空间高度受到限制的房间。

直接式顶棚按施工方法可分为直接式抹灰顶棚、直接式喷刷顶棚、直接式粘贴顶棚、直接固定装饰板顶棚及结构顶棚。

（2）悬吊式顶棚 悬吊式顶棚是指顶棚的装饰表面悬吊于屋面板或楼板下，并与屋面板或楼板留有一定距离的顶棚，俗称吊顶。悬吊式顶棚可结合灯具、通风口、音响、喷淋、消防设施等进行整体设计，形成变化丰富的立体造型，改善室内环境，满足不同使用功能的要求。

悬吊式顶棚的类型很多，从外观上分为平滑式顶棚、井格式顶棚、跌落式顶棚、悬浮式顶棚，如图 D-1 所示；以龙骨材料分类，有木龙骨悬吊式顶棚、轻钢龙骨悬吊式顶棚、铝合金龙骨悬吊式顶棚；以饰面层和龙骨的关系分类，有活动装配式悬吊式顶棚、固定式悬吊式顶棚；以顶棚结构层的显露状况分类，有开敞式悬吊式顶棚、封闭式悬吊式顶棚；以顶棚面层材料分类，有木质悬吊式顶棚、石膏板悬吊式顶棚、矿棉板悬吊式顶棚、金属板悬吊式顶棚、玻璃发光悬吊式顶棚、软质悬吊式顶棚；以顶棚受力情况分类，有上人悬吊式顶棚、不上人悬吊式顶棚；以施工工艺不同分类，有暗龙骨悬吊式顶棚和明龙骨悬吊式顶棚。

a)　　　　　　　　　　　　　b)

c)　　　　　　　　　　　　　d)

e)　　　　　　　　　　　　　f)

图 D-1　悬吊式顶棚的外观形式
a) 平滑式　b)、c) 井格式　d)、e) 跌落式　f) 悬浮式

4. 顶棚的设计要求

（1）满足安全使用要求　顶棚构造设计必须具有保障其安全使用的可靠技术措施。对于吊顶，应保证结构与吊顶之间的安全连接，其安全度应进行结构验算。

（2）满足各专业工种之间的设计要求　顶棚中设有各类灯具、电扇、扬声器、火灾自动报警探测器、火灾警铃、自动灭火系统喷头、空调风口位置等，在顶棚构造设计时应与各专业密切配合，协调统一，须绘制顶棚综合平面图。悬吊式顶棚内部空间较大，设施较多，宜设排风设施。吊顶内管道、管线、设施和器具较多，需进入检修人员时，顶棚的龙骨间应铺马道，并设置上人孔便于人员进入。

（3）满足洁净要求　设计中当遇到有洁净要求的空间，顶棚构造应采取可靠的措施，表面要平整、光滑、不起尘。

（4）满足保温、隔热要求　顶棚内所填充的隔热、保温材料，不应受温度、湿度的影响而改变理化性能，并造成环境污染。顶棚材料的选用，应符合《民用建筑工程室内环境污染控制标准》（GB 50325—2020）的要求，不应因材料选择不当对室内环境造成短期和长期的污染。顶棚不宜设置散发大量热能的灯具。顶棚照明灯具的高温部位应采取隔热、散热等防火保护措施。灯饰所用材料的燃烧等级不应低于吊顶的燃烧等级。

（5）满足防火要求　顶棚设计应妥善处理装饰效果和防火安全的要求，应根据不同要求采用非燃烧体材料或难燃烧体材料。严禁采用在燃烧时产生大量浓烟或有毒气体的材料。可燃气体管道不得在封闭的吊顶内敷设。

（6）满足防水要求　顶棚设计也应妥善处理装饰效果和防水的要求。对于大、中型公用浴室、游泳馆的顶棚面应设一定的坡度，使顶棚凝结水能顺坡沿墙面流下。顶棚内的上、下水管道应做保温隔热处理，防止产生凝结水。顶棚装排风机时，应将排风管直接和排风竖管相连，使潮湿气体不经过顶棚内部空间。潮湿房间的顶棚应采用耐水材料。

【项目解析】

项目解析是在项目引入阶段的基础上，专业教师针对学生的实际学习能力对项目 D 顶棚的构造原理、构造组成、构造做法等进行解析，并结合工程实例、企业真实的工程项目任务，让学生获得相应的专业知识。

D1　直接式顶棚装饰装修构造

考核点	1. 直接式顶棚的类型 2. 直接式顶棚的构造做法				
知识点	1. 直接式抹灰顶棚的概念与构造要点 2. 直接式喷刷顶棚的适用范围与构造要点 3. 直接式裱糊顶棚的基本构造做法 4. 直接式装饰板顶棚的基本构造做法 5. 结构顶棚的概念、构造重点及适用范围 6. 直接式顶棚装饰线的细部构造				
数字化资源二维码	直接式裱糊顶棚构造	直接式抹灰顶棚构造	直接式装饰板顶棚构造	课件资源二维码	

一、直接式抹灰顶棚

直接式抹灰顶棚是在屋面板或楼板的底面上直接抹灰的顶棚，如图 D-2 所示。其构造做法是：先在板底刷一道素水泥浆，然后用混合砂浆打底找平，最后做面层，其做法与内墙面抹灰相同。

二、直接式喷刷顶棚

直接式喷刷顶棚是顶棚做法中最简易的一种，多用于库房、锅炉房和采用预制钢筋混凝土板的低标准用房。一般应先将板底用石膏调制的腻子刮平，然后喷刷大白浆、可赛银浆或耐擦洗涂料 2~3 遍，条件许可时也可以刷乳胶漆。

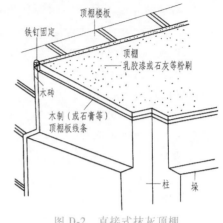

图 D-2　直接式抹灰顶棚

三、直接式裱糊顶棚

直接式裱糊顶棚采用壁纸、壁布做顶棚裱糊饰面，适用于装饰要求高、面积小的房间，其基本构造做法如下。

（1）基层处理　在板底刷一道素水泥浆。

（2）中间层　5~8mm 厚 1∶0.5∶2.5 混合砂浆找平。

（3）面层　裱糊壁纸、壁布或其他卷材饰面。

四、直接式装饰板顶棚

直接式装饰板顶棚构造做法是直接在结构板底铺设固定龙骨后，将装饰板铺钉在龙骨上，最后进行板面修饰，如图 D-3 所示。

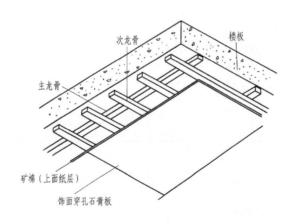

图 D-3　直接式装饰板顶棚构造示意图

五、结构顶棚

结构顶棚是将屋盖或楼盖暴露在外，利用结构本身的造型作装饰的顶棚，如网架结构、拱结构屋盖。结构顶棚具有韵律美、通透感强等特点。结构顶棚的装饰重点是将照明、通风、防火、吸声等设备有机地组合在一起，形成统一、优美的空间景观。结构顶棚广泛应用于体育馆、展览大厅等大型公共建筑。

六、直接式顶棚细部构造

直接式顶棚装饰线脚是安装在顶棚和墙顶交界部位的线材，简称装饰线，如图 D-4 所示。其作用是满足室内的艺术装饰效果和接缝处理的构造要求。直接式顶棚的装饰线可采用粘贴法或直接钉固法与顶棚固定。

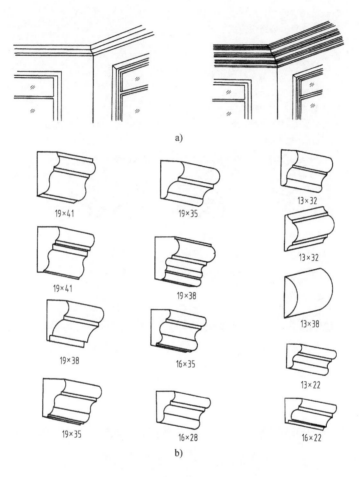

a)

b)

图 D-4　直接式顶棚的装饰线
a）装饰线位置　b）装饰线形式

1. 木线

木线是采用质硬、木质较细的材料经定型加工而成。其安装方法是在墙内预埋木砖，再用直钉固定。要求线条挺直、接缝严密。

2. 石膏线

石膏线采用石膏为主的材料经定型加工而成，其正面具有各种花纹图案，主要用粘贴法固定。在墙面与顶棚交接处要联系紧密，避免产生缝隙，影响美观。

3. 金属线

金属线包括不锈钢线条、铜线条、铝合金线条，常用于办公室、会议室、电梯间、楼梯间、走道及过厅等场所。金属线的断面形状很多，在选用时要与墙面与顶棚的规格及尺寸配合好，其构造方法是用木衬条镶嵌、万能胶粘固。

D2　悬吊式顶棚装饰装修构造

考核点	1.悬吊式顶棚的构造组成及作用
	2.悬吊式顶棚的构造做法
知识点	1.悬吊式顶棚吊杆、吊点连接构造
	2.悬吊式顶棚龙骨的布置与连接构造
	3.悬吊式顶棚饰面层连接构造
	4.石膏板悬吊式顶棚构造
	5.胶合板悬吊式顶棚构造
	6.矿棉吸声板悬吊式顶棚构造
	7.金属板悬吊式顶棚构造
	8.开敞式悬吊式顶棚构造
	9.发光式悬吊式顶棚构造
	10.软质悬吊式顶棚构造

数字化资源二维码	开敞式金属饰面板吊顶构造	矿棉吸音板吊顶构造	铝格栅吊顶构造	课件资源二维码	
	铝合金龙骨悬吊式顶棚构造	铝扣板吊顶构造	木造型顶棚构造		
	轻钢龙骨悬吊式顶棚构造	轻钢龙骨纸面石膏板吊顶构造			

一、悬吊式顶棚的构造组成

悬吊式顶棚一般由悬吊部分、顶棚骨架、饰面层和连接部分组成，如图 D-5 所示。

1. 悬吊部分

悬吊部分包括吊点、吊杆和连接杆。

（1）吊点　吊杆与楼板或屋面板连接的节点称为吊点。在荷载变化处和龙骨被截断处应增设吊点。

（2）吊杆（吊筋）　吊杆（吊筋）是连接龙骨和承重结构的承重传力构件。吊杆的作用是承受整个悬吊式顶棚的重量（如饰面层、龙骨以及检修人员），并将这些重量传递给屋面板、楼板、屋架或屋面梁，同时还可调整、确定悬吊式顶棚的空间高度。

吊杆按材料分为钢筋吊杆、型钢吊杆、木吊杆。钢筋吊杆的直径一般为 6~8mm，用于一般悬吊式顶棚；型钢吊杆用于重型悬吊式顶棚或整体刚度要求高的悬吊式顶棚，其规格、

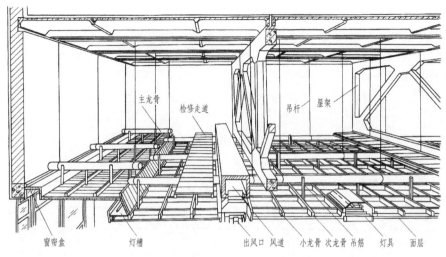

图 D-5　悬吊式顶棚的构造组成

尺寸要通过结构计算确定；木吊杆用 40mm×40mm 或 50mm×50mm 的方木制作，一般用于木龙骨悬吊式顶棚。

2. 顶棚骨架

顶棚骨架又叫顶棚基层，是由主龙骨、次龙骨、小龙骨所形成的网格骨架体系。其作用是承受饰面层的重量并通过吊杆传递到楼板或屋面板上。

悬吊式顶棚的龙骨按材料分为木龙骨、型钢龙骨、轻钢龙骨、铝合金龙骨。

3. 饰面层

饰面层又叫面层，其主要作用是装饰室内空间，并且还兼有吸声、反射、隔热等特定的功能。饰面层一般有抹灰类、板材类、开敞类。

4. 连接部分

连接部分是指悬吊式顶棚龙骨之间、悬吊式顶棚龙骨与饰面层之间、龙骨与吊杆之间的连接件、紧固件。一般有吊挂件、插挂件、自攻螺钉、木螺钉、圆钢钉、特制卡具、胶粘剂等。

二、吊杆、吊点连接构造

1. 空心板、槽形板缝中吊杆的安装

板缝中预埋 φ10 钢筋并伸出板底 100mm，与吊杆焊接，并用细石混凝土灌缝，如图 D-6 所示。

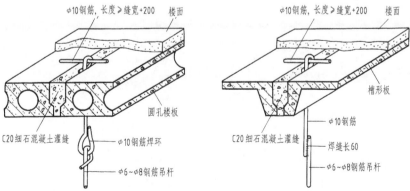

图 D-6　吊杆与空心板、槽形板的连接

2. 现浇钢筋混凝土楼板上吊杆的安装

1）将吊杆绕于现浇钢筋混凝土板底预埋件焊接的半圆环上，如图 D-7a 所示。

2）在现浇钢筋混凝土板底预埋件、预埋钢板上焊 $\phi10$ 钢筋，并将吊杆焊于 $\phi10$ 钢筋上，如图 D-7b 所示。

3）将吊杆绕于焊有半圆环的钢板上，并将此钢板用射钉固定于板底，如图 D-7c 所示。

4）将吊杆绕于板底附加的 ∟70×50×5 角钢上，角钢用射钉固定于板底，如图 D-7d 所示。

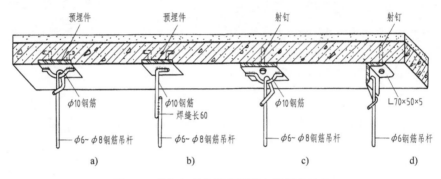

图 D-7 吊杆与现浇钢筋混凝土楼板的连接

3. 梁上设吊杆的安装

1）木梁或木檩上设吊杆可采用木吊杆，用铁钉固定，如图 D-8a 所示。

2）钢筋混凝土梁上设吊杆可在梁侧面合适的部位钻孔（注意避开钢筋），设横向螺栓固定吊杆。如果是钢筋吊杆，可用角钢钻孔用射钉固定，射钉固定点距梁底应大于或等于 100mm，如图 D-8b 所示。

3）钢梁上设吊杆可用 $\phi6$~$\phi8$ 钢筋吊杆，上端弯钩，下端套螺纹，固定在钢梁上，如图 D-8c 所示。

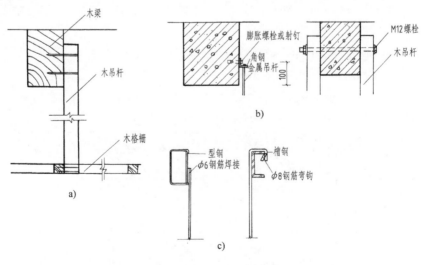

图 D-8 梁上设吊杆的构造

a）木梁上设吊杆 b）钢筋混凝土梁上设吊杆 c）钢梁上设吊杆

4. 吊杆安装应注意的问题

1）吊杆距主龙骨端部距离不得大于 300mm，当大于 300mm 时，应增加吊杆。吊杆间距一般为 900~1200mm。

2）吊杆长度大于 1.5m 时，应设置反支撑。

3）当预埋的吊杆需接长时，必须搭接焊牢。

三、龙骨的布置与连接构造

（一）龙骨的布置要求

1. 主龙骨

主龙骨是悬吊式顶棚的承重结构，又称为承载龙骨、大龙骨。主龙骨吊点间距应按设计选择。当顶棚跨度较大时，为保证顶棚的水平度，其中部应适当起拱，主龙骨起拱高度应符合设计要求，当设计无要求时，应按房间短向跨度的 0.1%~0.3% 起拱。

2. 次龙骨

次龙骨也叫中龙骨、覆面龙骨，主要用于固定面板。次龙骨与主龙骨垂直布置，并紧贴主龙骨安装。

3. 小龙骨

小龙骨也叫间距龙骨、横撑龙骨，一般与次龙骨垂直布置，个别情况也可平行。小龙骨底面与次龙骨底面相平，其间距和断面形状应配合次龙骨并利于面板的安装。

（二）龙骨的连接构造

1. 木龙骨

木龙骨的断面一般为方形或矩形。主龙骨为 50mm×70mm，钉接或拴接在吊杆上，间距一般为 1.2~1.5m；主龙骨的底部钉装次龙骨，其间距由面板规格而定。次龙骨一般双向布置，其中一个方向的次龙骨为 50mm×50mm 断面，垂直钉于主龙骨上；另一个方向的次龙骨断面尺寸一般为 30mm×50mm，可直接钉在 50mm×50mm 的次龙骨上。木龙骨使用前必须进行防火、防腐处理，处理的基本方法是：先涂氟化钠防腐剂 1~2 道，然后再涂防火涂料 3 道，龙骨

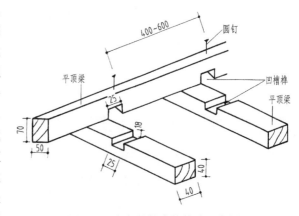

图 D-9 木龙骨的连接构造示意图

之间用榫接、钉接方式连接，如图 D-9 所示。木龙骨多用于造型复杂的悬吊式顶棚。

2. 型钢龙骨

型钢龙骨的主龙骨间距一般为 1~2m，其规格应根据荷载的大小确定。主龙骨与吊杆常用螺栓连接，主次龙骨之间采用铁卡子、弯钩螺栓连接或焊接。当荷载较大、吊点间距很大或在特殊环境下时，必须采用角钢、槽钢、工字钢等型钢龙骨。

3. 轻钢龙骨

轻钢龙骨通常由主龙骨、中龙骨、横撑小龙骨、次龙骨、吊件、接插件和挂插件组成。主龙骨一般用特制的型材，断面有 U 形、C 形，一般多为 U 形。主龙骨按其承载能力分为

38、50、60 三个系列，38 系列龙骨适用于吊点距离 0.9～1.2m 的不上人悬吊式顶棚；50 系列龙骨适用于吊点距离 0.9～1.2m 的上人悬吊式顶棚，主龙骨可承受 80kg 的检修荷载；60 系列龙骨适用于吊点距离 1.5m 的上人悬吊式顶棚，可承受 80～100kg 的检修荷载。龙骨的承载能力还与型材的厚度有关，荷载大时必须采用厚的型材。中龙骨、小龙骨断面有 C 形和 T 形两种。吊杆与主龙骨、主龙骨与中龙骨、中龙骨与小龙骨之间是通过吊挂件、接插件连接的，如图 D-10 所示。轻钢龙骨型号及规格见表 D-1，轻钢龙骨配件型号及规格见表 D-2。

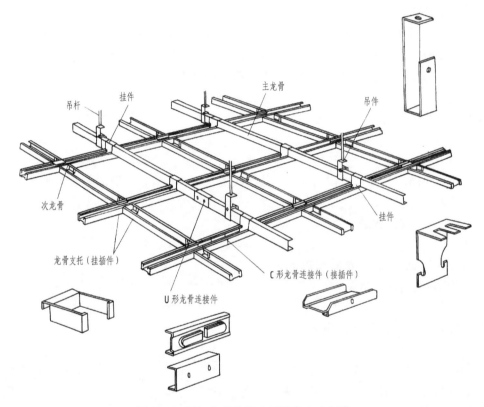

图 D-10　轻钢龙骨悬吊式顶棚构造示意图

表 D-1　轻钢龙骨型号及规格

类别	型号	断面尺寸/ mm×mm×mm	断面面积 /cm²	质量/ (kg/m)	示意图
上人悬吊式 顶棚龙骨	CS60	60×27×1.5	1.74	1.366	
上人悬吊式 顶棚龙骨	US60	60×27×1.5	1.62	1.27	

（续）

类别	型号	断面尺寸/ mm×mm×mm	断面面积 /cm²	质量/ （kg/m）	示意图
不上人悬吊式 顶棚龙骨	C60	60×27×0.63	0.78	0.61	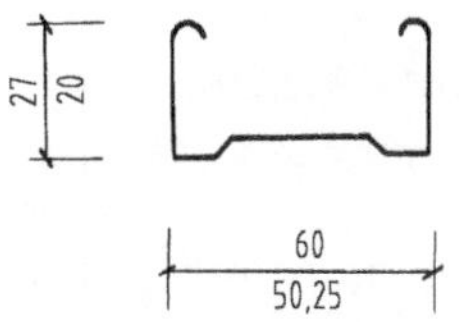
	C50	50×20×0.63	0.62	0.488	
	C25	25×20×0.63	0.47	0.37	
中龙骨	—	50×15×1.5	1.11	0.87	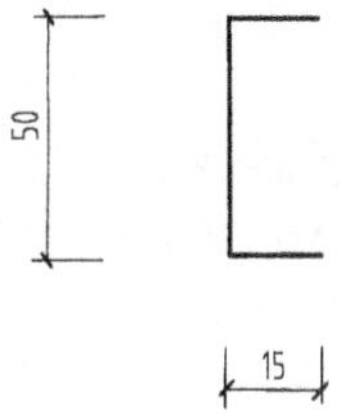

表 D-2　轻钢龙骨配件型号及规格

名称	型号	示意图及规格	用途
上人悬吊式顶棚 龙骨接长件	CS60-L	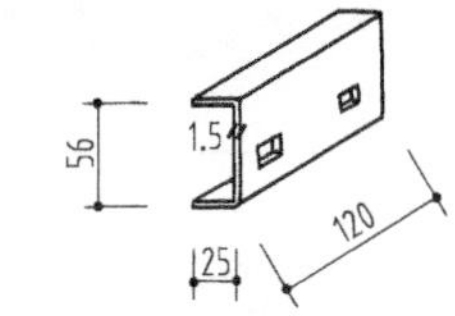	用于上人悬吊式顶棚龙骨的 接长
上人悬吊顶棚 主龙骨吊件	CS60-1	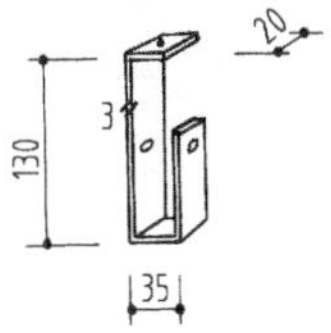	用于上人悬吊式顶棚主龙骨 的吊挂
上人悬吊式顶棚 龙骨连接件（挂件）	CS60-2	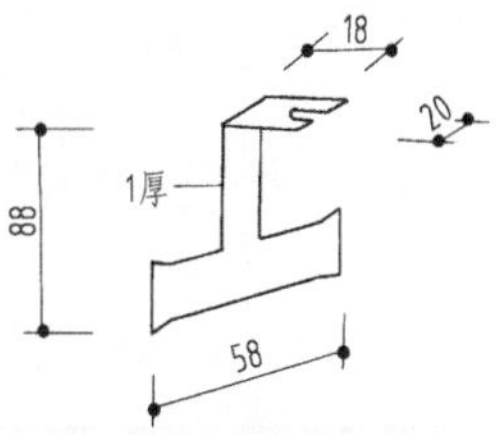	用于上人悬吊式顶棚主、次龙 骨的连接
普通悬吊式顶棚 龙骨接长件	C60-L	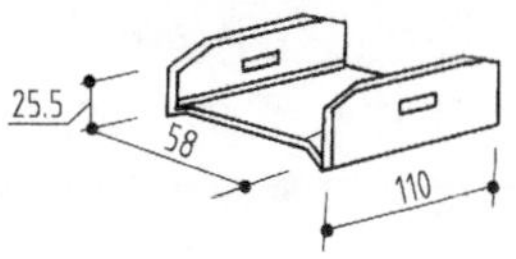	用于普通悬吊式顶棚龙骨的 接长
中龙骨吊件	—	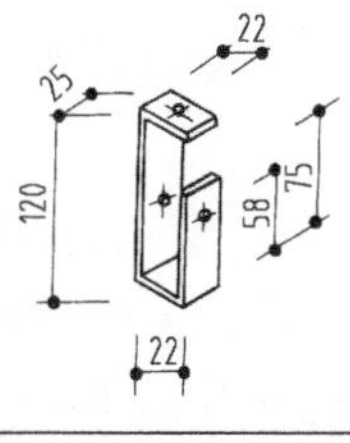	以中龙骨悬吊顶棚时,用于中 龙骨和吊杆的吊挂

（续）

名称	型号	示意图及规格	用途
普通悬吊式顶棚主龙骨吊件	C60-1	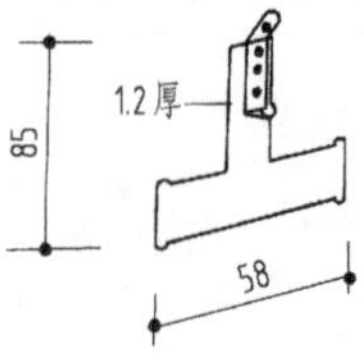	用于普通悬吊式顶棚主龙骨的吊挂
普通悬吊式顶棚龙骨连接件（挂件）	C60-2	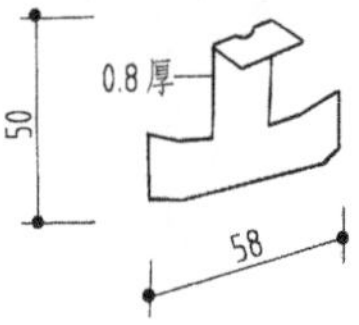	用于普通悬吊式顶棚主、次龙骨的连接
普通悬吊式顶棚龙骨连接件（挂件）	C60-3	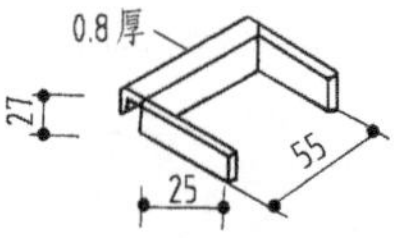	用于主、次龙骨在同一标高时的连接
中龙骨接长件	—	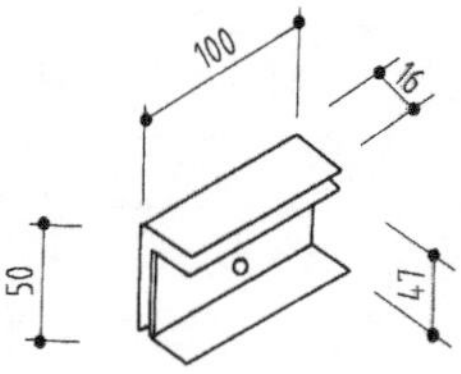	用于中龙骨的连接
中龙骨连接件	—	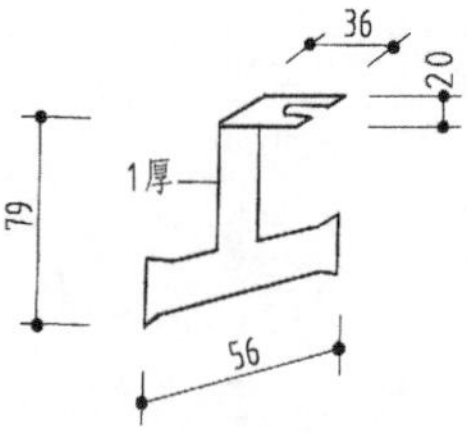	以中龙骨悬吊顶棚时,用于吊杆和龙骨的连接

U 形轻钢龙骨悬吊式顶棚构造方式有单层和双层两种。中龙骨、横撑小龙骨、次龙骨紧贴主龙骨底面的吊挂方式（不在同一水平面）称为双层构造；主龙骨与次龙骨在同一水平面的吊挂方式称为单层构造，单层轻钢龙骨悬吊式顶棚仅用于不上人悬吊式顶棚。当悬吊式顶棚面积大于 $120m^2$ 或长度方向大于 12m 时，必须设置控制缝；当悬吊式顶棚面积小于 $120m^2$ 时，可考虑在龙骨与墙体连接处设置柔性节点，以控制悬吊式顶棚整体的变形量。

4. 铝合金龙骨

铝合金龙骨断面有 T 形、U 形、LT 形及各种特制龙骨断面，应用最多的是 LT 形龙骨。LT 形龙骨的主龙骨断面为 U 形，次龙骨、小龙骨断面为倒 T 形，边龙骨断面为 L 形。吊杆与主龙骨、主龙骨与次龙骨之间的连接如图 D-11 所示。龙骨及配件规格见表 D-3、表 D-4。

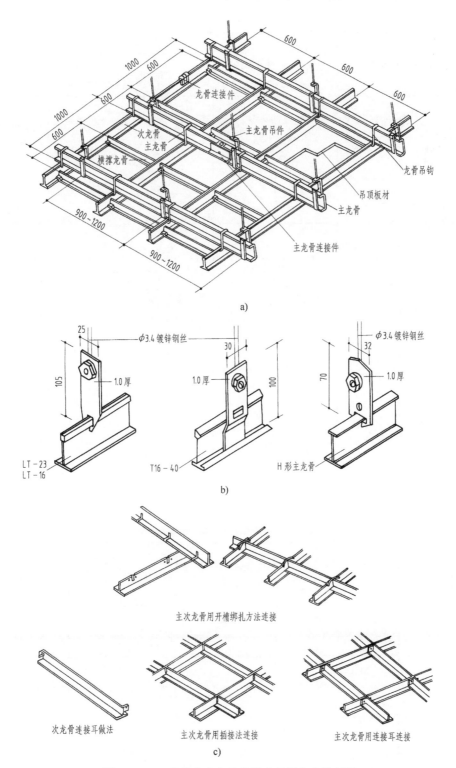

a)

b)

c)

图 D-11　LT 形铝合金龙骨悬吊式顶棚构造示意图

a）LT 形铝合金龙骨悬吊式顶棚构造透视　b）LT 形铝合金龙骨悬吊式顶棚节点构造

c）主次龙骨连接方式

表 D-3　LT 形铝合金主龙骨及龙骨配件的规格

系列名称	主龙骨示意图及规格	主龙骨吊件及规格	主龙骨连接件		备注
			示意图	规格/mm	
TC60系列	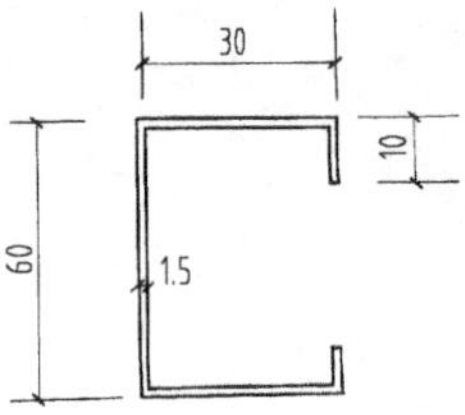	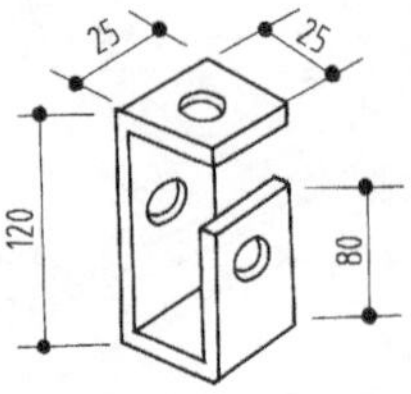	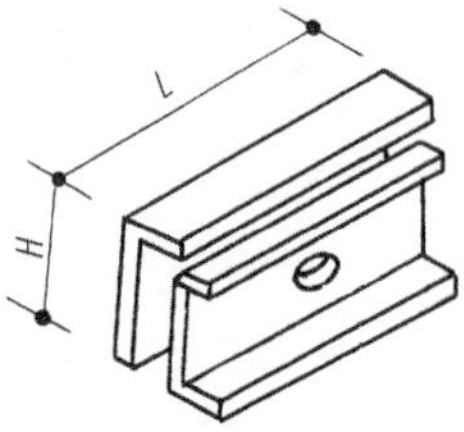	$L=100$ $H=60$	适用于吊点距离 1500mm 的上人悬吊式顶棚，主龙骨可承受 1000N 检修载荷
TC50系列	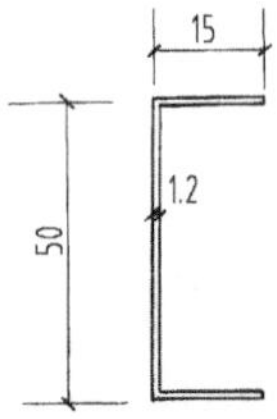	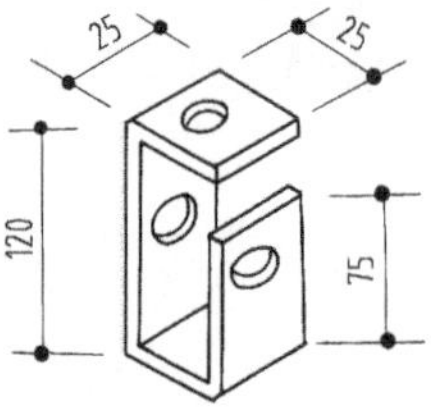		$L=100$ $H=50$	适用于吊点距离 900～1200mm 的不上人悬吊式顶棚
TC38系列	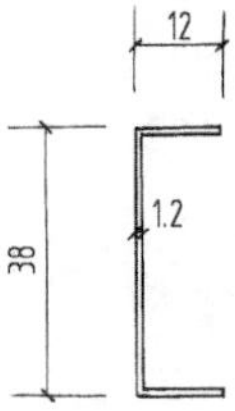	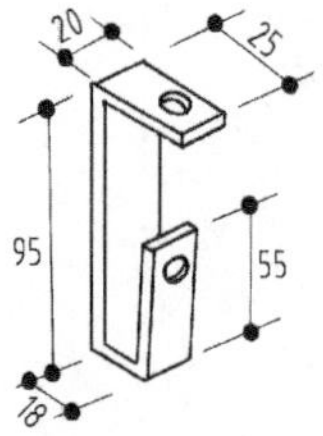		$L=82$ $H=39$	适用于吊点距离 900～1200mm 的不上人悬吊式顶棚

注：1. 各系列主龙骨长度均为3m。

　　2. 主龙骨质量（kg/m）如下：TC60 系列为 1.53kg/m，TC50 系列为 0.92kg/m，TC38 系列为 0.56kg/m。

表 D-4　LT 形铝合金次龙骨及龙骨配件的规格

名称	代号	规格			备注
		示意图	厚度/mm	质量/(kg/m)	
纵向龙骨	LT-23 LT-16	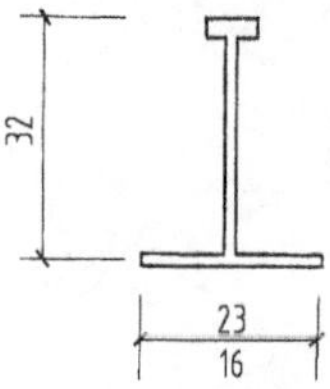	1	0.2 0.12	纵向通长使用
横撑龙骨	LT-23 LT-16	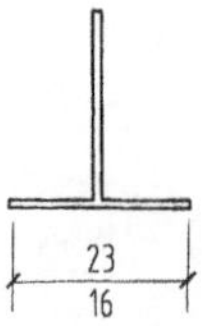	1	0.135 0.09	横向使用,搭于纵向龙骨两翼上

（续）

名称	代号	规格			备注
		示意图	厚度/ mm	质量 /（kg/m）	
边龙骨	LT-边龙骨	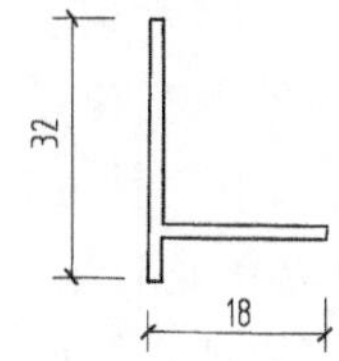	1	0.15	沿墙顶棚封边收口使用
异形龙骨	LT-异型龙骨	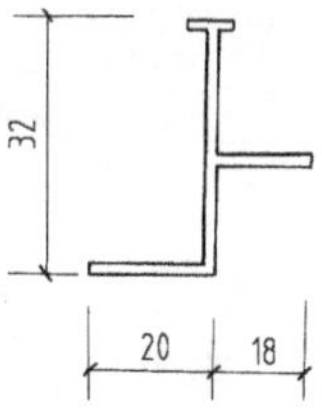	1	0.25	高低顶棚处封边收口使用
LT-23 龙骨吊钩 LT-异型龙骨吊钩	TC50 吊钩	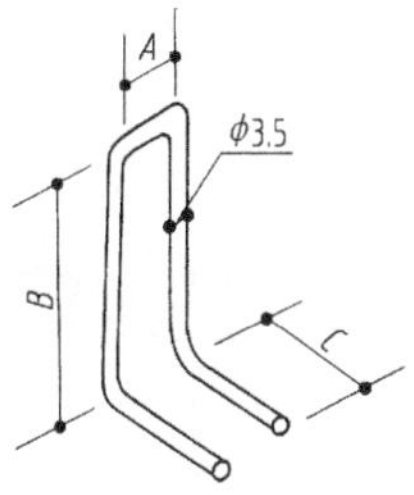	φ3.5	0.014	① T 形龙骨与主龙骨垂直吊挂时使用 ② TC50 吊钩： A = 16mm B = 60mm C = 25mm TC38 吊钩： A = 13mm B = 48mm C = 25mm
LT-23 龙骨吊钩 LT-异型龙骨吊钩	TC38 吊钩		φ3.5	0.012	
LT-异型龙骨吊挂钩	TC60 系列 TC50 系列 TC38 系列	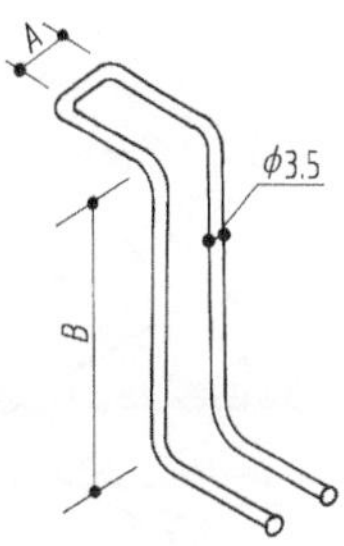	φ3.5	0.021 0.019 0.017	① T 形龙骨与主龙骨平行吊挂时使用 ② TC60 系列： A = 31mm B = 75mm TC50 系列： A = 16mm B = 65mm TC38 系列： A = 13mm B = 55mm
LT-23 龙骨连接件 LT-异型龙骨连接件		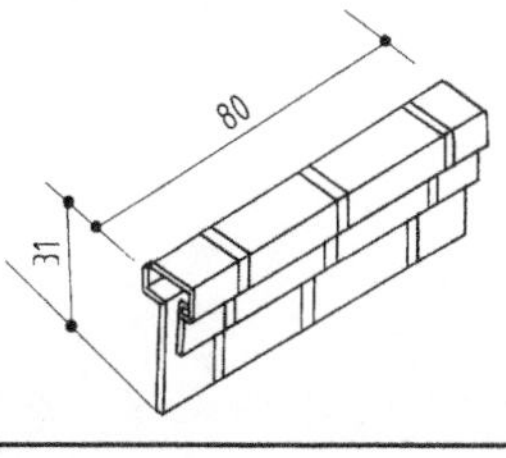	0.8	0.025	连接 LT-23 龙骨及 LT-异型龙骨用

四、悬吊式顶棚饰面层连接构造

1. 抹灰类饰面层

在龙骨上钉木板条、钢丝网或钢板网，然后再做抹灰饰面层。目前这种做法已不多见。

2. 板材类饰面层

板材类饰面层也称为悬吊式顶棚饰面板。最常用的饰面板有植物板材（木板、胶合板、纤维板、装饰吸声板、木丝板）、矿物板（各类石膏板、矿棉板）、金属板（铝板、铝合金板、薄钢板）。各类饰面板与龙骨的连接有以下几种方式。

（1）钉接　用铁钉、螺钉将饰面板固定在龙骨上。木龙骨一般用铁钉，轻钢、型钢龙骨用螺钉，钉距视板材材质而定，要求钉帽要埋入饰面板内，并做防锈处理，如图 D-12a 所示。适用于钉接的板材有植物板、矿物板、铝板等。

（2）粘接　用各种胶粘剂将板材粘贴于龙骨底面或其他基层板上，如图 D-12b 所示。也可采用粘、钉结合的方式，连接更牢靠。

（3）搁置　将饰面板直接搁置在倒 T 形断面的轻钢龙骨或铝合金龙骨的翼缘上，如图 D-12c 所示。有些轻质板材采用此方式固定，遇风易被掀起，应用物件夹住。

（4）卡接　用特制龙骨或卡具将饰面板卡在龙骨上，这种方式多用于轻钢龙骨、金属

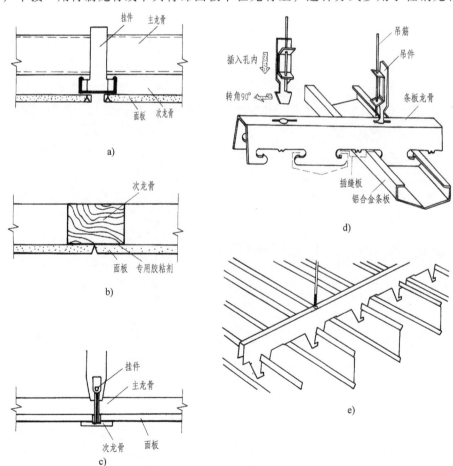

图 D-12　悬吊式顶棚饰面板与龙骨的连接构造

类饰面板等，如图 D-12d 所示。

（5）吊挂　利用金属挂钩龙骨将饰面板按排列次序组成的单体构件挂于其下，组成开敞式悬吊式顶棚，如图 D-12e 所示。

3. 饰面板的拼缝

（1）对缝　对缝也称为密缝，是板与板在龙骨处对接，如图 D-13a 所示。粘、钉固定饰面板时可采用对缝。对缝适用于裱糊、涂饰的饰面板。

（2）凹缝　凹缝是利用饰面板的形状、厚度所形成的拼接缝，也称为离缝、拉缝，凹缝的宽度不应小于 10mm，如图 D-13b 所示。凹缝有 V 形和矩形两种，纤维板、细木工板等可刨破口，一般做成 V 形缝；石膏板做矩形缝，镶金属护角。

（3）盖缝　盖缝利用装饰压条将板缝盖起来，如图 D-13c 所示，这样可克服缝隙宽窄不均、线条不顺直等施工质量问题。

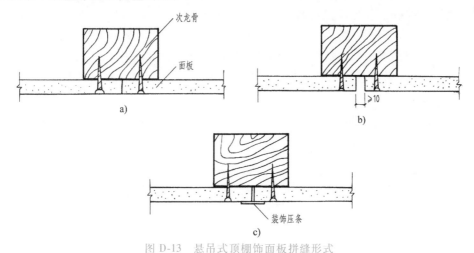

图 D-13　悬吊式顶棚饰面板拼缝形式
a）对缝　b）凹缝　c）盖缝

五、常用板材类饰面悬吊式顶棚构造

板材类饰面悬吊式顶棚施工方便、造型丰富，易与灯具、通风口等设备结合布置，是应用十分广泛的一种悬吊式顶棚。常用板材类饰面悬吊式顶棚有石膏板悬吊式顶棚、胶合板悬吊式顶棚、矿棉吸声板悬吊式顶棚、金属板悬吊式顶棚等。

（一）石膏板悬吊式顶棚构造

石膏板悬吊式顶棚具有自重轻、强度高，防火、阻燃性能好的特点。石膏板可钉、可刨、可钻、可粘、易加工，并且可弯曲做成各种造型。

1. 吊杆

吊杆采用直径不小于 6mm 的钢筋，间距一般为 900～1200mm。用吊挂件通过螺栓将吊杆与龙骨连接。

2. 龙骨

龙骨采用薄壁型钢。主龙骨间距一般 1500～2000mm，次龙骨间距视饰面板规格决定。用吊件、接长件、插件等配件将主龙骨、次龙骨组成骨架。龙骨可参见图 D-10 所示。

3. 石膏板

石膏板一般有纸面石膏板和无纸面石膏板两种。

（1）纸面石膏板　纸面石膏板分为普通纸面石膏板，防火、防水纸面石膏板和装饰吸声纸面石膏板。前两者主要用作悬吊式顶棚的基层，其表面还需再进行饰面处理，属于大型纸面石膏板，长 2400～3300mm，宽 900～1200mm。装饰吸声纸面石膏板分为有孔和无孔两类，表面有各种花色图案，具有良好的装饰效果。装饰吸声纸面石膏板一般规格为 600mm×600mm，厚 9mm 或 12mm。

（2）无纸面石膏板　无纸面石膏板常用的有石膏装饰吸声板和防水石膏装饰吸声板。无纸面石膏板多为 500mm×500mm、600mm×600mm 的方板，除光面板、穿孔板外，还有花纹浮雕板。

（3）石膏板的安装固定　无论是哪种石膏板，其板材都固定在次龙骨上，其固定方式如下。

1）挂接。石膏板材周边先加工成企口缝，然后挂在倒 T 形或工字形次龙骨上，次龙骨不外露，故又称为暗龙骨悬吊式顶棚，如图 D-14a 所示。

2）卡接。石膏板材直接放在倒 T 形次龙骨的翼缘上，并用弹簧卡子卡紧，或用虎口销卡住，次龙骨露于顶棚面外，故又称为明龙骨悬吊式顶棚，如图 D-14b 所示。

3）钉接。次龙骨的断面为卷边槽形，底面预钻螺栓孔，以特制吊件悬吊于主龙骨下，石膏板用自攻螺钉固定于次龙骨上，如图 D-14c 所示。

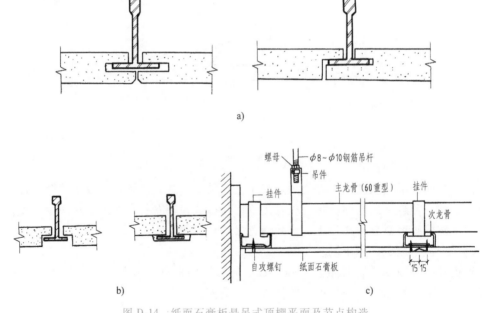

图 D-14　纸面石膏板悬吊式顶棚平面及节点构造
a）挂接　b）卡接　c）钉接

（二）胶合板悬吊式顶棚构造

胶合板悬吊式顶棚成型方便、加工简捷、造价低。胶合板悬吊式顶棚必须经过严格的防腐、防火处理，才可使用。胶合板悬吊式顶棚一般为不上人悬吊式顶棚。

1. 吊杆

吊杆采用木吊杆或钢筋吊杆。木吊杆满涂氟化钠防腐剂 1～2 遍、防火涂料 3 遍。木吊杆与木龙骨用钉固定；钢筋吊杆与木龙骨用螺钉固定，与轻钢龙骨用吊挂件连接。

2. 龙骨

龙骨采用木龙骨或轻钢龙骨，其构造如图 D-9、图 D-10 所示。木龙骨必须满涂氟化钠防腐剂 1~2 遍，防火涂料 3 遍。

3. 胶合板

胶合板必须使用阻燃型（又名难燃型）两面刨光的一级胶合板，一般胶合板不得使用。阻燃型胶合板是在生产胶合板时，表面经阻燃剂处理加工而成，遇火时阻燃剂遇热熔化，在胶合板表面形成一层"阻火层"，可有效地阻止火势蔓延。安装阻燃型胶合板前应在板底满涂氟化钠防腐剂 1 道。胶合板与龙骨的固定方式一般采用钉接方式，属于暗龙骨安装。

（三）矿棉吸声板悬吊式顶棚构造

矿棉吸声板悬吊式顶棚具有质轻、耐火、保温、隔热、降低室内噪声等级、改善环境质量等特点。但这种顶棚不能用于湿度大的房间。

1. 吊杆

吊杆采用钢筋吊杆或镀锌钢丝吊索。钢筋吊杆用吊挂件与龙骨连接；镀锌钢丝吊索则绑扎在龙骨的孔眼上。

2. 龙骨

龙骨采用金属龙骨、铝合金龙骨、镀锌钢板龙骨、不锈钢龙骨、轻钢龙骨等。材质不同、生产厂家不同，龙骨的连接构造也略有不同，但目前应用最多的还是铝合金龙骨和轻钢龙骨。主龙骨用 U 形轻钢龙骨或 T 形铝合金龙骨，次龙骨用 T 形铝合金龙骨，边龙骨用 L 形铝合金龙骨。

3. 矿棉吸声板

矿棉吸声板产品众多、规格多样，常用的有正方形、长方形，规格尺寸有 600mm×600mm、500mm×500mm、300mm×600mm、300mm×500mm、600mm×1000mm、500mm×1000mm、600mm×900mm 等。其表面图案和质感有沟槽、裂纹、孔洞、皮毛感、星球等。

矿棉吸声板一般直接安装在金属龙骨上，其构造方式有以下三种。

（1）明龙骨安装构造　将齐边的正方形或长方形矿棉吸声板直接搁置在倒 T 形次龙骨翼缘上，如图 D-15a 所示。

（2）部分明龙骨安装构造　将榫边（板侧边制成卡口）的正方形或长方形矿棉吸声板平搭在倒 T 形次龙骨翼缘上，榫边板与龙骨搭接形成凹缝，有的跌级榫边则可形成阶梯缝，如图 D-15b 所示。

（3）暗龙骨安装构造　将带企口边的正方形或长方形矿棉板与倒 T 形次龙骨翼缘嵌装，使悬吊式顶棚面层不露龙骨，如图 D-15c 所示。

（四）金属板悬吊式顶棚构造

金属板悬吊式顶棚是用轻质金属板和配套的专用龙骨体系组合而成。金属板悬吊式顶棚具有质感独特、线条刚劲、色泽美观、构造简单、安装简便、防火耐久等特点，同时还可利用活动面板的开口安装法，加上吸声材料，取得良好的吸声和隔声效果。金属板悬吊式顶棚多用于候车大厅、候机厅、地铁站、图书馆、展览厅以及公共建筑的大堂，居住建筑的厨房、卫生间等处。

1. 金属板悬吊式顶棚构造组成

（1）吊杆　吊杆采用套螺纹钢筋，这样可调节定位，使用前要涂防锈漆。当为上人悬

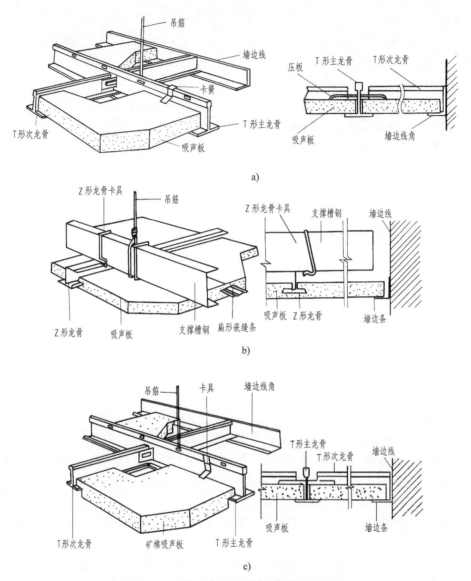

图 D-15　矿棉吸声板悬吊式顶棚构造示意图

a）明龙骨安装构造　b）部分明龙骨安装构造　c）暗龙骨安装构造

吊式顶棚时，应采用角钢作吊杆。

（2）龙骨　采用 0.5mm 厚钢板、铝合金或镀锌薄钢板等材料制成配套专用龙骨系统，当悬吊式顶棚不上人时，龙骨除承重外，还兼具卡具作用，此时只有主龙骨，不设次龙骨。当悬吊式顶棚上承受重物或上人检修时，应另加一层轻钢上人主龙骨作为承重龙骨，此时由兼卡具作用的龙骨固定条板，称为条板龙骨或次龙骨。龙骨的形式和连接方式随着金属条板形式不同而不同。

（3）金属板　采用铝板、铝合金板、不锈钢板、钛合金板、复合铝塑板等作为悬吊式顶棚饰面板，其中常用的有压型薄钢板和铸轧铝合金型材。薄钢板表面做镀锌、涂塑和涂漆等防锈饰面处理，铝合金板表面可做电化铝饰面处理。金属板的形式有打孔或不打孔的条板和方板。板材的形式不同，其构造也有所不同。对于金属方板来说，其构造方法与矿棉吸声板类似。

2. 金属条板悬吊式顶棚构造

（1）金属条板断面形状　金属条板多用铝合金和薄钢板轧成的槽形条板，有窄条、宽条之分，中距有 50mm、100mm、120mm、150mm、200mm、250mm、300mm 等，离缝约16mm。常见金属条板的断面形状及规格、尺寸如图 D-16 所示。

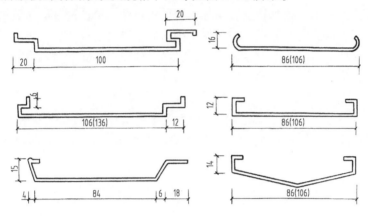

图 D-16　常见金属条板的断面形状及规格、尺寸

（2）构造类型及方法　根据条板与条板间相接处的板缝处理形式，金属条板悬吊式顶棚的构造类型有开放型和封闭型两种。开放型金属条板悬吊式顶棚的离缝间无填充物，便于通风，用于一般悬吊式顶棚；封闭型条板上部可另加矿棉或玻璃棉，用于保温和吸声悬吊式顶棚，如图 D-17 所示。金属条板与龙骨的连接一般采用卡固法和钉接法。板厚小于0.8mm、板宽小于 100mm 时采用卡固法，对于板厚超过 1mm、板宽超过 100mm 的条板多采用螺钉等固定。卡固法的卡具就是龙骨本身，在安装时压紧条板即可使之卡扣在龙骨上。

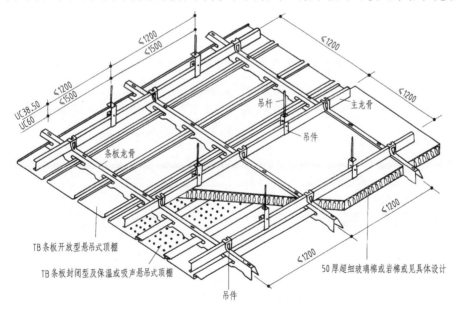

图 D-17　金属条板悬吊式顶棚构造示意图

（3）与灯具设备关系　对于龙骨兼卡具的不上人金属条板悬吊式顶棚，一般不宜在特制龙

骨上直接悬吊灯具和送风口等设备,而应将灯具和设备直接固定在楼板、屋面板等结构上。

六、开敞式悬吊式顶棚

开敞式悬吊式顶棚是指悬吊式顶棚的饰面不封闭,而通过单体构件有规律地排列组合而成的顶棚,也称为格栅式悬吊式顶棚。这种悬吊式顶棚既遮又透,能减少空间的压抑感,并富有节奏和韵律,与室内灯具结合起来可增加悬吊式顶棚构件和灯具的艺术效果。

开敞式悬吊式顶棚不需要单独设置龙骨,悬吊式顶棚的单体构件既是装饰构件,又是承重构件。通常采用变通的安装方式,即先将单体构件用卡具连成整体,再通过通长钢管与吊杆相连,这种方式施工简单,节约悬吊式顶棚材料,如图 D-18a 所示。目前常用的单体构件有木质单体构件、铝合金单体构件、塑料单体构件。

1. 木质单体构件

(1)单板方框式木质单体构件　单板方框式木质单体构件是利用宽 120～200mm、厚 9～15mm 的阻燃型胶合板拼接而成的,板条之间用凹槽插接,插接前凹槽内涂白乳胶,如图 D-18b 所示。

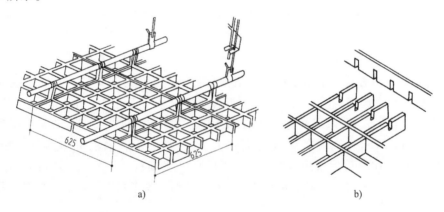

图 D-18　开敞式悬吊式顶棚安装构造

a)整体安装示意图　b)单板方框式木质单体构件连接

(2)骨架单板方框式木质单体构件　骨架单板方框式木质单体构件是用方木组装方框骨架,然后在骨架两侧装钉厚木阻燃型胶合板,如图 D-19 所示。

(3)单条板式木质单体构件　单条板式木质单体构件是用实木或厚木阻燃型胶合板加工成条板,并在上面开孔,然后用木龙骨或轻钢龙骨穿入条板孔洞内,并加以固定,如图 D-20 所示。

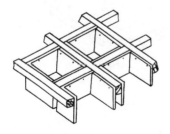

图 D-19　骨架单板方框式木质单体构件

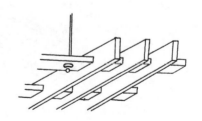

图 D-20　单条板式木质单体构件

2. 铝合金单体构件

铝合金单体构件有直线形、曲线片形、方块形、多边形、三角形、圆形、挂片等,如图 D-21 所示。

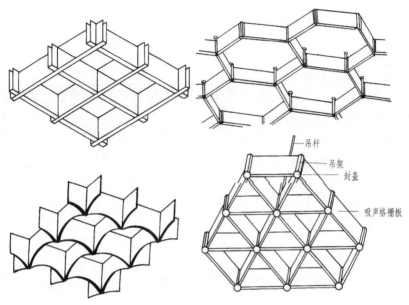

图 D-21　铝合金单体构件的形状

铝合金单体构件用插接方式组装好后，安装于铝合金或轻钢主次龙骨上，如图 D-22 所示。

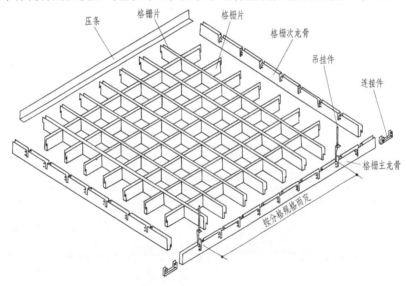

图 D-22　方块形铝合金单体构件安装示意图

七、发光式悬吊式顶棚

发光式悬吊式顶棚是指饰面板采用磨砂玻璃、夹丝玻璃、有机玻璃、彩绘玻璃等透光材料，内部布置灯具的顶棚，又称为发光顶棚。这种顶棚整体透亮、光线均匀，可减少室内空间的压抑感，装饰效果好。发光式悬吊式顶棚的主要构造与做法如下。

1. 龙骨

龙骨一般设双层，以便支承透光板和灯座。上下层龙骨通过吊杆连接，与楼板或屋面板的连接是将上层龙骨的吊杆固定于主体结构上，如图 D-23 所示。

2. 透光饰面板

透光饰面板一般采用搁置方式与龙骨连接，以便检修或更换内部灯具，另外也可采用螺钉或粘贴等固定方式，此时应设置上人孔和检修走道，并将灯座做成活动式，如图 D-24所示。

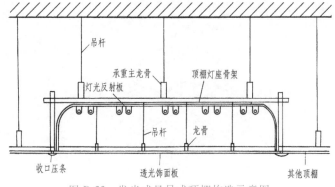

图 D-23　发光式悬吊式顶棚构造示意图

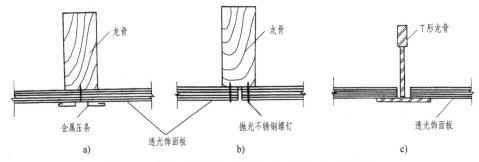

图 D-24　发光式悬吊式顶棚透光饰面板与龙骨的连接
a）成型金属压条承托　b）帽头螺钉固定　c）T 形龙骨承托

八、软质悬吊式顶棚

软质悬吊式顶棚是指用灯箱布、绢纱等软质织物作为饰面层的悬吊式顶棚。这种悬吊式顶棚曲面造型优美、色彩丰富，如配以灯光，装饰效果更佳。软质悬吊式顶棚的构造做法是：选用不上人的吊筋，与铝合金、方钢管龙骨连接，阻燃型织物用螺钉、压条固定于龙骨上。

D3　顶棚特殊部位装饰装修构造

考核点	顶棚特殊部位的构造关系	
知识点	1.顶棚与照明灯具的构造关系 2.顶棚与空调风口的构造关系 3.顶棚与窗帘盒的构造关系 4.顶棚与检修孔及检修走道的构造关系	5.悬吊式顶棚内管线、管道的敷设构造 6.悬吊式顶棚端部与墙的构造关系 7.跌落式悬吊式顶棚高低相交处的构造 8.不同材质饰面板的交接构造
课件资源 二维码		

一、顶棚与照明灯具的构造关系

1. 吸顶灯

当灯具质量小于或等于 1kg 时，可直接将灯具安装在悬吊式顶棚的饰面板上；当灯具质量大于 1kg 且小于或等于 4kg 时，应将灯具安装在龙骨上。

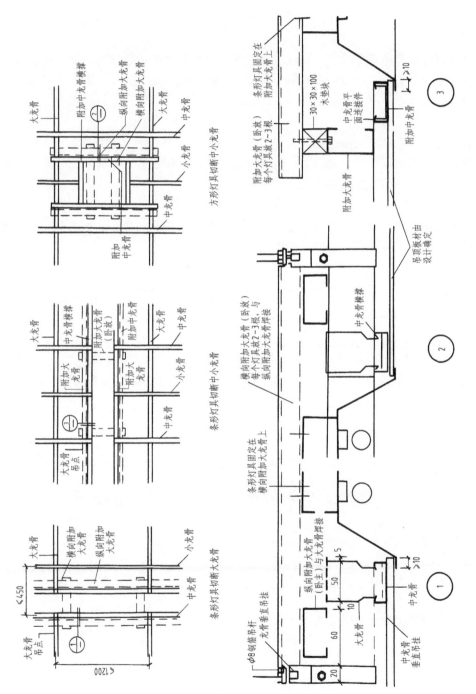

图 D-25　嵌入管灯的构造

2. 吊灯

当灯具质量不大于 3kg 时，可将灯具固定在附加的主龙骨上，附加主龙骨焊于悬吊式顶棚的主龙骨上。当灯具质量为 3kg 以上时，应设置独立吊挂结构，严禁安装在吊顶工程的龙骨上。

3. 筒灯

这种灯具镶嵌在悬吊式顶棚内，底面与悬吊式顶棚面层齐平或略突出，筒体有方形、圆形，其直径（或边长）有 140mm、165mm、180mm 等多种。这种灯具重量轻，可直接安装在悬吊式顶棚饰面板上。

4. 嵌入管灯

这种灯具也镶嵌在悬吊式顶棚内，它可以平行于中龙骨（此时应切断主龙骨），也可以平行于主龙骨（此时切断中、小龙骨）。若灯具为方形时，应切断中小龙骨，灯具固定在附加龙骨上。嵌入管灯的构造如图 D-25 所示。

5. 光带

光带一般采用荧光灯做光源，其宽度为 321mm 或按工程设计。光带灯槽通过附加主龙骨焊于悬吊式顶棚的主龙骨上。光带的构造如图 D-26 所示。

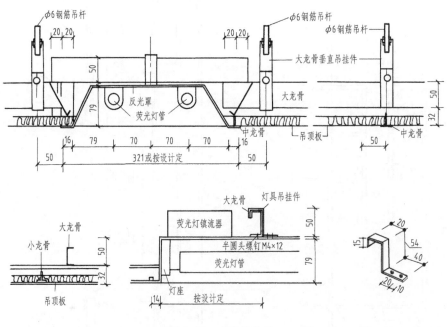

图 D-26　光带的构造

二、顶棚与空调风口的构造关系

空调风口有预制铝合金圆形出风口和方形出风口，其构造做法是：将风口安装于悬吊式顶棚饰面板上，并用橡胶垫做减噪处理。风口安装时最好不切断悬吊式顶棚龙骨，必要时只能切断中、小龙骨。空调风口的构造如图 D-27 所示。

三、顶棚与窗帘盒的构造关系

在悬吊式顶棚一侧有窗洞口时，一般窗帘盒与悬吊式顶棚同时施工。这时要处理好悬吊式顶棚龙骨与窗帘盒的关系，其构造如图 D-28 所示。

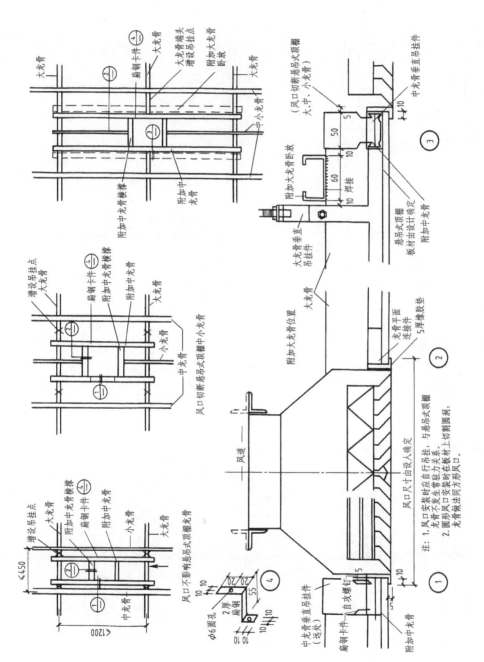

图 D-27 空调风口的构造

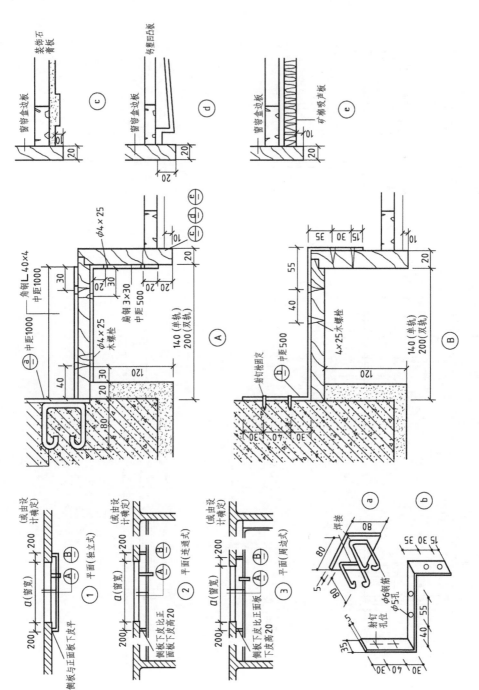

图 D-28　顶棚与窗帘盒的构造

四、顶棚与检修孔及检修走道的构造关系

1. 检修孔

检修孔又称为进人孔。检修孔的平面位置要保障检修的方便，力求隐蔽，保持顶棚的完整性。常见的活动板检修孔构造如图 D-29 所示。

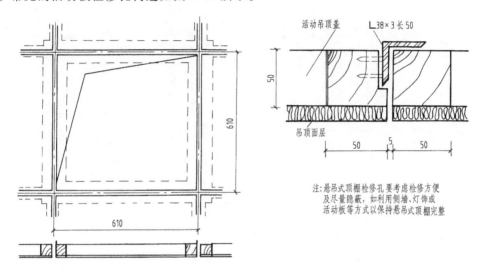

注：悬吊式顶棚检修孔要考虑检修方便
及尽量隐蔽，如利用侧墙、灯饰或
活动板等方式以保持悬吊式顶棚完整

图 D-29　常见的活动板检修孔构造

2. 检修走道

检修走道又称为上人马道，是上人悬吊式顶棚中的人行通道，主要用于悬吊式顶棚内设备、管线、灯具、通风口的维修与安装。常用检修走道的构造做法有以下两种。

（1）简易马道　又称为偶尔上人走道。采用 30mm×60mm 的 U 形龙骨两根，槽口朝下固定在悬吊式顶棚的主龙骨上，设 $\phi8$ 吊杆，并在吊杆上焊 30mm×30mm×3mm 的角钢做安全栏杆及扶手，其高度为 600mm，如图 D-30a 所示。

（2）普通马道　又称为常规上人马道。采用 30mm×60mm 的 U 形龙骨四根，槽口朝下固定在悬吊式顶棚的主龙骨上，采用 ∟45×5 等角钢做安全栏杆及扶手，栏杆间距为 1000mm，高度为 600mm，如图 D-30b 所示。

五、悬吊式顶棚内管线、管道的敷设构造

1）管线、管道的安装位置应放线抄平。

2）用膨胀螺栓固定支架、线槽，放置管线、管道及设备，并进行水压、电压试验。

3）在悬吊式顶棚饰面板上，留灯具、送风口、烟感器、自动喷淋头的安装口。喷淋头周围不能有遮挡物。

4）自动喷淋头必须与自动喷淋系统的水管相接。消防给水管道不能伸出悬吊式顶棚平面，也不能留得太短，以至与喷淋头无法连接。应按照设计安装位置准确地用膨胀螺栓固定支架，放置消防给水管道。自动喷淋头与顶棚位置如图 D-31 所示。

六、悬吊式顶棚端部与墙的构造关系

悬吊式顶棚端部是指悬吊式顶棚与墙体相交处，其造型处理形式有凹角、直角、斜角三种，如图 D-32 所示。其中直角处理形式中相交处的边缘线一般还须另加装饰压条，压条可与龙骨相连，也可与墙内预埋件连接，如图 D-33 所示。

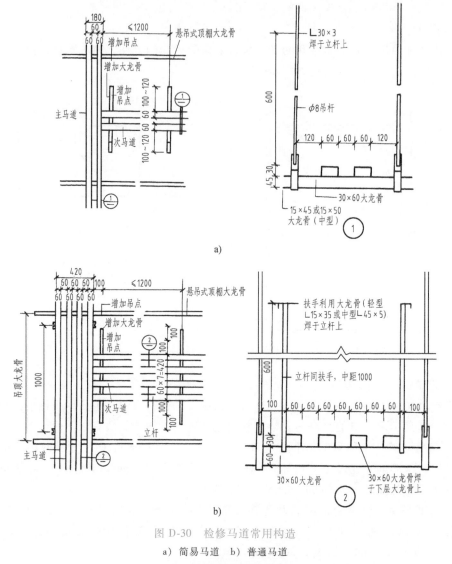

a)

b)

图 D-30　检修马道常用构造

a）简易马道　b）普通马道

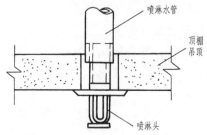

图 D-31　自动喷淋头与顶棚位置

七、跌落式悬吊式顶棚高低相交处的构造

悬吊式顶棚通过不同标高的变化，形成跌落式造型顶棚，使室内空间高度产生变化，形成一定的立体感，同时满足照明、音响、设备安装等方面的要求。悬吊式顶棚高低相交处的构造处理关键是顶棚不同标高的部分要整体连接，保证其整体刚度，避免因变形不一致而导

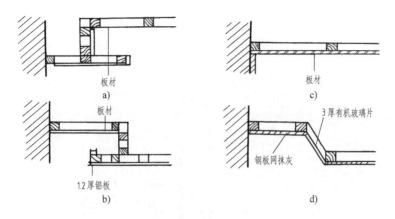

图 D-32　悬吊式顶棚端部造型处理的形式

a）、b）凹角　c）直角　d）斜角

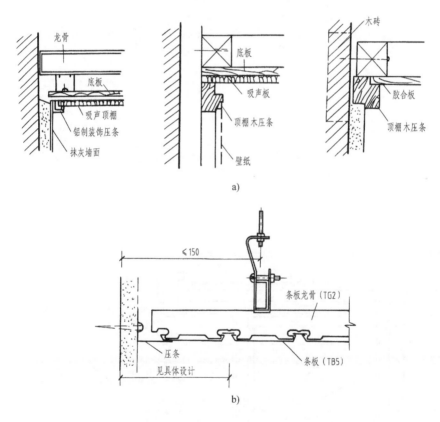

图 D-33　悬吊式顶棚端部直角造型边缘装饰压条做法

a）吸声板、胶合板端部压条　b）金属板端部压条

致饰面层的破坏。跌落式悬吊式顶棚高低相交处的构造如图 D-34 所示。

八、不同材质饰面板的交接构造

不同材质饰面板的交接处理要进行收口过渡，主要构造方法有两种，一是采用压条进行收口过渡处理；二是采用高低差过渡处理。不同材质饰面板的交接构造如图 D-35 所示。

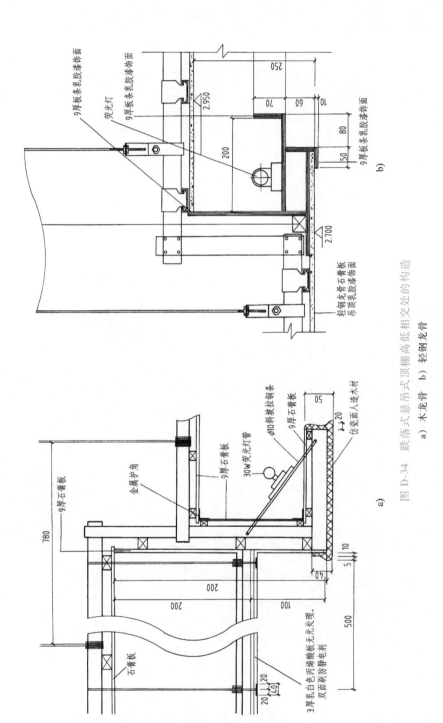

图 D-34　跌落式悬吊式顶棚高低相交处的构造
a) 木龙骨　b) 轻钢龙骨

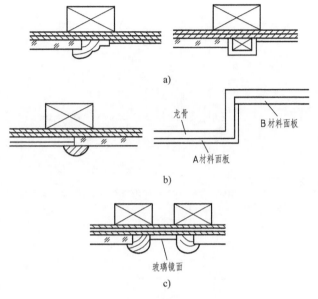

图 D-35 不同材质饰面板的交接构造
a) 压条收口过渡处理 b) 高低差过渡处理
c) 既有过渡收口, 又有不同饰面材料收口

【项目探索与实战】

项目探索与实战是以学生为主体的行为过程实践阶段。

实战项目一 某办公接待室顶棚构造设计

（一）实战项目概况

某办公楼接待室的平面布置及顶棚平面图如图 D-36 所示, 层高 3m, 悬吊式顶棚不上人, 根据图示设计要求, 进行悬吊式顶棚构造设计。

（二）实战目标

掌握轻钢龙骨纸面石膏板悬吊式顶棚、发光顶棚的基本构造, 能熟练地绘制顶棚平面图、剖面图及节点详图。

（三）实战内容及深度

用 2 号图纸、墨线笔完成下列各图, 比例自定。要求达到施工图深度。

1) 轻钢龙骨纸面石膏板悬吊式顶棚剖面图。

2) 彩绘玻璃发光顶棚、磨砂玻璃发光顶棚的剖面图。

3) 顶棚与墙面相交处的节点详图。

4) 顶棚与窗帘盒相交处的节点详图。

5) 顶棚与灯具连接的节点详图。

6) 不同材质饰面连接过渡节点详图。

（四）实战主要步骤

1) 根据实战任务, 每位学生首先进行接待室顶棚剖面节点详图草图设计。

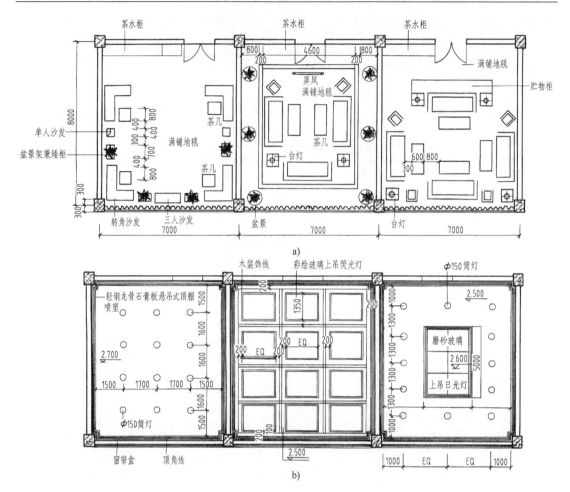

图 D-36　某办公楼接待室平面布置、顶棚平面图

a）接待室平面图　b）接待室顶棚图

2）经指导教师审核后，开始独立绘制实战任务要求的全部图样。

① 用细线条画初稿，先画主要建筑构、配件，再画装饰的图示内容及剖面、索引符号，最后画内、外尺寸线及标高符号。

② 按线型要求加深加粗图线。

③ 标注尺寸和标高。

④ 书写文字说明、图名和比例。

实战项目二　工地现场调研顶棚装饰装修构造

（一）实战项目概况

学生 3~5 人组成实训小组，选择综合性的公共建筑，最好是正在进行顶棚施工的工地，对下列构造内容进行实地调研、分析、归纳总结，写出四千字左右的实训报告。

（二）实战目标

通过现场调研，使学生把课堂所学知识与工程实际紧密结合，培养学生的工程实践能力。

（三）实战内容

1）吊杆间距、材料及固定方式。

2）吊杆与主龙骨的连接方法及连接件的形式、材料。

3）主龙骨的间距、材料、断面形式与布置方向。

4）主龙骨与次龙骨的连接方法及连接件的材料与形式。

5）次龙骨的间距、材料、断面形式与布置方向。

6）饰面板的材料规格及次龙骨的固定方式。

7）顶棚与墙面、顶棚与灯具、顶棚与检修孔、送风口、自动喷淋等连接处的节点构造。

（四）实战主要步骤

1）根据实战任务，首先联系当地正在进行顶棚施工的工地。

2）以小组为单位，进行参观，注意文字记录和照相记录。

3）以小组为单位分析、整理所记录的文字和图片，并收集相关资料进行补充完善。

4）在实地调研、分析、归纳总结的基础上，写出实训报告。

【项目提交与展示】

项目提交与展示是学生攻克难关完成项目设定的实战任务，进行成果的提交与展示阶段。

一、项目提交

1. 成果形式

（1）实战项目一　通常是一本设计图册，包括封面、扉页、目录、设计说明和构造设计图。

（2）实战项目二　通常为四千字左右的报告，包括封面、目录、文字、图片及参考资料。

2. 成果格式

（1）封面设计要素　封面设计要素包括文字、图形和色彩，详见表 D-5。

表 D-5　封面设计要素信息表

文字要素（必选要素）	图形、色彩要素（可选要素）
项目名称/项目来源单位	平面图案
设计理念（创新点、亮点）	设计标志
学校名称/专业名称	工程实景照片
班级/学号/姓名	调研过程记录照片
专业指导教师/企业指导教师	
完成日期	

（2）封面规格

1）实战项目一：一般采用 2 号图纸，规格与施工图一致，横排形式，装订线在左侧。

2）实战项目二：一般采用 A4 打印纸，竖向排版，装订线在左侧。

（3）封面排版　按信息要素重要程度设计平面空间位置，重要的放在醒目、主要位置，一般的放在次要位置。

（4）扉页　扉页表达内容一般包括设计理念、创新点、亮点、内容提要。纸质可采用半透明或非透明纸，排版设计要简洁明了。

（5）目录　一般采用二级或三级目录形式，层次分明，图名正确，页码指示准确。

（6）设计说明　设计说明主要包括工程概况、设计依据、技术要求及图纸上未尽事宜。

（7）构造设计图　构造设计图是图册的核心内容，要严格按照国家制图规范绘制，要求达到施工图深度。如需要向业主表达直观的形象，可以加色彩要素和排版信息。构造设计图可手绘表达，也可用 CAD 绘制。

（8）封底　封底是图册成果的句号，封底设计要与封面图案相协调或适当延伸。封底用纸应与封面用纸相同。

二、项目展示

项目展示包括 PPT 演示、图册展示及问答等内容。要求学生用演讲的方式展示最佳的语言表达能力，展示最得意的构造技术及应用能力。

1）学生自述 5min 左右，用 PPT 演示文稿展示构造设计的理念、方法、亮点及体会。

2）通过问答，教师考查学生构造设计成果的正式性和正确性。

【项目评价】

项目评价是专业指导教师和企业指导教师针对学生构造设计的过程、成果及答辩进行综合评价，给出成绩的阶段。

一、评价功能

1）检验学生项目实战效果及学生观察问题、分析问题、选用专业知识解决实际问题的能力。

2）教师自检其选择的教学方法、手段、形式所得的成果。

二、评价内容

1）构造设计的难易程度。

2）构造原理的综合运用能力。

3）构造设计的基本技能。

4）构造设计的创新点和不足之处。

5）构造设计成果的规范性与完成情况。

6）对所提问题的回答是否充分和语言表达水平。

三、成绩评定

总体评价参考比例标准：过程考核 40%，成果考核 40%，答辩 20%。

项目 E　梯的装饰装修构造

【项目引入】

项目引入是学生明确项目学习目标、能力要求及通过对项目 E 的整体认识，形成宏观脉络的阶段。

一、项目学习目标

1) 掌握楼梯装饰装修构造的内容、特点。
2) 掌握楼梯踏步面层、栏杆（栏板）及扶手所用材料特性及连接构造。
3) 了解装配式楼梯（成品）的类型及构造方法。
4) 熟悉电梯厅、电梯门套的形式、材料及构造做法。
5) 了解自动扶梯的类型及构造方法。

二、项目能力要求

1) 根据建筑功能，针对不同类型的楼梯，正确选择楼梯踏步面层、栏杆（栏板）材料，确定其构造方案。
2) 能分析、解决工程中楼梯装饰装修构造的实际问题，具备技术交底能力。
3) 能举一反三地进行楼梯装饰装修构造设计，并转化为施工图。

三、项目概述

1. "梯"的概念

梯是联系建筑中不同标高间楼地面的竖向联系构件。

2. "梯"的类型

按照其工作使用的特点，"梯"可分为两大类：一类为构件类梯，包括：楼梯、爬梯、坡道、台阶等。构件类的梯是建筑物的主要组成部分之一，与建筑的主体连为一体。其工作使用的特点是"梯不动，人动"。另一类称为设备类梯，包括：电梯、自动扶梯、自动人行道（坡道）等。设备类梯是由各类生产厂家提供的成型产品。其工作使用特点是"人不动，梯动"。

以上各类竖向交通设施的选用，是按照建筑本身的性质、环境条件及坡度来选定的。

各类"梯"的适用坡度和高长比如图 E-1 所示。

楼梯、电梯、自动扶梯是建筑中各楼层间最常使用的垂直交通设施，具有强烈的引导性和装饰性，通过对其进行装饰装修，可以起到丰富空间效果、有效组织交通流线的作用，因此楼梯、电梯、自动扶梯往往是建筑装饰装修的重点部分。

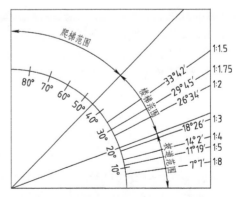

图 E-1　各类"梯"的适用坡度和高长比

【项目解析】

项目解析是在项目引入阶段的基础上，专业教师针对学生的实际学习能力对项目 E 各类"梯"的构造原理、构造组成、构造做法等进行解析，并结合工程实例、企业真实的工程项目任务，让学生获得相应的专业知识。

E1　楼梯装饰装修构造

考核点	1. 楼梯构造组成及作用 2. 楼梯的装饰装修构造		
知识点	1. 楼梯踏步的组成及尺寸要求 2. 楼梯踏步饰面类型及构造做法 3. 楼梯栏杆（栏板）的类型、构造及做法 4. 楼梯扶手的类型、构造及做法		
数字化资源二维码	楼梯各部分组成	旋转楼梯构造	课件资源二维码

楼梯装饰装修构造是指楼梯梯段的踏步面层构造及栏杆（栏板）、扶手的细部装饰装修处理。平台部分的装饰装修构造与楼地面相同。由于楼梯是一幢建筑中的主要交通疏散部分，对人流有较高的导向性，装修用材标准应高于或不低于楼地面装修标准，使其在建筑中具有明显的地位，同时考虑其耐磨、美观及舒适性要求。

一、楼梯的组成

楼梯一般由梯段，平台，栏杆、扶手三大部分组成。

1. 梯段

梯段又称为梯跑，是联系两个不同标高平台的倾斜构件。按照其受力情况，可分为板式梯段和梁板式梯段，板式梯段由若干个踏步组成，梁板式梯段由斜梁和踏步板组成。为了减轻人们上下楼梯的疲劳和照顾人的行走习惯，一个梯段的连续踏步数不应超过 18 级，且不应少于 3 级。

2. 平台

平台是连接两梯段或楼层和梯段间的水平构件，按平台所处的位置和高度的不同，有楼层平台和中间平台之分。与楼层标高相同的平台称为楼层平台，位于楼层之间的平台称为中间平台或休息平台。中间平台的作用是缓解行人疲劳，供人上下楼中途间歇和改变人流行进方向。楼层平台的作用是分配、缓冲从楼梯到达各楼层的人流。

3. 栏杆、扶手

栏杆（栏板）是设在楼梯梯段及平台边缘的安全保护构件。扶手是固定在栏杆（栏板）及楼梯间内墙上供行人抓靠，以缓解上下楼疲劳的配件。楼梯应至少一侧设扶手，梯段净宽达三股人流时，应两侧设扶手；达四股时，宜加设中间扶手。另外在幼儿园等建筑中，考虑到幼儿上下楼方便，还应加设幼儿扶手。

楼梯各部分组成如图 E-2 所示。

二、楼梯踏步饰面的装饰装修构造

（一）踏步的组成及尺寸要求

踏步是人们上下楼梯脚踏的地方。踏步的水平面叫作踏面，垂直面叫作踢面。踏步的高宽比需根据人流行走的舒适度、安全和楼梯间的尺度等因素进行综合权衡。人流量大、安全要求高的楼梯坡度应该平缓一些，反之则可陡一些，以节约楼梯间面积，在设计中常采用下面的经验公式进行踏步宽高的计算。

$$2h+b=600\sim620$$

式中　　h——踏步高；

　　　　b——踏步宽；

$600\sim620$——女子平均跨步长度（mm）。

注：幼儿园楼梯可不按此公式。

在实际踏步设计中还可参照表 E-1 和表 E-2。

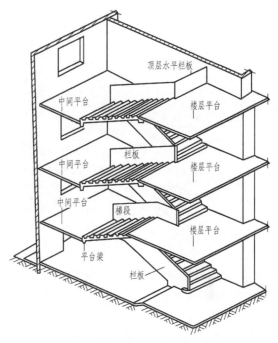

图 E-2　楼梯各部分组成

表 E-1　各种类型的建筑常用的踏步尺寸　　　　　　　　（单位：mm）

楼梯类型	住宅	学校办公楼	影剧院会堂	医院（病房用）	幼儿园
踏步高 h	156~175	140~160	120~150	150	120~150
踏步宽 b	300~260	340~280	350~300	300	280~260

表 E-2　疏散楼梯踏步最小宽度和最大高度　　　　　　　（单位：mm）

楼梯类型	住宅公用楼梯	幼儿园、小学楼梯	影剧院、剧场、体育馆、商场、医院、疗养院等公共建筑楼梯	其他建筑物楼梯	专用服务楼梯、住宅
最小宽度 b	260	260	280	260	220
最大高度 h	175	150	160	170	200

（二）楼梯踏步饰面类型及构造

1. 抹灰类饰面

抹灰类饰面多用于钢筋混凝土楼梯。

构造做法：踏步的踏面和踢面都做 20~30mm 厚水泥砂浆或水磨石面层。

防滑处理：离踏口 30~40mm 处用金刚砂或马赛克做防滑条 1~2 条，高出地面 2~5mm 厚，防滑条离梯段两侧各空出 150~200mm，以便楼梯清洁。若梯段边缘设计时已留出泄水槽（常见室外楼梯），则防滑条伸至槽口或做凹槽防滑；室外楼梯还可采用钢板或铝合金包角防滑。抹灰类踏步饰面防滑构造如图 E-3 所示。

2. 贴面类饰面

贴面类饰面多用于钢筋混凝土楼梯和钢楼梯的饰面处理。常用的楼梯踏步贴面面材有板材和面砖两大类。

（1）板材饰面　楼梯踏步板材饰面常用的面材有花岗石板、大理石板、水磨石板、人

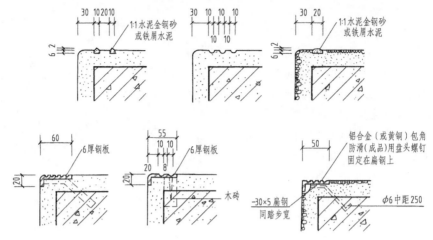

图 E-3　抹灰类踏步饰面防滑构造

造石板、玻璃面板等，厚度一般为 20mm，一整块为一踏面或踢面，按设计尺寸在工厂切割后运至现场施工。

构造做法：直接在踏步板上用水泥砂浆坐浆，将饰面板粘贴在踏步或踢面上。

防滑处理：离踏口 20～40mm 处开槽，将 2 根 5mm 厚铜条或铝合金条嵌入并用胶水粘固，防滑条高出地面 5mm，牢固后可用砂轮磨去 0.5～1.0mm，使其光滑亮洁；或将踏口处的踏面饰板凿毛或磨出浅槽；预制水磨石板可用橡胶防滑条或铜铝包角。具体做法如图 E-4a 所示。

（2）面砖饰面　楼梯踏步面砖饰面常用的面材有釉面砖、缸砖、铜制砖、麻石砖等，其尺寸按踏步标准制作。

构造做法：在踏面和踢面上做 15～20mm 厚水泥砂浆找平层，然后用 2～3mm 水泥浆粘贴饰面砖。

防滑处理：利用成品防滑缸砖防滑，或利用面砖上在制胚时压下的凹凸条作为踏口的防滑条。具体做法如图 E-4b 所示。

3. 铺钉类饰面

铺钉类饰面在任何结构类型的踏步上皆可进行铺装。常用的主要饰面材料有硬木板、塑料板、铝合金板、铜板、不锈钢板等。铺钉方式分为实铺和小搁栅架空铺设两种。

（1）实铺

构造做法：钢筋混凝土楼梯一般在踏步上做 10～15mm 厚水泥砂浆找平层，用楔头和螺钉将面板固定于踏面和踢面内预埋的木砖或膨胀管上，如图 E-5a 所示。钢、铝、木楼梯则可通过螺栓将饰面板与踏步板固定。

防滑处理：在踏口边缘包镶铜、铝合金或塑料成品型材。

（2）小搁栅架空铺设

构造做法：先将 25mm×40mm 的小木龙骨固定在踏面的预埋木砖或膨胀管上，钢板踏步可以预留螺孔或现场开孔，然后以楔头和螺钉将面板固定于木龙骨上，踢面板一般实铺在踢面上，如图 E-5b 所示。

4. 地毯铺设

地毯铺设一般用于标准较高的建筑楼梯中，如高级写字楼、宾馆、饭店、别墅等。可以

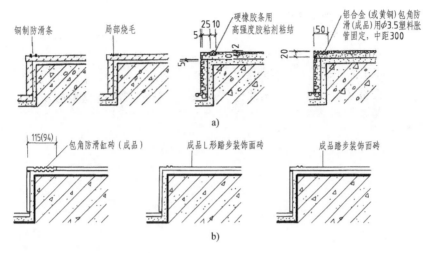

图 E-4　贴面类踏步饰面防滑构造

a）板材饰面踏步防滑构造　b）面砖饰面踏步防滑构造

在踏步找平层上直接铺设，也可以在已装修好的楼梯饰面上铺设。

地毯的铺设分为连续式和间断式。连续式为地毯从一个楼层不间断地铺设到另一楼层；间断式为踏步的踏面用地毯，踢面用其他材料。地毯铺设形式如图 E-6 所示。

地毯固定方式分为粘贴式和浮云式。粘贴式是将地毯与踏步找平层用地毯胶粘合在一起，踏口处用铜、铝或塑料包角镶钉。浮云式是将地毯用地毯棍卡固定在已

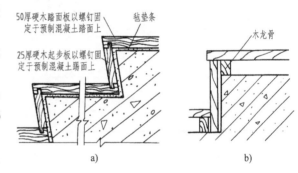

图 E-5　楼梯踏步铺钉类饰面构造

a）实铺构造　b）小搁栅架空铺设构造

装修好的楼梯踏步上，地毯可以定时抽出清洗或更新。地毯饰面的固定构造如图 E-7 所示。

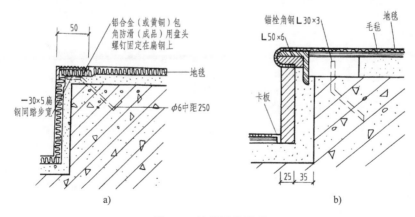

图 E-6　地毯铺设形式

a）连续式　b）间断式

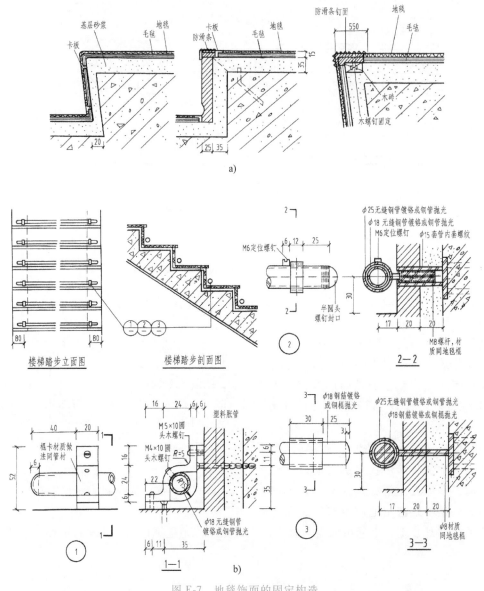

图 E-7　地毯饰面的固定构造

a）粘贴式　b）浮云式

三、栏杆（栏板）装饰装修构造

栏杆（栏板）是楼梯重要的安全防护构件，同时也是楼梯装饰装修的重要内容。在栏杆（栏板）设计中一定要注意：安全坚固（具有足够的强度、刚度，有可靠的连接）、适用舒适（栏杆高度适宜，扶手手感舒适）、耐久美观（能够体现一定的装饰风格、装饰样式）。

（一）栏杆装饰装修构造

1. 栏杆高度

楼梯栏杆（栏板）高度应符合表 E-3 规定。

表 E-3　楼梯栏杆（栏板）高度　　　　　　　　　　　（单位：mm）

类别	斜梯段栏杆（栏板）	长度超过 500mm 的水平栏杆（栏板）
室内楼梯	900～1000	≥1050
室外楼梯	1000～1100	≥1100
考虑幼儿的楼梯	600	600

注：楼梯斜栏杆（栏板）高度是指从踏步宽度边缘处的踏面量至扶手上皮的垂直高度。

2. 栏杆形式

楼梯栏杆按照材料可分为：木栏杆、金属栏杆（钢、铜、铝合金）和组合栏杆三大类。木栏杆常用在住宅和高级装修中，组合栏杆是指采用两种及两种以上的材料构成的栏杆。木栏杆形式如图 E-8 所示，金属栏杆形式如图 E-9 所示。

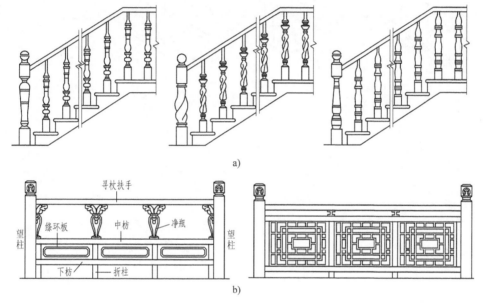

图 E-8　木栏杆形式

a）西式木栏杆　b）中式木栏杆

3. 栏杆连接构造

西式木栏杆由木扶手、车木立柱及梯帮三部分组成。车木立柱在栏杆中起受力和主要的装饰作用。立柱上端与扶手、下端与梯帮均可采用榫接。若无梯帮，车木立柱与下端的梯段踏步常采用木栏杆打孔与 $\phi 6$ 钢筋用建筑胶粘接的方式。木栏杆及车木立柱的形式与连接构造如图 E-10 所示。

中式木栏杆分为寻杖栏杆和空花栏杆，寻杖栏杆由望柱、寻杖扶手、净瓶、绦环板（华板）等构件组成，各部件之间采用榫接。空花栏杆由抱框短抱柱、三道横档（盖梃、二料与下料）、总宕（二料与下料之间各类棂条组合形式的总称）及下脚组成，各部件之间采用榫接。中式栏杆连接构造如图 E-11 所示。

金属栏杆与踏步和平台板的连接方式主要有两种：一种是在踏步或平台内用预埋件与栏杆焊接；另一种是在踏步或平台上预留孔洞，将栏杆插入，灌注细石混凝土嵌固。除了焊接连接和预埋孔洞灌浆连接外，还可以采用螺纹连接、螺栓连接等方式。金属栏杆与踏步、平台板的连接构造如图 E-12 所示。

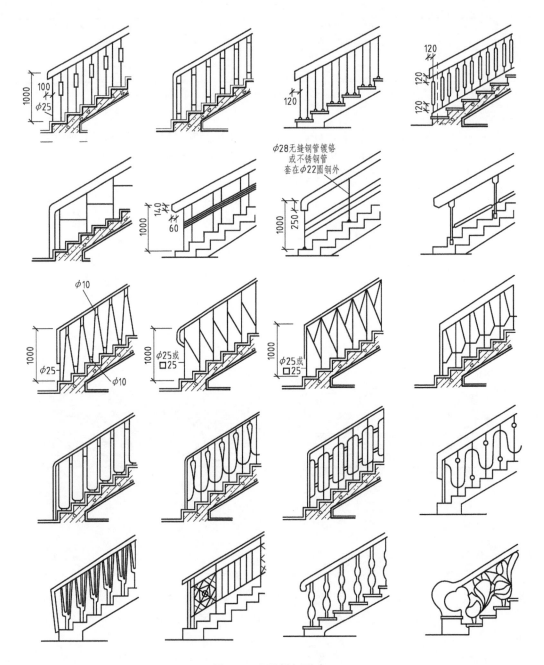

图 E-9　金属栏杆形式

（二）栏板

常用的栏板类型有钢筋混凝土栏板和玻璃栏板。

1. 钢筋混凝土栏板

钢筋混凝土栏板不仅仅是拦隔构件，同时还起着楼梯斜梁的结构构件作用，按照其栏板形式可分为实心栏板和上部空花栏板。钢筋混凝土栏板构造如图 E-13 所示。

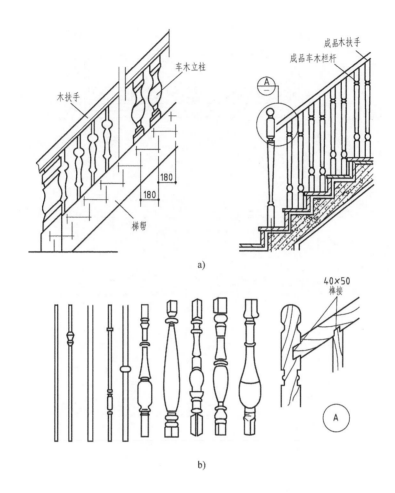

图 E-10　木栏杆及车木立柱的形式与连接构造

a）木栏杆的形式　b）车木立柱的形式与连接构造

2. 玻璃栏板

玻璃栏板按照各个构件的受力情况也有两种形式：一种是立柱受力式（也叫金属立柱玻璃栏板），一种是玻璃栏板受力式（也叫玻璃栏河）。玻璃栏板构造如图 E-14 所示。

四、楼梯扶手装饰装修构造

扶手位于栏杆的顶部，供人们上下楼依扶之用，其材料要求：表面光滑，手感好，坚固耐久。其形状、尺寸应既美观又方便抓牢。

1. 扶手的类型

扶手按使用的材料分类，主要有木扶手、金属管扶手、塑料扶手和板材扶手。木扶手手感好、坚固耐久、美观大方，常取材于松木、杉木、水曲柳、榉木等。金属管扶手常用的材料有不锈钢管、无缝钢管，在高级装饰中也常用铜管等。板材扶手主要是指用木板、大理石板、花岗石板、预制水磨石板等板材镶贴成的扶手饰面。室外楼梯扶手常用金属、塑料、石扶手及混凝土预制扶手，很少采用木扶手，以避免产生开裂。塑料扶手可选用厂家定型产品。金属管扶手可弯性能良好，常用于螺旋梯、弧形梯。

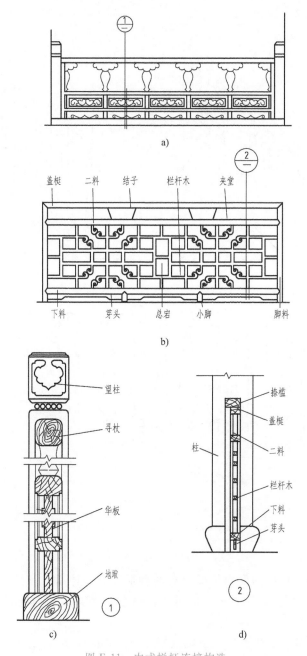

图 E-11　中式栏杆连接构造

a）寻杖栏杆　b）空花栏杆　c）寻杖栏杆剖面图　d）空花栏杆剖面图

2. 扶手的断面形式与连接构造

（1）**断面形式**　圆形截面扶手一般直径为 40~60mm，木扶手圆形截面不宜小于 50mm×50mm，其他形式的断面顶面宽度一般不大于 95mm。扶手处除具有足够强度外，还应注意保持连贯性，并应伸出起始及终止踏步不少于 150mm。

（2）**扶手与栏杆的连接构造**　硬木扶手和金属栏杆之间，可在金属栏杆顶端焊接一通长的扁钢带，其上每隔 300mm 左右钻一小孔，然后用木螺钉将木扶手与扁钢固定；金属扶

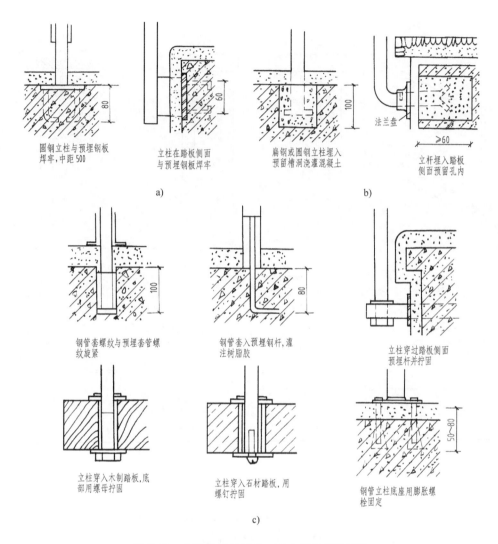

图 E-12 金属栏杆与踏步、平台板的连接构造

a）焊接连接 b）预埋孔洞灌浆连接 c）其他连接

手和金属栏杆之间采用焊接；塑料扶手则利用其弹性卡在栏杆顶部的扁钢上；石板扶手一般采用水泥砂浆铺贴。

常见扶手的断面形式及与栏杆（栏板）的连接构造如图 E-15 所示。

3. 靠墙扶手及顶层扶手与墙、柱体的连接构造

靠墙扶手以及楼梯顶层的水平栏杆扶手须与墙体或柱连接，其构造做法有两种：一是砖墙上预留孔洞，将栏杆扶手的金属件插入洞内，再用细石混凝土或水泥砂浆嵌固；二是在混凝土柱子上设置预埋件，再与栏杆扶手的金属件焊牢。扶手与墙、柱体的连接构造如图 E-16 所示。

4. 扶手始、末端形式

扶手始、末端形式及处理如图 E-17 所示。

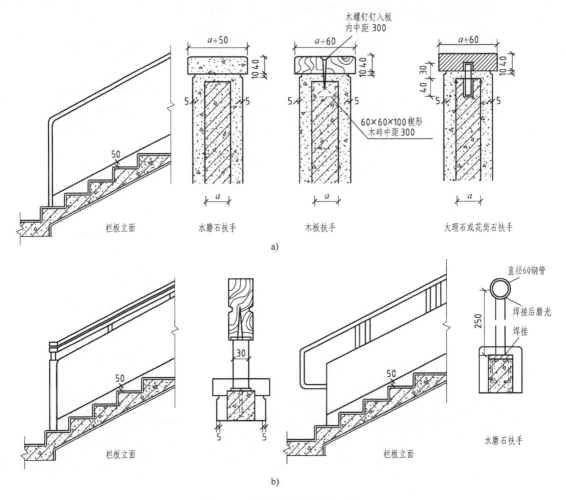

图 E-13　钢筋混凝土栏板构造

a) 实心栏板　b) 上部空花栏板

注：a=栏板结构厚度。

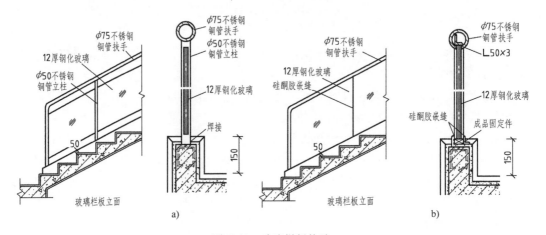

图 E-14　玻璃栏板构造

a) 金属立柱玻璃栏板　b) 玻璃栏河

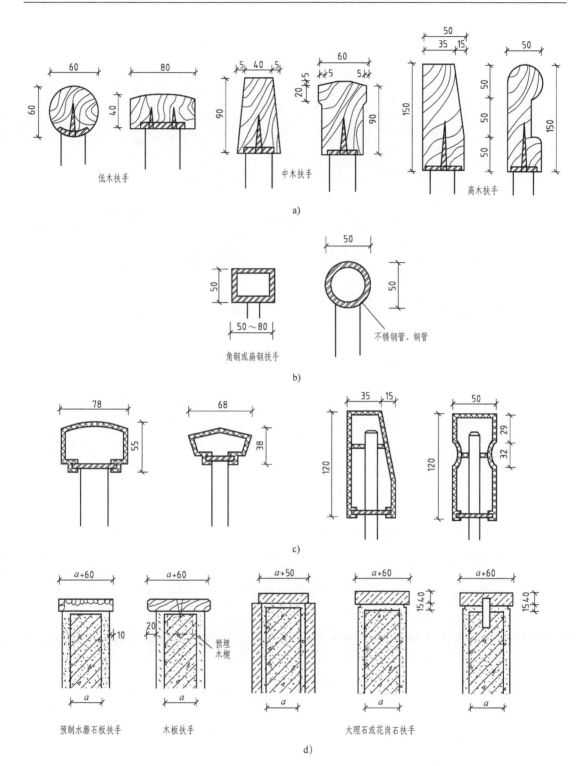

图 E-15 常见扶手的断面形式及与栏杆（栏板）的连接构造

a）木扶手 b）金属扶手 c）塑料扶手 d）木扶手、石板扶手

注：a＝栏板结构厚度。

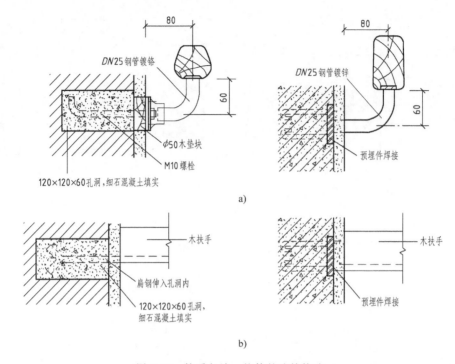

图 E-16　扶手与墙、柱体的连接构造
a）靠墙扶手与墙、柱体的连接　　b）顶层扶手与墙、柱体的连接

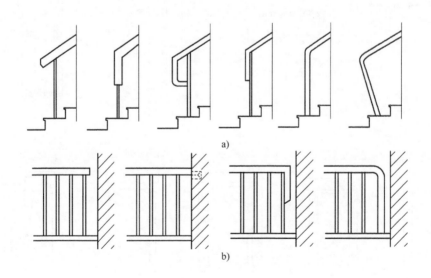

图 E-17　扶手始、末端形式及处理
a）扶手始端形式示例　　b）扶手末端形式及处理

5. 梯段转折处扶手的高差处理

在梯段转折处，由于梯段间的高差关系，为了保持栏杆高度一致和扶手的连续，需要根据不同的情况进行处理，如图 E-18 所示。

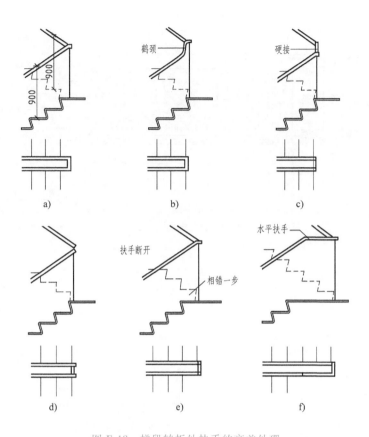

图 E-18 梯段转折处扶手的高差处理

a）扶手后退半步 b）鹤颈扶手连接 c）斜接连接 d）扶手断开
e）踏步口相错一步 f）水平扶手连接

五、楼梯装饰装修构造示例

1. 某回廊及楼梯栏杆构造示例

某回廊及楼梯采用铸铁栏杆，硬木扶手，栏杆形式新颖独特，其构造做法如图 E-19 所示。

2. 弧形楼梯构造示例

弧形楼梯造型优美、富有动感，使室内空间充满活力，富有观赏性，是室内一道美丽的风景线。弧形楼梯若作为疏散楼梯，要求弧形踏步距内沿 250mm 处宽度不小于 220mm。其构造做法如图 E-20 所示。

3. 北京某饭店楼梯构造示例

北京某饭店楼梯采用木踏面上铺地毯，镀铬圆钢栏杆、硬木扶手，简洁大方，富有时代气息，其构造做法如图 E-21 所示。

4. 上海某宾馆楼梯示例

上海某宾馆楼梯为双跑直楼梯，木扶手、方钢立柱、玻璃栏板、圆弧形平台，造型舒展，观赏性强，其构造做法如图 E-22 所示。

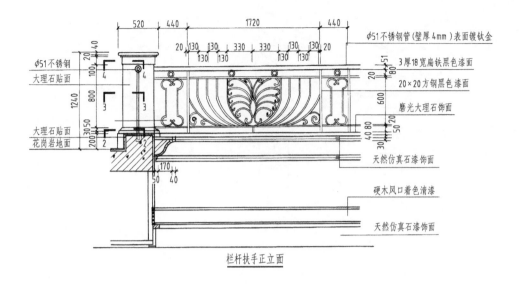

栏杆扶手正立面

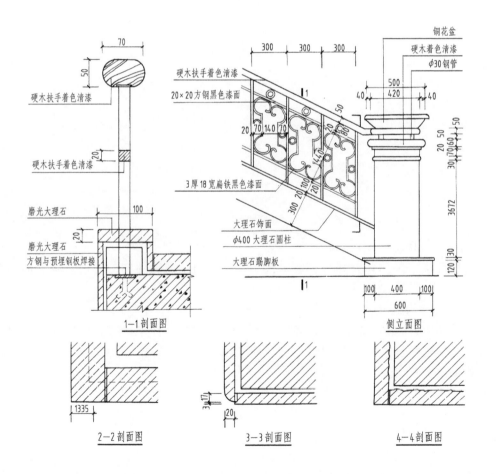

1—1剖面图

侧立面图

2—2剖面图

3—3剖面图

4—4剖面图

图 E-19　某回廊及楼梯栏杆示例

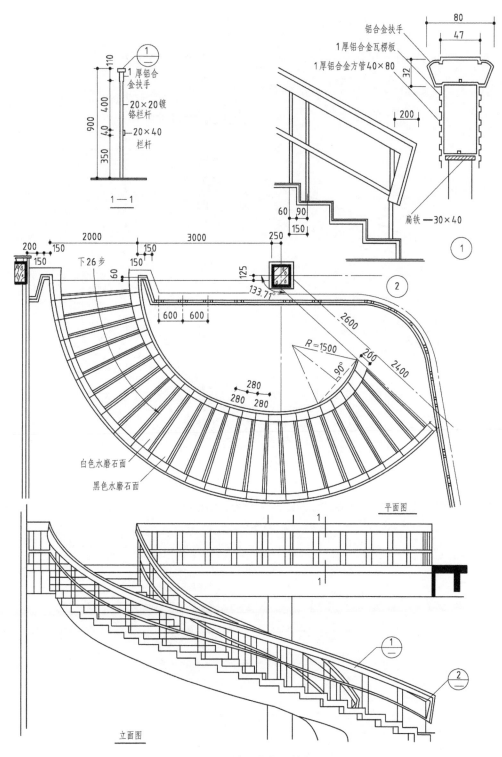

图 E-20　弧形楼梯装饰装修构造示例

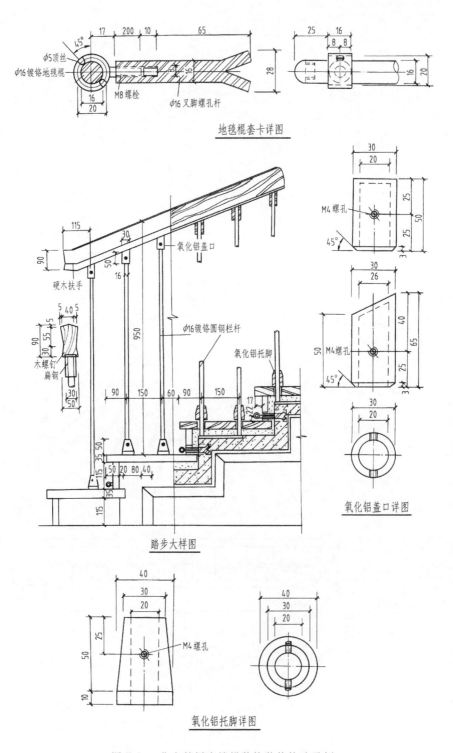

地毯棍套卡详图

踏步大样图

氧化铝盖口详图

氧化铝托脚详图

图 E-21　北京某饭店楼梯装饰装修构造示例

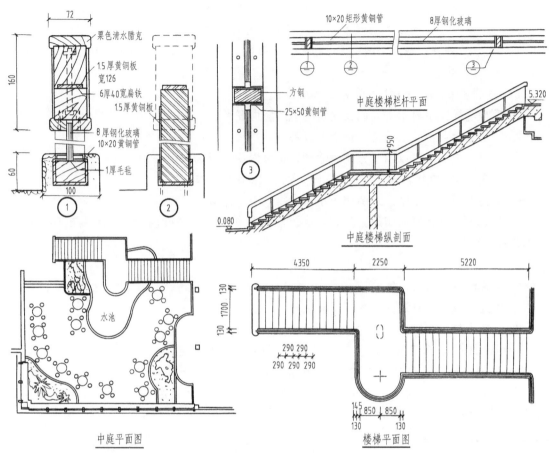

图 E-22　上海某宾馆楼梯装饰装修构造示例

E2　电梯装饰装修构造

考核点	1. 电梯的类型 2. 电梯的组成 3. 电梯的构造
知识点	1. 电梯按照使用性质分类 2. 电梯按照行驶速度分类 3. 电梯按照在防火疏散中的作用分类 4. 电梯按照传动方式分类 5. 电梯的平面组成 6. 电梯的剖面组成 7. 候梯厅、轿厢的装饰装修构造 8. 电梯门及门套的装饰装修构造
课件资源二维码	

　　当房屋的层数较多（如7层及其以上的住宅）或高层建筑中，一般需设电梯作为垂直交通工具。还有一些建筑物，层数虽然不多，但建筑的等级较高（如星级宾馆）或有特殊的需要（如医院、疗养院）或经常运送笨重物品（如商场、多层仓库），也经常使用电梯。

　　一、电梯的类型

　　1）按照电梯的使用性质可分为以下几种。

　　① 乘客电梯：主要用于人们在建筑物中的竖向联系。

　　② 载货电梯：主要用于运送货物及设备。

　　③ 客货电梯：既可以用于人流的输送，也可以用于货物及设备的运送。

　　④ 病床电梯：在医院建筑中主要用于手术病床上下运送。

　　⑤ 杂物电梯：在小型建筑中用于小型货物的上下运输。

　　⑥ 观光电梯：将竖向交通工具和登高流动观景相结合，在朝向景观一侧的电梯井道采用钢化玻璃。

　　2）按照电梯的行驶速度可分为以下几种。

　　① 高速电梯：行驶速度>2.5m/s。

　　② 中速电梯：行驶速度1.5~2.5m/s。

　　③ 低速电梯：行驶速度<1.5m/s。

　　3）按电梯在防火疏散中的作用可分为：普通电梯和消防电梯。

　　4）按照电梯的传动方式可分为：机械提升式和液压驱动式电梯。

　　电梯是厂家定型产品，一般由专业电梯公司承担电梯设计、施工、安装、装配。各种类型的电梯平面如图E-23所示。

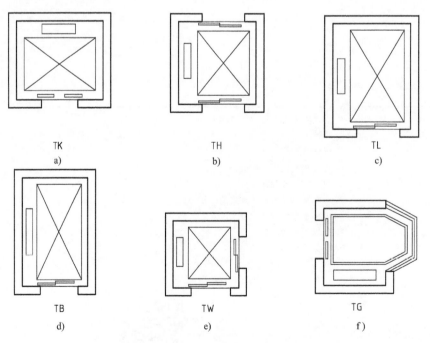

TK
a)

TH
b)

TL
c)

TB
d)

TW
e)

TG
f)

图E-23　各种类型的电梯平面

a）乘客电梯　b）载货电梯　c）客货电梯　d）病床电梯　e）小型杂物电梯　f）观光电梯

二、电梯的组成

1. 电梯的平面组成

电梯在平面上由候梯厅、电梯井道和轿厢三大部分组成，如图 E-24 所示。

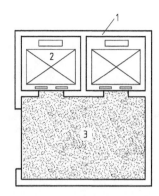

（1）轿厢　　轿厢是垂直交通运输的主要容器，其构造、尺寸主要和电梯的额定乘客人数和额定载重量有关，一般由供货厂家提供。轿厢门一般为推拉门，有中分推拉和侧推拉（旁开推拉）两种，门的尺寸常用的主要有 800mm、1000mm、1300mm、1500mm 几种，门的净高有 2000mm 和 2100mm 两种。

图 E-24　电梯的平面组成
1—电梯井道　2—轿厢　3—候梯厅

（2）电梯井道　　井道是轿厢运行的竖向空间，井道内除了考虑轿厢尺寸外，还要考虑安装导轨和平衡锤以及检修所需要的空间。乘客电梯常用井道尺寸为：1800mm×2100mm、1900（2200、2400、2600）mm×2300mm 及 2600mm×2600mm，其他类型的电梯井道尺寸详见《电梯主参数及轿厢、井道、机房的型式与尺寸　第 1 部分：Ⅰ、Ⅱ、Ⅲ、Ⅵ类电梯》（GB/T 7025.1—2008）。电梯井道平面如图 E-25b 所示。

（3）候梯厅　　候梯厅是人们上下电梯的等候和缓冲空间，其深度应满足表 E-4 的要求。

表 E-4　候梯厅的深度要求

电梯类别	布置方式	候梯厅深度
住宅电梯	单台	$\geq B$
	多台单侧排列	$\geq B^*$
乘客电梯	单台	$\geq 1.5B$
	多台单侧排列	$\geq 1.5B^*$，当电梯群为 4 台时应 ≥ 2.4m
	多台双侧排列	$\geq$ 相对电梯 B 之和并 ≤ 4.5m
病床电梯	单台	$\geq 1.5B$
	多台单侧排列	$\geq 1.5B^*$
	多台双侧排列	$\geq$ 相对电梯 B 之和

注：1. B 为轿厢深度，B^* 为电梯群中最大轿厢深度。

　　2. 使用轮椅的候梯厅深度不小于 1.5m。

　　3. 表中所规定的深度不包括穿越后梯厅的走道宽度。

2. 电梯的剖面组成

电梯纵向剖面由机房、隔声层、井道和地坑等几部分组成，如图 E-25 所示。

（1）机房　　电梯的机房一般设置在电梯井道的顶部，是用来安放电梯的提升设备和进行检修工作的。机房的平面尺寸须根据机械设备尺寸的安排，以及管理、维修等需要来确定。机房平面如图 E-25a 所示。

（2）隔声层　　电梯运行时，机器会产生噪声和振动，所以应当采取适当的隔声和隔振措施。一般在机房机座下设置弹性垫层进行隔振，当电梯运行速度大于 1.5m/s 时还应在机房和井道之间设隔声层，隔声层的高度应为 1500~1800mm。

（3）井道的顶部高度和地坑　　由于轿厢具有一定的运行速度，当电梯停靠时，会形成

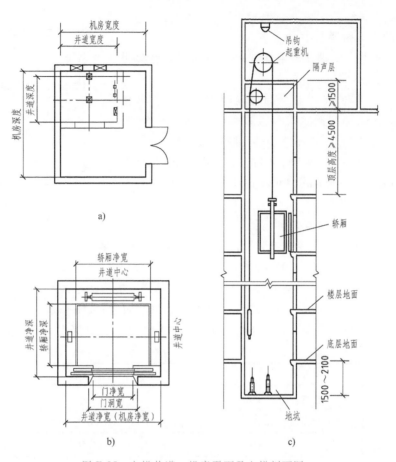

图 E-25　电梯井道、机房平面及电梯剖面图

a）电梯机房平面图　b）电梯井道平面图　c）电梯纵向剖面图

一定的惯性力，所以在电梯井道的顶部和底部必须留出一定的缓冲空间。一般电梯的顶层高度为 4.5~5.0m，地坑深度为 1.5~2.1m，在地坑坑底设缓冲器，为了方便维修，还应设检修门和爬梯。

三、电梯装饰装修构造

电梯装饰装修构造包括候梯厅、轿厢、电梯门与门套的装饰装修。

1. 候梯厅装饰装修

候梯厅是人们上下电梯前的等候与缓冲空间，其整个装饰装修应简洁、大方、卫生，并有利于减缓人们等候电梯时的焦虑心情。在室内装修常常采用石材地面和墙面，顶棚一般采用轻钢龙骨吊顶。各种装饰构造做法详见楼地面、墙面和顶棚的装修。

2. 轿厢装饰装修

轿厢一般是由厂方提供的定型产品，由轿底、轿壁和轿顶组成。轿底承受全部的活动荷载，轿壁和轿顶对乘客和货物主要起保护作用。轿底由 3~5 块成型薄钢构件组成，块与块之间用螺栓连接成整体并焊接在下部的承重骨架上。装饰性的地板铺贴在底板上面，地板可用木板、层压板、塑料板、橡胶砖、地毯等防滑吸声材料。轿壁也是由成型薄钢板拼合而成，通过螺栓分别与轿顶和轿底紧固在一起。轿壁内表面常采用经阻燃处理后的层压板、贴塑板及有色打孔钢板壁面或不锈钢壁面。在考虑无障碍设计的电梯中，沿轿厢侧壁安装有 800~850mm 高的不锈钢或铝合金扶手，并且正对轿门壁面 900mm 以上应采用镜面不锈钢，以反射操纵板上的楼层显示灯。轿厢的顶棚一般为双层式，上层由于检修工人需要到轿厢顶部进行检修工作，故须十分坚固。在上层板下表面安装照明灯具和风扇。下层一般吊装装饰面板，多采用有机雕花玻璃板等漫射透射材料，使灯光形成散射光。

3. 电梯门与门套装饰装修

（1）电梯门 电梯门包括轿门与厅门。轿门用来封闭轿厢的出入口，一般安装在轿厢顶部，由自动开门机构带动，又称为自动门。厅门用来封闭井道的出入口，通过闭合装置与轿门联系，由轿门带动开关，又称为被动门。电梯门各部分名称如图 E-26 所示。

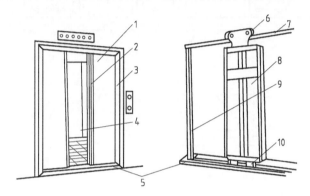

图 E-26 电梯门各部分名称

1—厅门 2—轿门 3—门套 4—轿厢 5—门地坎 6—门滑轮
7—厅门导轨架 8—门扇 9—厅门门框支柱 10—门滑块

（2）电梯门套 电梯门套是候梯厅装饰的重点，其构造做法应该与候梯厅的装饰风格协调统一。目前常用的有石材装饰门套（水磨石、花岗石、大理石）、木装饰门套及金属装饰门套（不锈钢门套、钢板门套）。电梯门套的装饰构造做法如图 E-27 所示。

某电梯厅门装饰装修构造如图 E-28 所示。

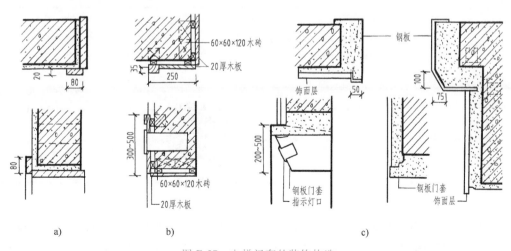

图 E-27 电梯门套的装饰构造

a）石材装饰门套 b）木装饰门套 c）钢板门套

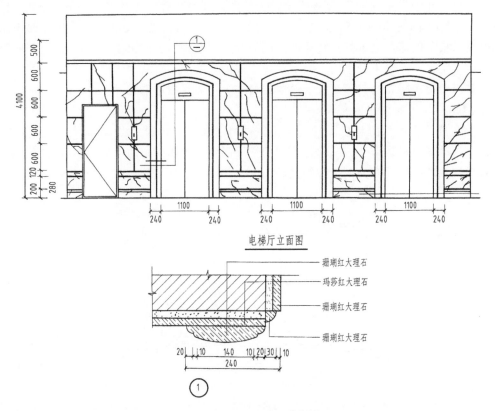

电梯厅立面图

珊瑚红大理石
玛莎红大理石
珊瑚红大理石
珊瑚红大理石

图 E-28　某电梯厅门装饰装修构造

E3　自动扶梯装饰装修构造

考核点	1. 自动扶梯的构造组成 2. 自动扶梯的布置形式
知识点	1. 自动扶梯的特点 2. 自动扶梯的构造组成及要求 3. 自动扶梯单向平行、转向平行、连续排列式、集中交叉式布置的优缺点 4. 自动扶梯的栏板形式
课件资源二维码	

一、自动扶梯的特点

自动扶梯外观类似普通楼梯，但具有一系列可以移动的踏步，当人流量较大时，可以快速、连续不间断地输送人流。一般自动扶梯均可正、逆两个方向运行，停止时可作为临时性的普通楼梯使用。

二、自动扶梯的构造组成及要求

自动扶梯同电梯一样，属于厂家定型产品。它由电动机牵引，梯级踏步与扶手同步运行，机房搁置在地面以下或悬吊在楼板下面。自动扶梯的所有荷载都由钢桁架传到自动扶梯两端的平台结构上。自动扶梯的构造组成如图 E-29 所示。

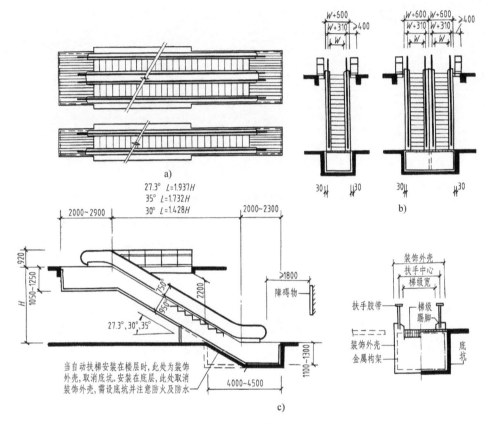

图 E-29　自动扶梯的构造组成

a）单台及双台自动扶梯并排平面　b）单台及双台自动扶梯立面　c）自动扶梯剖面图

注：W=扶梯梯段宽度，L=扶梯梯段长度，H=扶梯梯段高度。

三、自动扶梯的布置形式

自动扶梯的布置形式有单向平行排列式布置、转向平行排列式布置、连续排列式布置、集中交叉式布置。

单向平行排列式布置，安装面积小，但楼层交通不连续；转向平行排列式布置，楼层交通乘客流动可以连续，升降两个方向交通均分离清除，外观豪华，但安装面积大；连续排列式布置，交通乘客流动可以连续，安装面积大；集中交叉式布置，乘客流动升降两个方向均为连续，且搭乘场远离，升降流动不发生混乱，安装面积小。自动扶梯的布置形式如图 E-30 所示。

四、自动扶梯栏板形式

自动扶梯栏板形式有全玻璃栏板、半玻璃栏板、装饰板栏板、金属装饰板栏板等种类。

全玻璃栏板的扶手两侧栏板为钢化玻璃，玻璃厚度 6~12mm，扶手下部装荧光灯；半

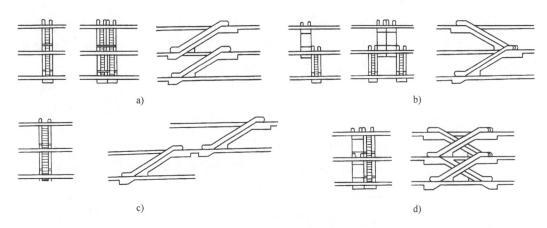

图 E-30 自动扶梯的布置形式

a) 单向平行排列式布置 b) 转向平行排列式布置 c) 连续排列式布置 d) 集中交叉式布置

玻璃栏板的扶手中下部两侧为钢化镜面玻璃，上部为半透明板，扶手下部装有荧光灯；装饰板栏板的扶手两侧栏板为防火塑料装饰板、防火胶板、乳白色半透明有机玻璃等；金属装饰板栏板的两侧为镜面、毛面不锈钢板，镜面及彩色塑铝板等，采用梯底部吊顶棚照明。

五、自动扶梯外壳装饰装修构造

自动扶梯外壳装饰分为扶梯侧板装饰装修及底板装饰装修。外壳装饰装修应与所处环境相呼应，同时应突出扶梯并使其具有现代感。装饰材料应选择美观、耐火、防腐、耐磨的金属板或复合金属板，板缝用金属条或硅胶封严，如图 E-31 所示。

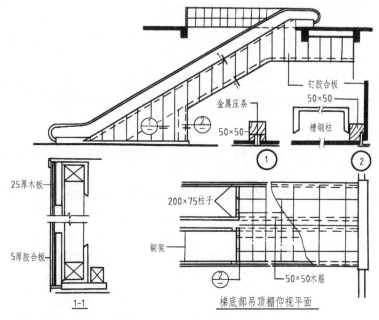

图 E-31 自动扶梯外壳装饰

【项目探索与实战】

项目探索与实战是以学生为主体的行为过程实践阶段。

实战项目　某茶楼楼梯装饰装修构造设计

（一）实战项目概况

某茶楼建筑楼梯平面图如图 E-32 所示，根据图示设计要求，进行楼梯装饰装修构造设计。

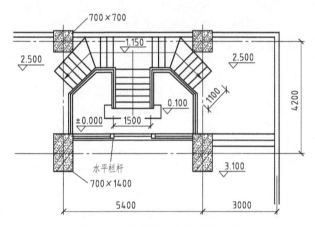

图 E-32　某茶楼建筑楼梯平面图

（二）实战目标

掌握楼梯各装饰部位的细部节点构造及做法，熟练地绘制楼梯装饰施工图。

（三）实战内容及深度

用 2 号图纸，以墨线笔绘制下列各图，比例自定。要求达到施工图深度，符合国家制图标准。

1）楼梯平面布置图，合理选择地面材质、颜色、尺寸。

2）楼梯梯段局部剖面图，合理选择踏步面层材料，并表示其饰面分层构造及做法。

3）楼梯栏杆扶手侧立面图和剖面详图。合理选择栏杆、扶手材料，并表示栏杆与梯段、栏杆与扶手以及顶层水平栏杆与墙、柱的连接构造。

（四）实战主要步骤

1）根据实战任务，每位学生首先进行楼梯平面、剖面及节点详图草图设计。

2）经指导教师审核后，开始独立绘制实战任务要求的全部图样。

① 用细线条画初稿，先画主要建筑构、配件，再画装饰的图示内容及剖面、索引符号，最后画内、外尺寸线及标高符号。

② 按线型要求加深加粗图线。

③ 标注尺寸和标高。

④ 书写文字说明、图名和比例。

【项目提交与展示】

项目提交与展示是学生攻克难关完成项目设定的实战任务，进行成果的提交与展示阶段。

一、项目提交

1. 成果形式

通常是一本设计图册，包括封面、扉页、目录、设计说明和构造设计图。

2. 成果格式

（1）封面设计要素　封面设计要素包括文字、图形和色彩，详见表 E-5。

表 E-5　封面设计要素信息表

文字要素（必选要素）	图形、色彩要素（可选要素）
项目名称/项目来源单位	平面图案
设计理念（创新点、亮点）	设计标志
学校名称/专业名称	工程实景照片
班级/学号/姓名	调研过程记录照片
专业指导教师/企业指导教师	
完成日期	

（2）封面规格　一般采用 2 号图纸，规格与施工图相一致，横排形式，装订线在左侧。

（3）封面排版　按信息要素重要程度设计平面空间位置，重要的放在醒目、主要位置，一般的放在次要位置。

（4）扉页　扉页表达内容一般包括设计理念、创新点、亮点、内容提要。纸质可采用半透明或非透明纸，排版设计要简洁明了。

（5）目录　一般采用二级或三级目录形式，层次分明，图名正确，页码指示准确。

（6）设计说明　设计说明主要包括工程概况、设计依据、技术要求及图纸上未尽事宜。

（7）构造设计图　构造设计图是图册的核心内容，要严格按照国家制图规范绘制，要求达到施工图深度。如需要向业主表达直观的形象，可以加色彩要素和排版信息。构造设计图可手绘表达，也可用 CAD 绘制。

（8）封底　封底是图册成果的句号，封底设计要与封面图案相协调或适当延伸。封底用纸应与封面用纸相同。

二、项目展示

项目展示包括 PPT 演示、图册展示及问答等内容。要求学生用演讲的方式展示最佳的语言表达能力，展示最得意的构造技术及应用能力。

1）学生自述 5min 左右，用 PPT 演示文稿，展示构造设计的理念、方法、亮点及体会。

2）通过问答，教师考查学生构造设计成果的正式性和正确性。

【项目评价】

项目评价是专业指导教师和企业指导教师针对学生构造设计的过程、成果及答辩进行综合评价，给出成绩的阶段。

一、评价功能

1）检验学生项目实战效果及学生观察问题、分析问题、应用专业知识解决实际问题的能力。

2）教师自检其选择的教学方法、手段、形式所得的成果。

二、评价内容

1）构造设计的难易程度。

2）构造原理的综合运用能力。

3）构造设计的基本技能。

4）构造设计的创新点和不足之处。

5）构造设计成果的规范性与完成情况。

6）对所提问题的回答是否充分和语言表达水平。

三、成绩评定

总体评价参考比例标准：过程考核 40%，成果考核 40%，答辩 20%。

项目 F　门窗装饰装修构造

【项目引入】

项目引入是学生明确项目学习目标、能力要求及通过对项目 F 的整体认识，形成宏观脉络的阶段。

一、项目学习目标

1）掌握门窗的作用、类型及安装构造。

2）掌握门窗的细部节点构造。

二、项目能力要求

1）能根据建筑功能，选择合理的门窗材料及构造尺寸。

2）能针对真实工程的实际环境条件，分析、解决门窗安装过程的构造问题。

3）能举一反三地进行门窗立面造型、安装节点设计，并转化为施工图。

三、项目概述

门窗属建筑装饰装修工程的内容，同时也是建筑局部装饰设计的重要内容。门窗除具有各自的使用功能外，其造型、色彩、质地、尺度以及相互间的协调与搭配对建筑的室内外装饰效果起着重要的作用。

1. 门的功能

（1）水平交通与疏散　建筑给人们提供了各种使用功能的空间，它们之间既相对独立又相互联系，门能在室内各空间之间以及室内与室外之间起到水平交通联系的作用；同时，当有紧急情况和火灾发生时，门还起交通疏散的作用。

（2）围护与分隔　门是空间的围护构件之一，依据其所处环境起保温、隔热、隔声、防雨、密闭等作用，门还以多种形式按需要将空间分隔开。

（3）采光与通风　当门的材料以透光材料（如玻璃）为主时，能起到采光的作用，如阳台门等；当门采用通透的形式（如百叶门等）时，可以起到通风的作用。

（4）装饰　门是人们进入一个空间的必经之路，会给人留下深刻的印象。门的样式多种多样，和其他的装饰构件相配合，能起到重要的装饰作用。

2. 窗的功能

（1）采光　窗是建筑中主要的采光构件。开窗面积的大小以及窗的式样决定着建筑空间内是否具有满足使用功能的自然采光量。

（2）通风　窗是空气进出建筑的主要洞口之一，对空间中的自然通风起着重要作用。

（3）装饰　窗在墙面上占有较大面积，无论是在室内还是室外，窗都具有重要的装饰作用。

【项目解析】

项目解析是在项目引入阶段的基础上，专业教师针对学生的实际学习能力对项目 F 门窗的构造原理、构造组成、构造做法等进行解析，并结合工程实例、企业真实的工程项目任务，让学生获得相应的专业知识。

F1 门的装饰装修构造

考核点	1. 门的类型 2. 门的构造组成 3. 门的安装构造		
知识点	1. 门的设置要求 2. 木门的构造组成与安装 3. 铝合金门的构造组成与安装 4. 全玻璃自动门的构造组成与安装 5. 转门的构造组成与安装 6. 隔声门的构造组成与安装 7. 卷帘门的构造组成与安装 8. 防盗门的构造组成与安装 9. 防火门的构造组成与安装 10. 门套的构造组成与安装		
数字化资源 二维码	自动旋转门 地弹簧门构造 钢质防火门构造 轨道平移门构造 卷帘门构造 门的开启方式 平开门构造 平开门门套构造	课件资源 二维码	

一、门的类型

1. 按材料分类

按制造材料的不同，可将门分为木门、钢门、彩色钢板门、不锈钢门、铝合金门、塑料门（含钢衬或铝衬）、玻璃门以及复合材料门（如铝镶木门）等。

2. 按开启方式分类

按门的开启方式，可将门分为平开门、弹簧门、推拉门、折叠门、转门等，如图 F-1 所示。此外还有上翻门、升降门、电动感应门等。

（1）平开门 平开门是水平开启的门，与门框相连的铰链装于门扇的一侧，使门扇围绕铰链轴转动。平开门可以内开或外开，作为安全疏散门时一般应外开。在寒冷地区，为满足保温要求，可以做成内、外开的双层门。因为平开门开启灵活、构造简单、制作简便、便于维修，是建筑中十分常见、使用十分广泛的门。

（2）弹簧门 弹簧门的门扇和门框相连处使用的是弹簧铰链，借助弹簧的力量使门扇保持关闭，有单面弹簧门和双面弹簧门两种，门扇只向一个方向开启的为单面弹簧门，一般为单扇，用于有自关要求的房间；双面弹簧门的门扇可向内外两个方向开启，一般为双扇，

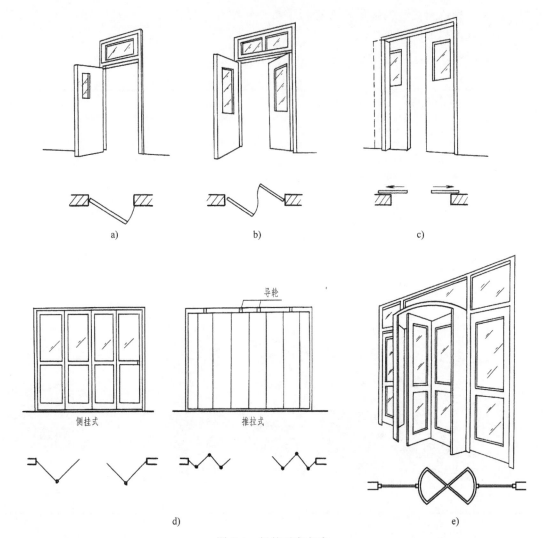

图 F-1　门的开启方式

a）平开门　b）弹簧门　c）推拉门　d）折叠门　e）转门

常用于人流出入频繁的公共场所，但托儿所、幼儿园等建筑中儿童经常出入的门不得使用弹簧门。为避免出入人流相撞，弹簧门门扇上部应镶嵌玻璃。弹簧门有较大的缝隙，冬季不利于保暖。

（3）推拉门　推拉门的门扇悬挂在门洞口上部的预埋轨道上，装有滑轮，可沿轨道左右滑行。当门扇高度过大（大于 3m）时，也可将轨道和滑轮装于下部，将门扇置于其上。推拉门的优点是不占室内空间，门扇开启时可隐藏于墙内、或悬于墙外表面、或两扇并立。因其封闭不严，用推拉门做外门的多为工业建筑，如仓库和车间大门等。在民用建筑中推拉门多用于室内，适合用在空间紧凑的地方，在日式和韩式装修风格中运用尤多。为保持地面的整体性，在民用建筑中多将推拉门的轨道安装在门的顶部。

（4）卷帘门　卷帘门门扇由连锁的金属片条或网格状金属条组成，门洞上部安装卷动辊轴，门洞两侧有滑槽，门扇两端置于槽内。开启时由卷动辊轴将门扇片条卷起，可由人力操作，也可电动。当采用电动开关时，必须考虑停电时手动开关的备用措施。

卷帘门开启时不占空间，适用于非频繁开启的高大门洞口，但制作复杂，造价较高，多用作商业建筑外门和厂房大门。

（5）折叠门　折叠门有侧挂式和推拉式两种。折叠门由多个门扇相连，每个门扇宽度500~1000mm，以 600mm 为宜，适用于宽度较大的门洞口。

1）侧挂式折叠门与普通平开门相似，只是用铰链将门扇连在一起。普通铰链一般只能挂两扇门，当超过两扇门时需使用特制铰链。

2）推拉式折叠门与推拉门构造相似，在门顶或门底装滑轮和导向装置，开启时门扇沿导轨滑动。

折叠门开启时，几个门扇靠拢在一起，可以少占有效空间，但构造较复杂，一般用于商业和公共建筑中。

（6）转门　转门由两个固定的弧形门套和三扇或四扇门扇构成，门扇的一侧都安装在中央的一根竖轴上，可绕竖轴转动，人进出时推门缓行。转门门扇多用玻璃制成，透光性好，亮丽大方，门扇间的转盘上还可摆放装饰品。转门隔绝能力强，保温、卫生条件好，常用于大型公共建筑的主要出入口，但不能用作疏散门，且构造复杂，造价高。当转门设在疏散口时需在其两旁另设疏散用门。

在民用建筑的室内还有用来分隔空间的另外一种转门：三扇至四扇门扇呈一字形排开，每扇门扇绕各自的转轴转动。转门关闭时可形成封闭性较强的独立小空间，打开时又能最大限度地使空间开敞和明亮。

3. 按技术用途分类

（1）防噪声门　防噪声门使用特殊门扇及良好的接合槽密封安装，一般可降低噪声 45dB。

（2）防辐射门　门扇中装有铅衬垫，可以挡住 X 射线。

（3）防火和防烟门　门扇用防火材料制成，必须密封，装有门扇关闭器。

（4）防弹门　门扇中装有特殊的衬垫层，如铠甲木层，可以起到防弹作用。

（5）防盗门　防盗门使用特殊的建筑小五金和材料，通过安全的设计和安装，可以提高防盗性能。

4. 按风格分类

（1）中国传统风格　中国传统风格的门多为隔扇门，门扇由边框、仔屉（心屉）、裙板和绦环板组成，仔屉由棂条组成各种图案，装饰性很强，如图 F-2 所示。

（2）欧式风格　欧式风格的门盛行于欧美，近年来在国内多有应用，门扇上多几何图案，并具有多重线条装饰，如图 F-3 所示。

5. 按门扇的数量分类

门按门扇数量分类有单扇门、双扇门、多扇门。

二、门的设置要求

1. 交通及安全疏散的要求

为满足门的交通联系和紧急疏散的功能，在建筑设计规范中，根据预期通行的人流量，对门的数量、位置、尺度及开启方向等方面都做了详细的规定，这也是装饰设计必须遵循的重要依据。

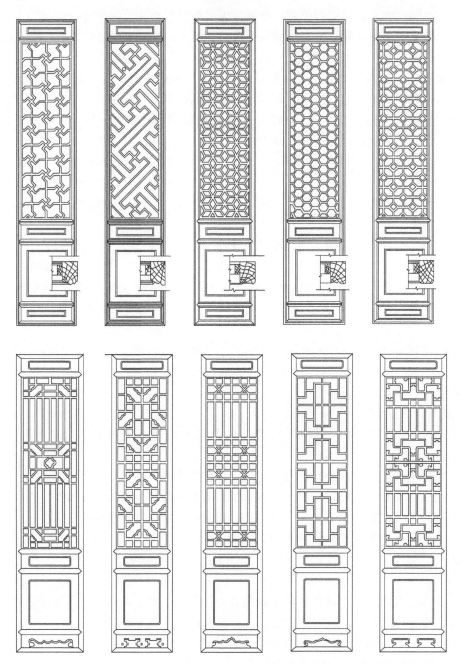

图 F-2　中国传统风格门的式样

2. 围护方面的要求

为保证使用空间内具有良好的物理环境，作为墙体上的开口部位，门的设置通常需要考虑防风、防雨、隔声及保温等问题，还有一些具有特殊功能要求的门，如防火门、隔声门等，门的装饰构造必须满足这些要求。

3. 采光、通风方面的要求

建筑的采光主要靠外窗来解决，但对一些安装在特定位置的门也具有采光要求，如阳台

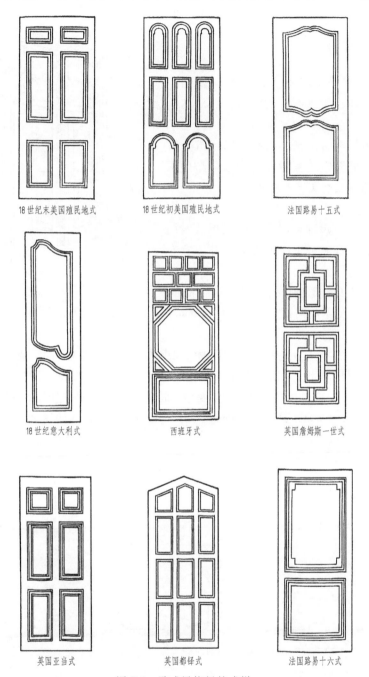

图 F-3　欧式风格门的式样

门、室内隔断门等。内门与外窗之间的相对位置对空气对流是否通畅起着重要作用。有些使用空间对通风有特殊的要求，如卫生间、储藏室等，应采用特别构造的门，如百叶门或部分装有百叶的门。

4. 装饰方面的要求

不同的建筑类型要求不同的室内外氛围，同一种建筑类型在总体的统一下也有个体上的差别，应根据预期的装饰装修效果选择门及其附件的风格和式样，确定门的材料和色彩，以取得完美的整体装饰效果。

三、门的装饰装修构造

（一）木门

因为木材的质感温暖宜人，室内门多用木门。但木门不耐潮，所以不宜用于浴室、厨房等潮湿房间。

木门主要由门框、门扇、门亮、门用五金等部分组成。根据需要，还可附设筒子板、贴脸板等。平开木门的组成如图 F-4 所示。

1. 门框

（1）断面形式及尺寸　门框的断面形式与门的类型、层数有关且应利于门的安装，并应具有一定的密闭性。门框的断面尺寸主要考虑接榫牢固和门的类型，还要考虑制作时的损耗。门框的

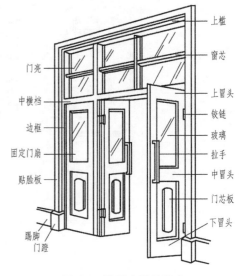

图 F-4　平开木门的组成

毛料尺寸：双裁口的木门门框厚度为 60～70mm，宽度为 130～150mm；单裁口的木门门框厚度为 50～70mm，宽度为 100～120mm。

为便于门扇紧闭，门框上应有裁口。根据门扇层数与开启方式的不同，裁口的形式可有单裁口和双裁口两种。裁口宽度比门扇厚度大 1～2mm，深度一般为 8～10mm。因为门框靠墙一面易受潮，所以常在该面开 1～2 道背槽，以免产生变形，同时也利于门框的嵌固。背槽的形状可为矩形或三角形，深度为 8～10mm，宽为 12～20mm。门框的断面形式、尺寸如图 F-5 所示。

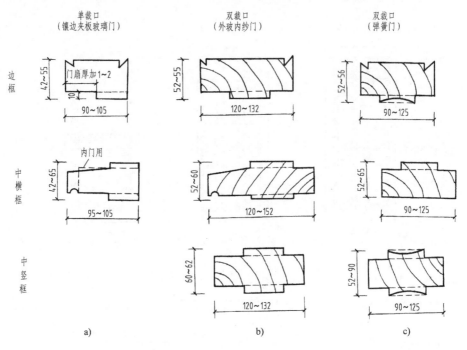

图 F-5　门框的断面形式、尺寸

a）单裁口镶边夹板玻璃门　b）双裁口外玻内纱门　c）双裁口弹簧门

（2）门框的位置　门框在墙中的位置有外平、立中、内平及内外平四种。一般情况下，门框与墙的结合位置做在开门方向的一侧，与抹灰面平齐，这样门的开启角度较大。门框安装位置如图 F-6 所示。

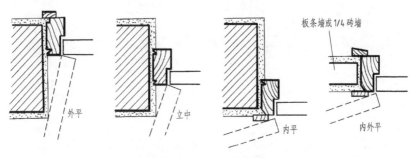

图 F-6　门框安装位置

门框与墙应牢固地固定连接，连接方式根据施工方法分有塞口和立口两种。

1）先砌墙体，预留出门窗洞口，在墙内隔一定间距砌入防腐木砖，再安装门框的做法称为塞口，如图 F-7、图 F-8 所示，这种做法适合在各种墙体上固定门框。采用此种固定门框方式时，洞口的宽度应比门框大，一般情况下，当墙面饰面为涂料时，上下及两边各比门框大出 15~20mm；饰面为面砖时大出 20~25mm；但饰面为石材时，缝隙宽尚应酌情增加，以饰面层厚度能盖过缝隙 5~10mm 为宜。防腐木砖间距 500~600mm，门框与墙间的缝隙需用沥青麻丝嵌填。

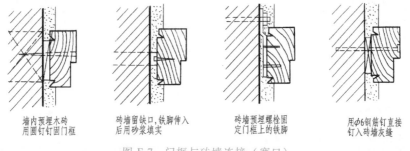

图 F-7　门框与砖墙连接（塞口）

2）先立门框，后砌墙体的做法称为立口。这种做法的门框与墙结合紧密，但是采用立口做法与砌墙工序交叉，施工不便。

为了行走和清扫方便，内门一般不设下框，门扇底距地面饰面层留出 5mm 左右缝隙。外门需防水防尘，为了提高其密封性能应设下框，下框应高出地面 15~20mm。

有的门不做门框，将门扇直接安装在门套上，称为无框门。

2. 门扇

根据门扇的构造和立面造型不同，门扇可分为各类木装饰门。

（1）夹板门构造　夹板门构造简单，表面平整，开关轻便，但不耐潮和日晒，一般用于内门。夹板门扇骨架由（32~35）mm×（34~60）mm 方木构成纵横肋条，两面贴面板和饰面层，如贴各类装饰板、防火板、微薄木拼花拼色、镶嵌玻璃、装饰造型线条等。如需提高门的保温隔声性能，可在夹板中间填入矿物毡，另外，门上还可设通风口、收信口、警眼等。夹板门骨架、构造及立面形式如图 F-9、图 F-10 所示。

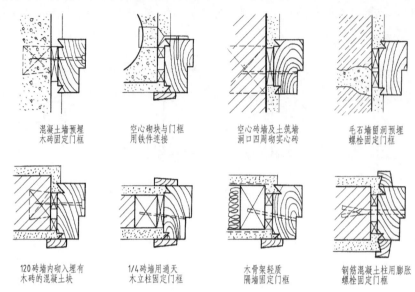

混凝土墙预埋　　　　空心砌块与门框　　　空心砖墙及土筑墙　　　毛石墙留洞预埋
木砖固定门框　　　　用铁件连接　　　　　洞口四周砌实心砖　　螺栓固定门框

120 砖墙内砌入埋有　　1/4 砖墙用通天　　　木骨架轻质　　　　　钢筋混凝土柱用膨胀
木砖的混凝土块　　　　木立柱固定门框　　　隔墙固定门框　　　　螺栓固定门框

图 F-8　门框与其他墙体连接（塞口）

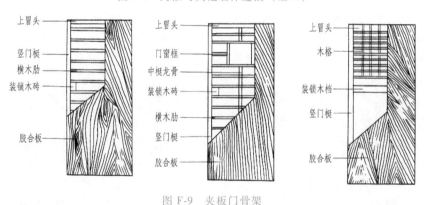

图 F-9　夹板门骨架

　　（2）镶板门构造　镶板门也称为框式门，其门扇由框架配上玻璃或木镶板构成。镶板门框架由上、中、下冒头和边框组成，框架内嵌装玻璃称为实木框架玻璃门；在框架内嵌装的木板上雕刻图案造型，称为实木雕刻门。为了节约木材，限制变形，现在的实木框架多用木条拼合而成，通过框架的造型变化和压条的线形处理，形成装饰效果丰富的装饰门。镶板门立面形式及构造如图 F-11、图 F-12 所示。

　　（3）拼板门构造　拼板门较多地用于外门（建筑外门、围墙大门等）或贮藏室、仓库，制作时先做木框，将木拼板镶入。木拼板可以用 15mm 厚的木板，两侧留槽，用三夹板条穿入。拼板门构造如图 F-13 所示。

　　（4）木装饰门构造　木装饰门的构造做法一般有以下三种。

　　1）实木门。实木门是由胡桃木、柚木或其他实木制成的高档门扇，高贵稳重、典雅大方、饰明雕花。

　　2）贴面门。贴面门可用方木做成骨架或采用木工板，外贴板材，利用板材位置的凹凸变化或色彩变化形成装饰图案，应用广泛。

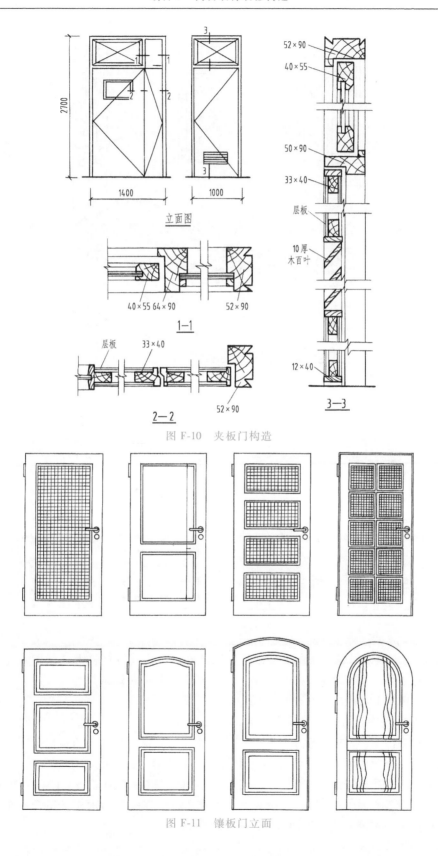

图 F-10　夹板门构造

图 F-11　镶板门立面

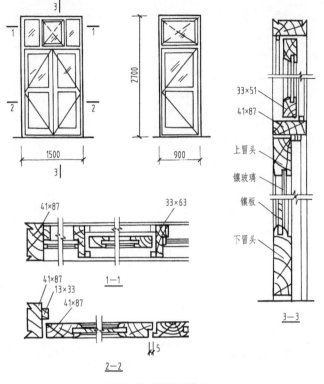

图 F-12　镶板门构造

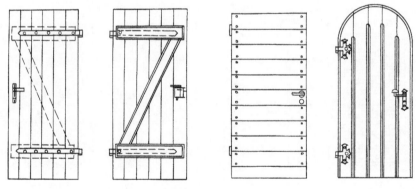

图 F-13　拼板门构造

3）镶嵌门。镶嵌门以木材做主要材料形成框架，再用其他材料镶嵌其中，如铁艺、钢饰及各种彩色玻璃、磨砂玻璃、裂纹玻璃等，以达到独特的装饰效果。

图 F-14～图 F-17 为木装饰门构造示例。

（5）传统木装饰门构造　传统木装饰门有板门和槅扇门两种。板门用于建筑主要出入口，一般安置在院墙门洞或建筑中柱间，多用木板拼成整体门扇。板门可以分为实榻门、攒边门、撒带门、屏门四种，其中实榻门外表面装有半球形门钉及铺兽（门钹）、包叶等金属饰件，装饰性极强。槅扇门为安装于单体建筑的金柱或檐柱之间带格心的门，也称为格子门，门心内上段为心屉（仔屉），下段为绦环板和裙板。仔屉内用木棂条组合成步步锦、龟背纹等各种图案。传统木装饰门构造如图 F-18 所示。

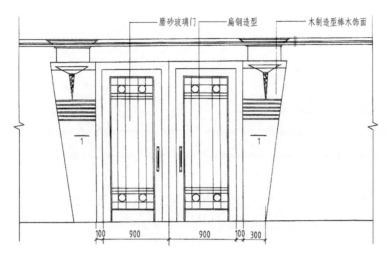

某歌舞厅大门立面图

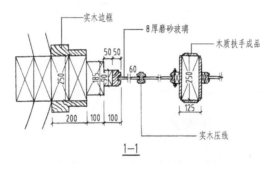

图 F-14　木装饰门构造示例（一）

3. 配套五金

门的五金件有合页、拉手、插销、门锁、闭门器和门挡等。

（1）合页　合页又称为铰链，是门扇和门框的连接五金件，门扇可绕合页轴转动。合页可由普通钢、不锈钢和铜制作，普通钢合页易生锈，很少使用。合页按其规格、厚度和承载力的不同分为普通型合页、重型合页和加重型合页，应按门扇大小选用，见表 F-1。

（2）拉手　为方便开关门扇，应在门扇上安装拉手。可制作拉手的材料有铁、铜、铝、钢板等金属和铝合金、锌合金等合金，表面可采用抛光、镀铬或喷漆处理，也可用有机玻璃或其他材料贴面。拉手形式多样，具有装饰性，可根据门的类型及档次选用。常见拉手根据其形状可大致分为长形拉手、环形拉手、球形拉手以及与锁结合在一起的拉手，如图 F-19所示。

（3）闭门器　闭门器是安装在门上的机械装置，能将门扇自动关闭，一般用于出入人流较多的地方。常用的闭门器有门顶闭门器和落地闭门器两种。门顶闭门器安装在门扇上部靠近合页一边，可使门在不同角度、以不同速度自动关闭；落地闭门器又称为地弹簧，主要结构埋于地下，性能好，坚固耐用，可保持门的美观，一般用于比较高级的建筑物。

（4）门挡　当门打开时门挡能使门扇和墙壁保持一定距离，以免门扇或拉手与墙壁碰撞。门挡可装于门扇的上部或下部。

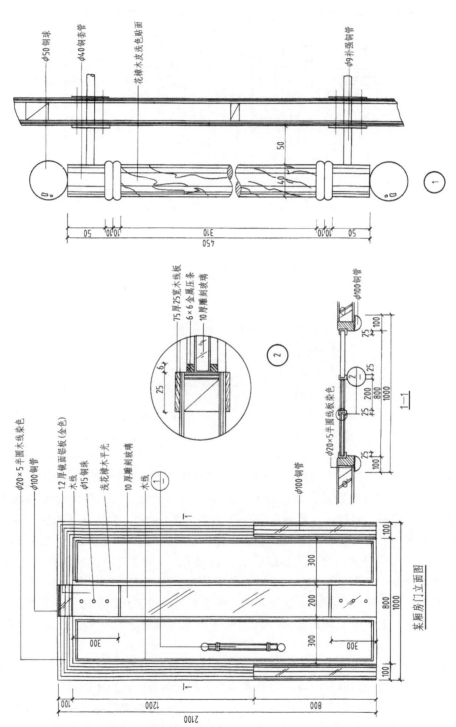

图 F-15　木装饰门构造示例（二）

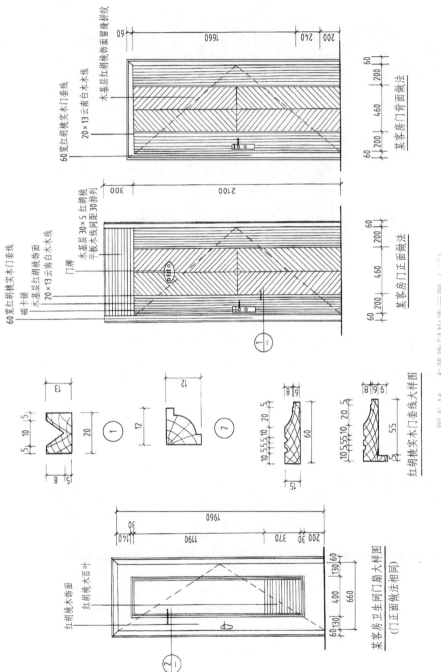

图 F-16　木装饰门构造示例（三）

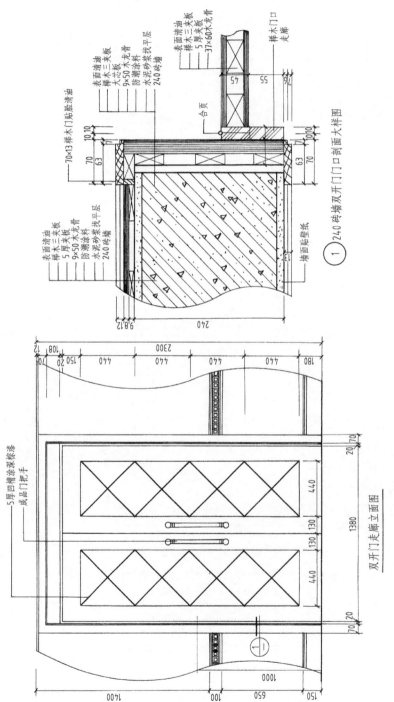

表面清油
桦木三夹板
5 厚夹板
37×60木龙骨
桦木门口
夹廊

合页

① 240砖墙双开门门口剖面大样图

表面清油
桦木三夹板
大芯板
9×50 木龙骨
防潮涂料
水泥砂浆找平层
240砖墙

70×13桦木门贴整清油

表面清油
桦木三夹板
5 厚木龙骨
防潮涂料
水泥砂浆找平层
240砖墙

墙面贴壁纸

5 厚回墙涂深棕漆
成品门把手

双开门夹廊立面图

图 F-17　木装饰门构造示例（四）

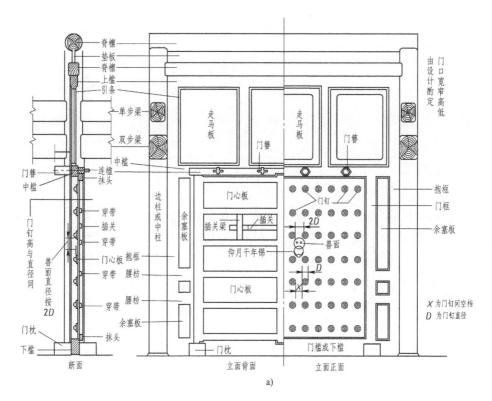

a)

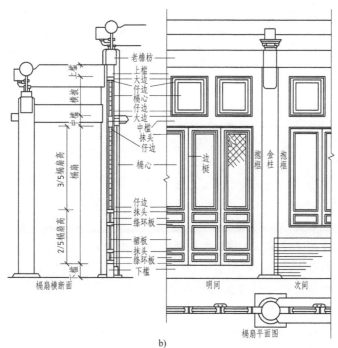

b)

图 F-18 传统木装饰门构造示例

a）实榻门装饰装修构造　b）槅扇门装饰装修构造

表 F-1　合页选用参数

门厚/mm	门宽/mm	合页高度/in
19~29	<600（柜门）	2.5
9~29	<900（屏风组合门）	3
35	<820（房门）	3.5~4.5
45	<900	4.5+
	900~1200（房门）	5+
45	>1200（房门）	6+
50、57	<1060（房门）	5+
64	>1200（房门）	6

注："+" 为重型合页；1in = 25.4mm。

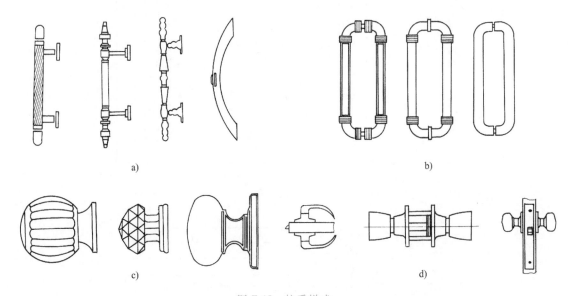

图 F-19　拉手样式

a) 长形拉手　b) 环形拉手　c) 球形拉手　d) 与锁结合在一起的拉手

（二）铝合金门

1. 铝合金门的特点

（1）质量轻　铝合金门用料省、质量小，每平方米耗用铝材质量较木门窗平均少 50% 左右。

（2）性能好　铝合金门密封性能好，气密性、水密性、隔声性、隔热性都比钢门、木门有显著的提高，因此适用性广，在装设空调设备以及对防尘、隔声、保温、隔热有特殊要求的建筑中，以及在多台风、暴雨和多风沙地区的建筑中适合用铝合金门窗。

（3）耐腐蚀、坚固耐用　铝合金门窗表面不需要涂涂料，氧化层不褪色、不脱落，不需要表面维修，其使用寿命在 80 年左右，年久损坏后还可回收重新冶炼。

（4）稳定性好　铝合金门不易发生变形，且面膜阻燃、防火性好。

（5）色泽美观　铝合金门窗框料表面经过氧化着色处理，既可以保持铝材的银白色，也可以制成各种颜色或花纹，使门窗美观新颖。

2. 铝合金门的构造

铝合金门与木门相比，其构造差别很大，木门材料的组装以榫接相连、扇与框是以裁口相搭接，而铝合金门框料的组装是利用转角件、插接件、紧固件组装成扇和框，扇与框的四角组装采用插榫结合，横料插入竖料连接。铝合金门框与洞口墙体的连接采用柔性连接，即门框的外侧用螺钉固定不锈钢锚板，当门框与洞口安装时，用射钉将锚板钉在墙上，框与墙的空隙用沥青麻丝内填后，外抹水泥砂浆，表面用密封膏嵌缝。

铝合金门开启采用弹簧门或推拉门，外门多用弹簧门，内门多用推拉门。铝合金门的分格比较大，玻璃与框之间用玻璃胶连接或用橡胶压条固定。铝合金门的细部构造如图 F-20、图 F-21 所示。

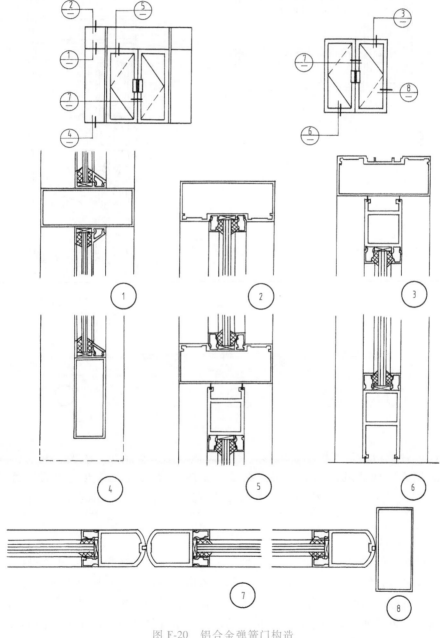

图 F-20　铝合金弹簧门构造

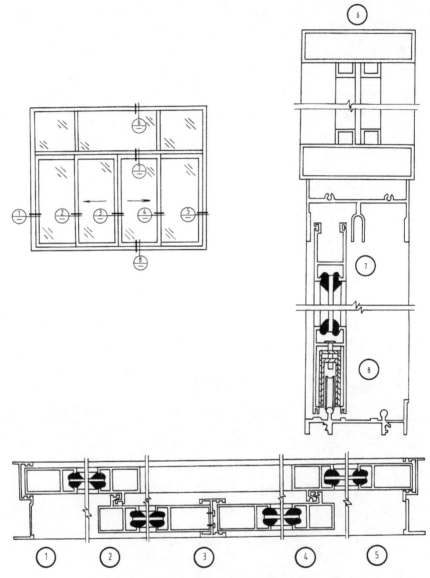

图 F-21　铝合金推拉门构造

　　新一代铝合金门是指木饰铝合金门，内侧镶嵌一层防水木材，外侧仍保留铝合金优良的耐候性及整齐精确的风格。由于铝木结合，室内可完全呈现高级木门的所有特性，并且增加了门框的强度，框的断面面积较小，保温性、隔声性与铝合金门相比有彻底的改观。

　　（三）全玻璃自动门

　　全玻璃自动门的门扇可以是铝合金做外框，也可以是无框全玻璃门。门的自动开启与关闭由微波感应进行控制。当人或其他活动目标进入微波传感器的感应范围时，门扇便自动开启，目标离开感应范围后，门扇又自动关闭。全玻璃自动门为中分式推拉门，门扇运行时有快慢两种速度，可以使启动、运行、停止等动作达到最佳协调状态。全玻璃门的玻璃整体感强，不遮挡视线，通透美观，多用于公共建筑主要出入口。

1. 全玻璃自动门的构造

全玻璃自动门的立面分为两扇型、四扇型、六扇型等，如图 F-22 所示。

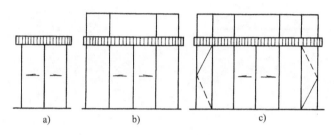

图 F-22　全玻璃自动门标准立面示意图

a）两扇型　b）四扇型　c）六扇型

在自动门扇的顶部设有通长的机箱层，用以安置自动门的机电装置，机箱的剖面如图 F-23 所示。

2. 全玻璃自动门的安装

全玻璃自动门的安装主要有地面导向轨道和上部横梁的安装两部分。

在做地坪时，应预埋断面尺寸 50mm×70mm 的木条一根。安装自动门时，撬开木条，在木条形成的凹槽内架设轨道。轨道的长度为开启扇宽度的 2 倍。轨道埋设如图 F-24 所示。

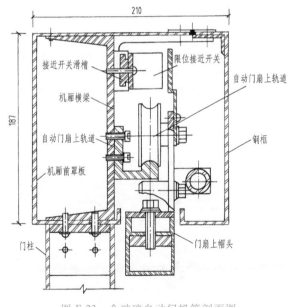

图 F-23　全玻璃自动门机箱剖面图

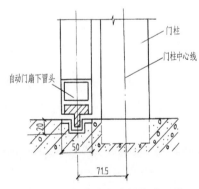

图 F-24　全玻璃自动门轨道埋设

门上部机箱层主梁安装是全玻璃自动门安装中的重要环节。支撑横梁的土建支承结构应达到一定的强度和稳定性要求。在砖混结构中，横梁应放在缺口的预埋件上并焊接牢固；在钢筋混凝土结构中，横梁应焊于墙或柱边的预埋件上。全玻璃自动门机箱层横梁支承节点如图 F-25 所示。

（四）转门

1. 转门的特点

转门是一种装饰性较强的门，同时还起控制人流通行量、防风、保温的作用。转门的连

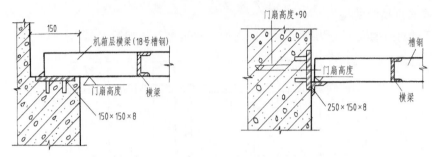

图 F-25　全玻璃自动门机箱层横梁支承节点

接十分严密，构造较复杂，不适用于人流较大且集中的公共场所，更不能用于疏散门，只能作为人员正常通行用门。转门通常应用于高档宾馆、酒店、金融机构、商厦及候机厅等豪华场所的外门。

2. 转门的类型

转门按照开启方式分为普通转门和旋转自动门。普通转门为手动旋转结构，旋转方向为逆时针。普通转门如图 F-26 所示。旋转自动门又称为圆弧自动门，采用声波、微波、外传感装置和计算机控制系统，转动方式为弧线旋转往复运动。旋转自动门如图 F-27 所示。

转门按材质分为铝合金转门、钢转门、木转门三种类型。

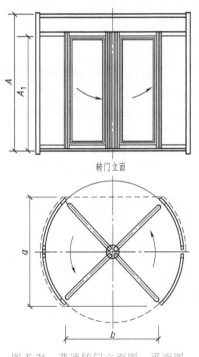

图 F-26　普通转门立面图、平面图

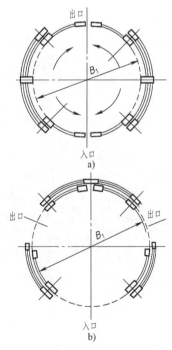

图 F-27　旋转自动门平面图

a）贯通式　b）旁开式

3. 转门的构造

（1）普通转门　普通转门按门扇的数量分为四扇式、三扇式。四扇式在一个圆形门罩内有 4 个门扇，扇之间夹角为 90°；三扇式在一个圆形门罩内有 3 个门扇，扇与扇之间的夹角为 120°。普通转门的标准尺寸见表 F-2。普通钢转门的构造如图 F-28 所示。

表 F-2 普通转门的标准尺寸 （单位：mm）

直径（B_1）	b	a	A_1
1800	1200	1520	—
1980	1350	1550	2200
2030	1370	1580	2200
2080	1420	1600	2400
2130	1440	1650	2400
2240	1520	1695	2600

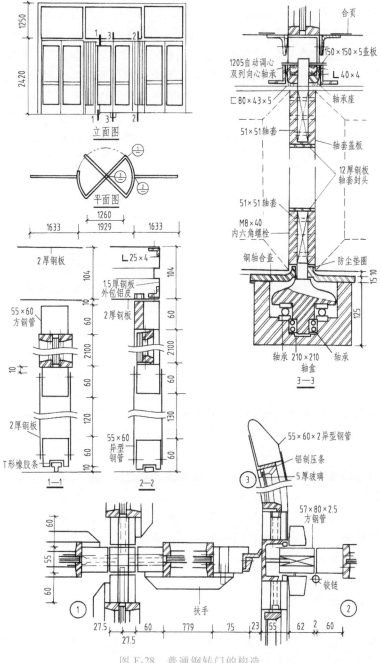

图 F-28 普通钢转门的构造

（2）旋转自动门　旋转自动门有铝合金和钢制两种，目前多采用铝合金结构，活动扇部分为全玻璃结构。

旋转自动门的构造组成由门体（门扇）、曲壁（护帮）、驱动装置、控制装置、传感装置及中轴装置等构成。门体材料一般由6mm以上厚度的钢化玻璃制成。单扇门的门体尺寸，宽为1.0~1.5m，高为2.0~2.2m，门扇数量为2~4扇（3扇、4扇最为常见）。曲壁由6~9mm厚的钢化玻璃或夹层玻璃弯曲而成。

（五）隔声门

隔声门常用于室内噪声级允许值较低的房间，如播音室、录音室等。

门窗的隔声能力与材料的密度、构件的构造形式以及声波的频率有关。隔绝的噪声数叫隔声量。普通木门的隔声量为19~25dB，双层钢板隔声门的隔声量可达32dB。

隔声门的门扇面层应该用胶合板、硬质木纤维板或钢板等整体板材，不宜使用企口木板做面层，因为企口木板干缩后将产生缝隙，影响隔声效果；内外面板之间填以甘蔗板、纸浆板或玻璃棉等隔声材料。钢板隔声门的构造如图F-29所示。松散材料应先用细布或塑料袋包好，中间用橡胶条或木条分隔，表面钉皮革等材料。理论上门扇越厚重隔声效果越好，但门过重会使开启不便，且易损坏。

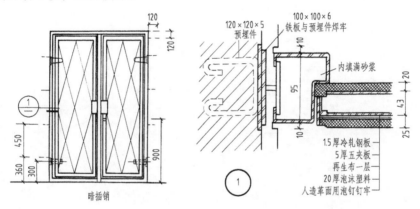

图F-29　钢板隔声门的构造

隔声门的缝隙是否严密是保证隔声效果的关键，一般在门的企口及扇与框的连接处采用海绵橡胶条或泡沫塑料条封堵，门扇底部多采用3mm硬橡胶条做地刷，隔声门缝隙处理如图F-30所示。

隔声门可以加门框，也可以不加门框直接固定在墙上。

（六）卷帘门

卷帘门有单樘、连樘、带小门和带硬扇等几种做法。卷帘门一般安装在洞口外侧，具有防风沙、防盗等功能。卷帘箱一般在门的上部，内装电动机。电动机安装方式有侧挂式、吊挂式和卧式，分别需要占据不同的空间。卷帘箱外罩可做成方形，也可做成圆弧形。卷帘门构造如图F-31所示。

卷帘门一般装配地锁。

（七）防盗门

在民用建筑中防盗门一般用作单元门或入户门，主要形式有单扇门、子母门和复合门，有些较大的门洞也采用双扇防盗门。

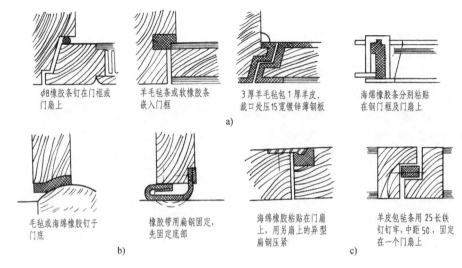

图 F-30　隔声门缝隙处理

a）门框与门扇之间的缝隙处理　b）门扇底部的缝隙处理　c）门扇与门扇之间的缝隙处理

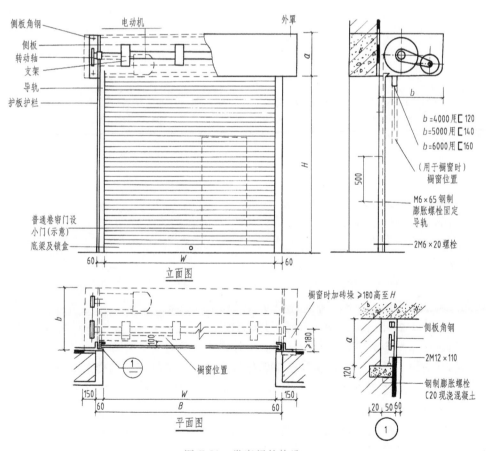

图 F-31　卷帘门的构造

注：W＝卷帘门扇洞口宽，H＝卷帘门扇外露高度，a＝卷帘箱体外罩高度，

b＝卷帘箱体外罩挑出宽度，B＝卷帘门护板外边缘的总宽。

防盗门由门框、门扇、防盗锁具和合页组成。为保证防盗性能，对防盗门的这些构件有一些特殊的构造要求。

防盗门门扇由 1.5mm 厚钢板或铝合金板压制成形，门扇厚度一般为 48mm，加厚门扇的厚度可达 68mm，不仅具有更强的抗冲击能力，而且可做三重扣边，防撬性能更佳，同时密封性能好，关门声音也较轻。

防盗门的门扇可以是全封闭的，为了通风和美观，在不影响防盗性能的前提下也可局部通透，通透处用相应强度的金属条组成各种图案，里面衬以防虫纱或玻璃。

门框采用与门扇相同材料轧制成形。门框截面的凹槽形状应与门扇扣边的形状互相咬合，使门关上后门扇与门框紧紧相扣，达到更好的防撬效果。

防盗锁具是防盗的重要环节。一般防盗锁具有三重防护，兼有内保险。一些新型防盗锁具的侧锁还增加反扣锁舌，使门的防撬性能更好。

近年来逐渐得到普遍应用的"ABC 锁具"为用户特备了装修时使用的 A、B 钥匙，当装修结束时一经业主使用正式的 C 钥匙，A、B 钥匙即失去作用，避免了业主更换锁具的麻烦，更加安全和方便。

防盗门专用铰链的厚度、宽度和强度都要达到相应的要求，转动轴承应稳固可靠。

在有些防盗门的门扇上还装有隐形报警门铃，当门受到外力振动时能自动发出警报，更加安全可靠。

防盗门的外表面通过喷漆可做成多种质感，可仿胡桃木、柚木等各种木材的木纹，还可仿皮革纹路，提高了防盗门的装饰性。

（八）防火门

防火门在民用建筑室内广泛应用，如在两个防火分区的防火墙上设置的疏散门，通向封闭楼梯间、防烟楼梯间及前室的疏散门，歌舞娱乐放映游艺等人员密集场所房间的疏散门。

防火门按照耐火极限分为甲级（不低于 1.5h）、乙级（不低于 1.0h）和丙级（不低于 0.5h）；按照所用材料不同可分为钢防火门、不锈钢防火门、木防火门、木装饰防火门、模压板防火门等。

防火门的防火性能主要取决于防火门扇与门框的材料，以及防火门框与门洞口的构造处理。

1. 防火材料

1）面层材料。防火门扇与门框的面层材料可以选择钢材、木材和人造板。

防火门框、门扇面板应采用性能不低于冷轧薄钢板的钢质材料。所用钢材的厚度，门框板不小于 1.2mm，常用为 1.2~1.5mm；门扇面板不小于 0.8mm，常用为 0.8~1.2mm。

防火门所用木材应为阻燃木材或采用防火板包裹的复合材，并经国家授权的检测机构检验达到难燃性要求。防火门所用木材经阻燃处理再进行干燥处理后的含水率不应大于 12%。

防火门所用的人造板应经国家授权的检测机构检验达到难燃性要求。所用人造板经阻燃处理再进行干燥处理后的含水率不应大于 12%，并不应大于当地的平衡含水率。

2）填充材料。防火门扇内的填充材料应为对人体无毒无害的防火隔热材料，并经国家授权的检测机构检验达到《建筑材料及制品燃烧性能分级》（GB 8624—2012）规定的燃烧性能 A1 级要求和产烟毒性危险分级 ZA2 级要求。

3）防火玻璃。防火玻璃有单片防火玻璃和复合防火玻璃之分。复合防火玻璃是由 2 层

或 2 层以上的普通平板玻璃或浮法玻璃或钢化玻璃和有机材料复合而成，防火玻璃应满足
《建筑用安全玻璃 第 1 部分：防火玻璃》（GB 15763.1—2009）的规定，其尺寸、外观质
量、透光度、耐寒、耐紫外线、抗冲击均有严格要求。

4）防火门配件。防火门配件包括防火门锁、防火合页、防火闭门装置、防火门顺序器
和防火插销等。各类配件的耐火性能应符合《防火门》（GB 12955—2008）中的规定。

2. 构造处理

1）防火门框与洞口墙体的连接。按照门框在墙体上的安装位置可以分为中立口和边立
口。其构造如图 F-32 所示。防火门门框应与洞口墙体连接牢靠，在门框与墙体形成的缝隙
内应填充防火材料，另外门框与门扇的缝隙处应嵌装防火密封件。

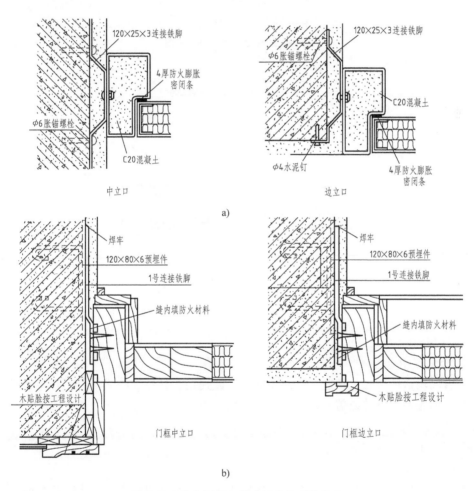

图 F-32 防火门框与洞口墙体的连接构造

a）不锈钢门框与洞口的连接 b）木装饰门框与洞口的连接

2）门扇之间缝隙处理。双扇防火门扇对接处可以采用平口或企口结构。不锈钢防火门
常采用平口结构，对缝处应设盖缝板，盖缝板应与门扇连接牢固并不应妨碍门扇的正常开
启。木装饰防火门及模压板防火门常采用企口构造，在对缝交接处应嵌装防火密封件，如图
F-33 所示。

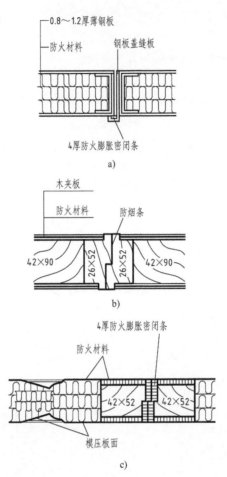

图 F-33　防火门扇对缝处构造

a) 不锈钢防火门　b) 木装饰防火门　c) 模压板防火门

（九）门套

1. 门套的作用

门套将门洞口的周边包护起来，避免此处磕碰损伤，且易于清洁。门套有多种式样，能将门框与墙面之间的缝隙掩盖，具有重要的装饰作用。

2. 门套的组成

门套通常由贴脸板和筒子板组成。

3. 门套的形式

门套一般采用与门扇相同的材料，如木门采用木门套，铝合金门采用铝合金门套。为取得特定的装饰效果也可用陶质板材或石质板材做门套。根据装饰效果要求，门套可以用与墙面反差较大的色彩，在门洞周边形成醒目的边框，也可以用与墙面相近的色彩，弱化边框的感觉。木质贴脸板一般厚 15~20mm，宽 30~75mm，截面形式多样。

4. 门套节点构造

在门框与墙面接缝处用贴脸板盖缝收头，沿门框另一边钉筒子板，门洞另一侧和上方也设筒子板，如图 F-34 所示。

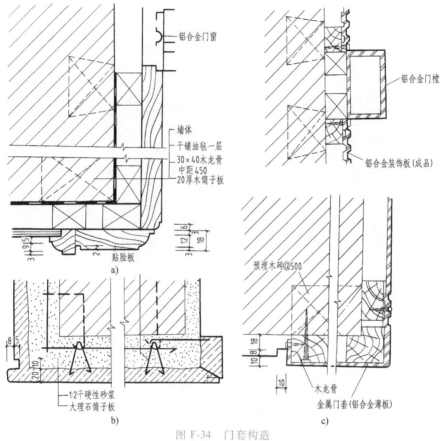

图 F-34 门套构造

a）木门套 b）石材门套 c）金属门套

F2 窗的装饰装修构造

考核点	1. 窗的类型 2. 窗的构造组成 3. 窗的安装构造		
知识点	1. 窗的设置要求 2. 铝合金窗的构造组成与安装 3. 塑钢窗的构造组成与安装 4. 木装饰窗的构造组成与安装 5. 窗帘盒和窗套构造 6. 窗台构造 7. 窗的节能构造		
数字化资源二维码	塑钢窗构造　　传统木隔扇构造　　窗的开启方式 窗台板构造　　断桥铝窗构造	课件资源二维码	

一、窗的分类

1. 按窗所用的材料分类

按窗所用的材料分类有木窗、钢窗、彩钢板窗、塑钢窗、铝合金窗以及复合材料窗（如铝镶木窗）等。

2. 按开启方式分类

按窗的开启方式分类有固定窗、平开窗、推拉窗、悬窗（有上悬、中悬、下悬之分）、立转窗等，如图 F-35 所示。

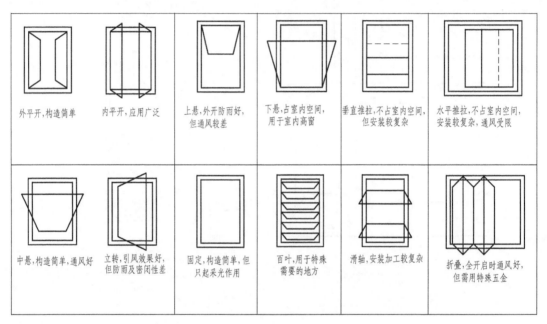

外平开,构造简单	内平开,应用广泛	上悬,外开防雨好,但通风较差	下悬,占室内空间,用于室内高窗	垂直推拉,不占室内空间,但安装较复杂	水平推拉,不占室内空间,安装较复杂,通风受限
中悬,构造简单,通风好	立转,引风效果好,但防雨及密闭性差	固定,构造简单,但只起采光作用	百叶,用于特殊需要的地方	滑轴,安装加工较复杂	折叠,全开启时通风好,但需用特殊五金

图 F-35　窗的开启方式

（1）固定窗　窗扇固定在窗框上不能开启，只供采光不能通风。

（2）平开窗　平开窗使用最为广泛，可以内开也可外开。

1）内开窗。内开窗玻璃窗扇开向室内。这种做法的优点是便于安装、修理、擦洗窗扇，在风雨侵蚀时窗扇不易损坏，缺点是纱窗在外，容易损坏，不便于挂窗帘，且占据室内部分空间。内开窗适用于墙体较厚或某些要求窗内开的建筑。

2）外开窗。外开窗窗扇开向室外。这种做法的优点是窗不占室内空间，但窗扇安装、修理、擦洗都很不便，而且易受风雨侵蚀，高层建筑中不宜采用。

（3）推拉窗　推拉窗的优点是不占空间，可以左右推拉或上下推拉（左右推拉窗比较常见），构造简单。上下推拉窗用重锤通过钢丝绳平衡窗扇，构造较为复杂。

（4）悬窗与立转窗　悬窗的特点是窗扇沿一条轴线旋转开启。由于旋转轴安装的位置不同，分为上悬窗、中悬窗、下悬窗。当窗扇沿垂直轴线旋转时，称为立转窗。

3. 按镶嵌材料分类

按窗的镶嵌材料分类有玻璃窗、纱窗、百叶窗、保温窗等。

4. 按窗在建筑物上的位置分类

按窗在建筑物上的位置分类有侧窗、天窗、室间窗等。

5. 按风格分类

按窗的风格分类有中国传统风格和欧式风格。窗户式样如图 F-36、图 F-37 所示。

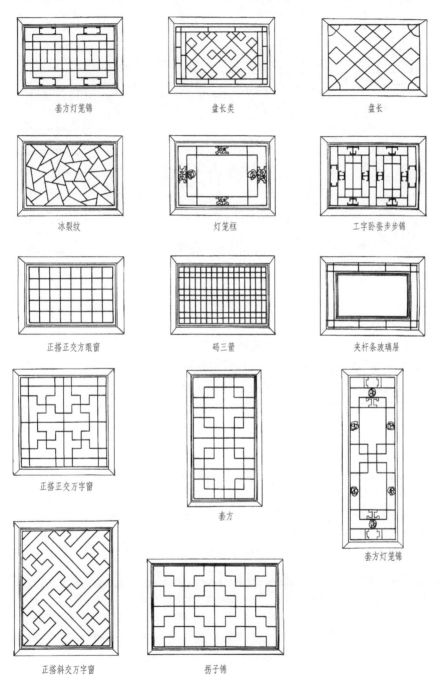

图 F-36　中国传统风格窗的式样

二、窗的设置要求

窗是建筑的重要组成部分，在建筑设计规范中规定了窗的大小、窗的类型的选用及开启方式等，装饰装修设计应以其为依据。

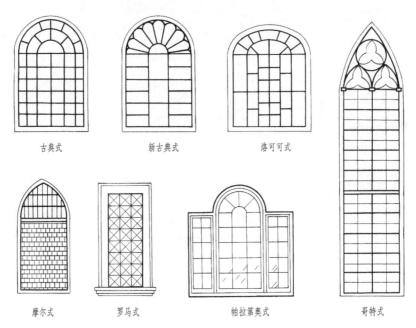

古典式 新古典式 洛可可式 哥特式

摩尔式 罗马式 帕拉第奥式

图 F-37 欧式风格窗的式样

1. 围护方面的要求

作为重要的围护构件之一，窗应具有防雨、防风、隔声及保温等功能，以提供舒适的室内环境。在窗的装饰装修设计中采用一些特殊的构造用来满足这些要求，如设置披水板、滴水槽以防水，采用双层玻璃以隔声和保温，设置纱窗以防蚊虫等。

2. 采光、通风方面的要求

开窗是主要的天然采光方式，窗的面积和布置方式直接影响采光效果，对于同样面积的窗，天窗提供的顶光将使亮度增加 6 ~ 8 倍；而长方形的窗横放和竖放也会有不同的效果。在设计中应选择合适的窗户形式和面积。通风换气主要靠外窗，在设计中应尽量使内外窗的相对位置处于对空气对流有利的位置。

三、窗的装饰装修构造

（一）铝合金窗

铝合金窗型材用料系薄壁结构，型材断面中留有不同形状的槽口和孔，它们分别起空气对流、排水、密封等作用。对于不同部位、不同开启方式的铝合金窗，其壁厚均有规定：普通铝合金窗型材壁厚不得小于 0.8mm；用于多层建筑的铝合金外侧窗型材壁厚一般在 1.0 ~ 1.2mm；高层建筑则应不小于 1.2mm。组合门窗拼樘料和竖梃的壁厚则应进行更细致的选择和计算。

铝合金窗框料的系列名称以窗框厚度的构造尺寸来命名，如推拉铝合金的窗框厚度构造尺寸为 70mm，即称为 70 系列铝合金推拉窗。铝合金推拉窗构造如图 F-38 所示，窗框与窗扇的连接构造如图 F-39 所示。

铝合金窗进行横向和竖向组合时，应采取套插、搭接形式的曲面组合，以保证窗的安装质量。搭接长度宜为 10mm，并用密封膏密封，如图 F-40 所示。

铝合金窗与墙体等的连接固定点，每边不得少于两点，间距不得大于 700mm。在基本风压大于或等于 0.7kPa 的地区，不得大于 500mm；边框端部的第一个固定点距端部的距离

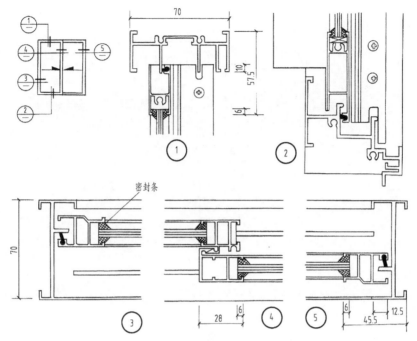

图 F-38 铝合金推拉窗构造

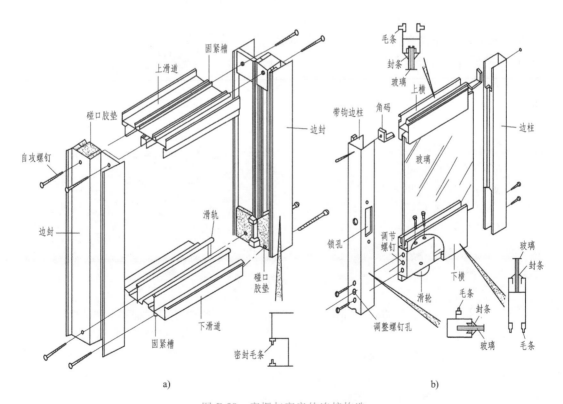

a) b)

图 F-39 窗框与窗扇的连接构造

a）窗框连接示意 b）窗扇连接示意图

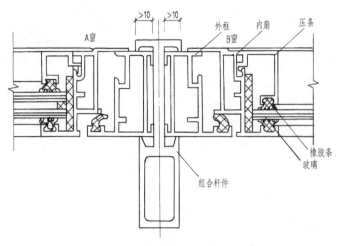

图 F-40　铝合金窗组合方法示意图

不得大于 200mm。

　　铝合金窗安装所选用的连接件、固定件，除不锈钢外，均应经防腐处理，并在与铝型材接触面加设塑料或橡胶垫片。

　　铝合金窗安装应采用预留洞的方法，预留间隙视墙体饰面材料总厚度而定，一般在 20 ~ 60mm。四周缝内一般填塞矿棉条、玻璃棉毡条或现场发泡聚氨酯，即弹性接缝；缝隙外表面留出 5 ~ 8mm 深的槽口填嵌防水密封胶，使窗的气密性、水密性和隔声性能得以保证，如图 F-41 所示。弹性接缝的构造做法不仅可以有效地提高门窗的隔声、保温等功能，防止窗框四周形成冷热交换区产生结露；同时也避免门窗框直接与混凝土、水泥砂浆接触，以免造成析碱对铝型材的腐蚀。

　　铝合金窗框与墙体间隙塞填嵌缝材料时，不得损坏铝合金窗防腐面。当塞缝材料为水泥砂浆时，可在铝材与砂浆接触面涂沥青胶或满贴厚度大于 1mm 的三元乙丙橡胶软质胶带。

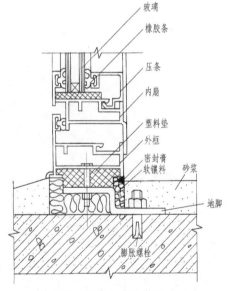

图 F-41　铝合金窗安装节点及
缝隙处理示意图

　　（二）塑钢窗

　　1. 塑钢窗的特点

　　塑钢窗是指为了加强窗的强度和刚度，在塑料型材的竖框、中横框或拼樘料等主要受力杆件中加入钢、铝等增强型材。塑钢窗具有较好的绝缘性、保温隔热性和耐腐蚀性，制作工艺简单，加工性能好，施工效率高。另外，塑钢窗在设计和制作中充分考虑了气密性、水密性和隔声的要求，尺寸准确，加之使用密封胶条，其密封性、隔声性较其他材质门窗要好。塑钢窗广泛适用于各类工业与民用建筑之中。

　　2. 塑钢窗异型材

　　塑钢窗异型材分为窗框异型材、窗扇异型材和辅助异型材三类。

（1）窗框异型材 窗框异型材断面主要是 L 形、T 形，其中 L 形一般可分为三类：固定窗窗框异型材、凹入式窗框异型材、外开式窗框异型材，如图 F-42 所示。固定窗窗框异型材用于构成固定窗，凹入式和外开式窗框异型材用于开启窗。T 形窗框异型材主要用于双扇窗的中间框。

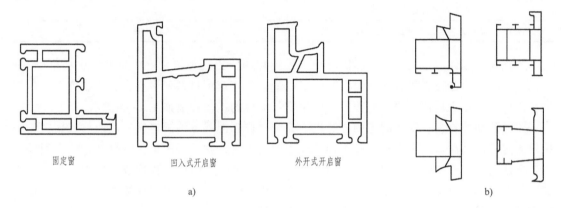

固定窗   凹入式开启窗   外开式开启窗

a)   b)

图 F-42 塑钢窗窗框异型材

a）L 形窗框异型材 b）T 形窗框异型材

（2）窗扇异型材 窗扇异型材断面一般为 Z 形，因凹入式开启窗和外开式开启窗的差异，在局部结构上也有一些不同，如图 F-43 所示。

（3）辅助异型材 塑钢窗用辅助异型材主要包括玻璃压条和各种密封条，如图 F-44 所示。

3. 塑钢窗的装饰装修构造

塑钢窗框与墙体预留洞口的间隙可视墙体饰面材料而定，见表 F-3。

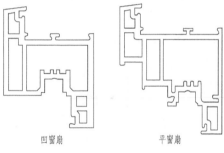

凹窗扇   平窗扇

图 F-43 塑钢窗窗扇异型材

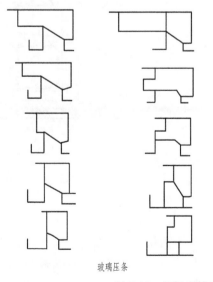

玻璃压条

玻璃脊

扇间密封条

图 F-44 塑钢窗辅助异型材

表 F-3　墙体洞口与塑钢窗框的间隙　　　　　　　　（单位：mm）

墙体饰面层材料	洞口与窗框间隙
清水墙	10
墙体外饰面抹水泥砂浆或贴马赛克	15 ~ 20
墙体外饰面贴釉面瓷砖	20 ~ 25
墙体外饰面贴大理石或花岗石	40 ~ 50

塑钢窗与墙体固定应采用金属固定片，固定片的位置应距窗角、中竖框、中横框150 ~ 200mm，固定片之间的间距应小于或等于600mm。塑钢窗型材系列中空多腔、壁薄，材质较脆，因此应先钻孔后用自攻螺钉拧入。塑钢窗与墙体的连接构造如图F-45所示。

不同的墙体材料，安装固定的方法也不完全一样。混凝土墙洞口应采用射钉或塑料膨胀螺栓固定；砖墙洞口应采用塑料膨胀螺栓或水泥钉固定，并不得固定在砖缝处，当采用预埋木砖方法与墙体连接时，木砖应进行防腐处理；加气混凝土墙应先预埋胶粘圆木，然后用木螺钉将金属固定片固定于胶粘圆木之上；设有预埋件的洞口，应采用焊接的方式固定，也可在预埋件上按紧固件规格打孔，然后用紧固件固定。

窗框与洞口之间的伸缩缝内腔应采用闭孔泡沫塑料、发泡聚苯乙烯等弹塑性材料分层填塞，填塞不宜过紧，以保证塑钢窗安装后可自由胀缩。对于保温、隔声等级要求较高的工程，应采用相应的隔热、隔声材料填塞，然后在窗框四周内外侧与窗框之间用水泥砂浆或麻刀白灰浆填实抹平，最后用嵌缝膏进行密封处理。塑钢窗安装节点如图F-46所示。

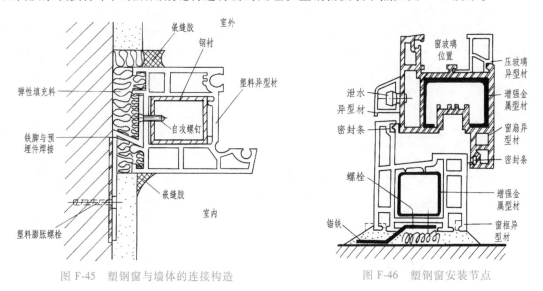

图 F-45　塑钢窗与墙体的连接构造　　　　　　图 F-46　塑钢窗安装节点

对塑钢窗上与墙体直接接触的五金件、紧固件、密封条、玻璃垫块（硬橡胶或塑料）、嵌缝膏等材料，其性能应与所选用的塑钢窗材料有相容性。

（三）木装饰窗

因木质窗不耐风雨侵蚀，维护繁复，一般不用作建筑外窗，只有当建筑装饰需要特定的效果时才选用木质窗，尤以中国传统风格及日式、韩式风格的装饰装修中采用较多。采用木装饰窗作为外窗时多配以出挑较大的檐口以遮雨。

木装饰窗由窗框、窗扇及附件组成。

窗框断面与门框一样，在构造上应留出裁口和背槽。窗框安装也有立口和塞口两种。木窗在墙体上的安装位置一般与墙内表面齐平，也有立中和外平的形式，如图 F-47 所示。窗扇安装玻璃时，一般将玻璃放在外侧，用小钉将玻璃卡牢，再用油灰嵌固；对不受雨水侵蚀的窗扇，也可用木压条镶嵌，如图 F-48 所示。

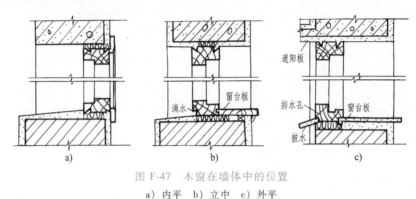

图 F-47 木窗在墙体中的位置

a）内平 b）立中 c）外平

中国传统风格的木装饰窗的窗扇式样很多，按其开启方式可分为三种：槛窗、支摘窗和什锦窗。槛窗为平开窗，由边框、仔屉和绦环板组成（有的窗扇无绦环板）。仔屉由细木条及木雕小构件构成，有多种图案，不仅可以采光，且极富装饰性。绦环板处也可雕花。槛窗窗扇通过窗轴安装在横槛上，窗扇可绕轴打开。

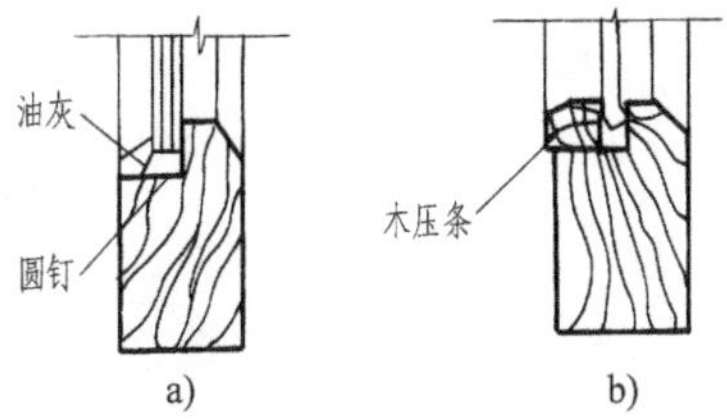

图 F-48 窗扇玻璃镶嵌

a）小钉嵌油灰固定 b）木压条镶嵌固定

支摘窗的上半部（支窗）类似于上悬窗，可绕上横轴转动，在两侧用铁制窗钩将窗扇支起用来通风；下半部（摘窗）是固定的，需采光时可以摘下，摘窗的图案一般比较简单。

什锦窗一般直接安装在墙面上，不能打开，主要起装饰墙面的作用，安装在室内隔墙上能取得隔而不绝的效果，并营造出浓郁的园林气氛。什锦窗的外形丰富多样，有多边形、环形、扇形、不规则形等。什锦窗的窗扇可做成通透的，可安装玻璃，还可做成夹层式，里面安装灯具。什锦窗安装时周边应镶贴脸（类似窗套）。中式传统风格的木装饰窗类型如图 F-49 所示，构造实例如图 F-50 所示。

四、窗的附属构造

1. 窗帘盒和窗套

窗内需要悬挂窗帘时，通常设置窗帘盒遮蔽窗帘棍和窗帘上部的栓环。窗帘盒可以仅在窗洞上方设置，也可以沿墙面通长设置。制作窗帘盒的材料有木材和金属板材，形状可做成直线形或曲线形。

在窗洞上部局部设置窗帘盒时，窗帘盒的长度应为窗口宽度加 400mm 左右，即窗洞口每侧伸出 200mm 左右，使窗帘拉开后不减少采光面积。窗帘盒的深度视窗帘的层数而定，一般为 200mm 左右。

窗帘盒三面用 25mm×（100～150）mm 板材镶成，通过铁件固定在过梁上部的墙身上；窗帘棍有木、铜、钢等材料，一般用角钢板伸入墙内，如图 F-51 所示。

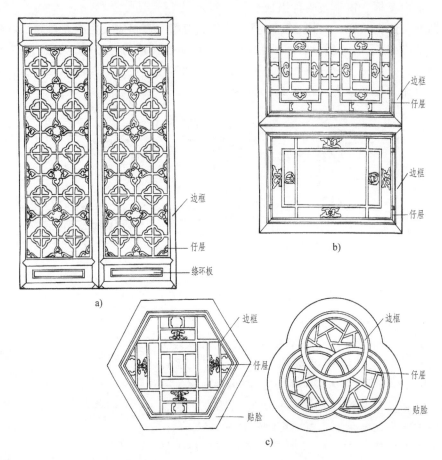

图 F-49　中式传统风格的木装饰窗

a）槛窗　b）支摘窗　c）什锦窗

　　若采用本身就很美观的装饰窗帘吊杆和栓环，则不需再做窗帘盒。当顶棚做吊顶时，窗帘盒可与吊顶结合在一起，做成隐藏型的窗帘盒，如图 F-52 所示；或结合暗灯槽一并考虑，形成反光槽，如图 F-53 所示。

　　窗套的组成和构造与门套相似。

　　2. 窗台

　　根据窗台的位置可分为外窗台和内窗台。

　　1）外窗台的作用是排除窗洞口下部雨水，防止其渗入墙身或沿窗缝渗入室内，同时避免雨水污染外墙面。外窗台的装饰构造应与外墙面装饰统一考虑。

　　2）内窗台的作用有排除内窗面凝结水，保护内墙面，放置物件及装饰等。内窗台多采用水磨石板、大理石板、硬木板等材料。

　　五、窗的节能构造设计

　　窗是建筑外围护结构的开口部位，为了满足采光、通风、日照等功能要求，多用薄壁轻质透光材料，因而也成为建筑节能的薄弱环节。窗的节能多围绕两个方面展开，一是限制建筑各个朝向的窗墙面积比，二是做好窗的节能构造处理。

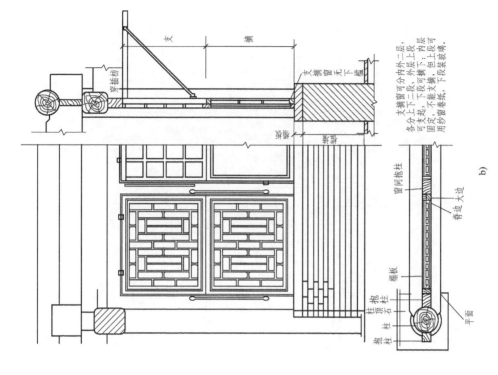

b)

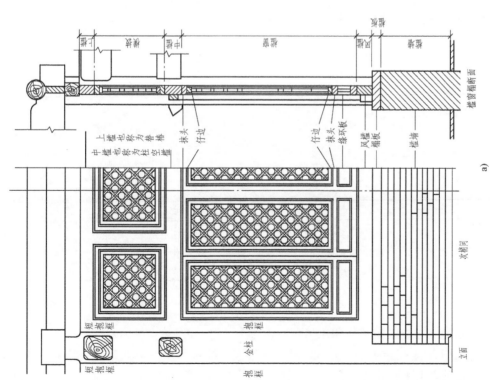

a)

图 F-50　中式传统风格木装饰窗构造实例

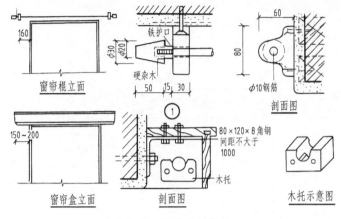

图 F-51 窗帘盒的构造

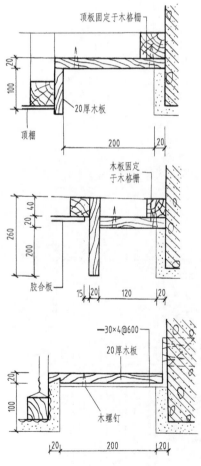

图 F-52 隐藏型窗帘盒构造做法

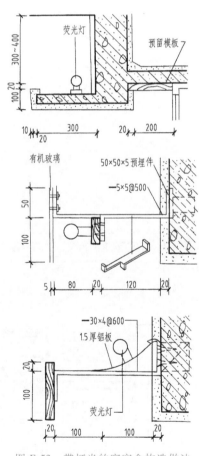

图 F-53 带灯光的窗帘盒构造做法

1. 控制建筑各朝向的窗墙面积比

窗（包括阳台门上部透明部分）面积不宜过大。严寒和寒冷地区建筑不同朝向的窗墙面积比不应超过表 F-4 的限值要求。

表 F-4　严寒和寒冷地区建筑各朝向的窗墙面积比限值

建筑类型	朝向	窗墙面积比	
		严寒地区	寒冷地区
居住建筑	北	≤0.25	≤0.30
	东、西	≤0.30	≤0.35
	南	≤0.45	≤0.50
公共建筑	各个朝向	≤0.70	

2. 窗的节能构造措施

窗的节能主要从以下几个方面展开：

（1）采用节能玻璃　对于有采暖要求的地区，节能玻璃应具有传热系数小，并能利用太阳辐射热的性能；对于夏季炎热地区，节能玻璃应具有阻隔太阳辐射热、遮阳的性能。目前使用十分广泛的节能玻璃主要有：热反射玻璃、Low-E 玻璃、中空玻璃和真空玻璃。

1）热反射玻璃。通过化学热分解、真空镀膜等技术，在玻璃表面形成一层热反射镀层玻璃，可将来自太阳的紫外线和中、远红外线吸收或反射，这种玻璃能够挡住大部分的太阳能，具有良好的节能和装饰效果。

2）Low-E 玻璃。利用真空沉积技术，在玻璃表面沉积一层低辐射涂层（一般由若干金属或金属氧化物薄层和衬底层组成），其涂层具有对可见光高透过及对中、远红外线高反射的特性，而且涂层表面具有很低的长波辐射率，可以大大增加玻璃表面的辐射热热阻而具有良好的保温性能。

3）中空、真空玻璃。中空玻璃是将两片或多片玻璃，周边用高强高气密性复合胶粘剂与密封条、玻璃条粘接、密封，在玻璃层间充入干燥气体形成的玻璃产品。填充气体除了空气外，还有氩气、氦气等惰性气体，因为气体的热导率很低，中空玻璃的热导率比普通单片玻璃降低一半左右。中空玻璃可采用 3mm、4mm、5mm、6mm、8mm、10mm、12mm 厚度的原片玻璃，空气层厚度可采用 6mm、9mm、12mm 间隔。

真空玻璃是基于保温瓶原理发展而来的，其将两片平板玻璃四周加以密封，再将中间的空气抽出形成真空腔。由于夹层的空气十分稀薄，热传导和声音传导的能力变得很弱，因而这种玻璃比中空玻璃具有更好的隔热保温性能和防结露、隔声等性能。

（2）提高窗框的保温性能　窗框除了应满足强度和刚度要求外，在严寒和寒冷地区，窗框还需要有较好的保温隔热能力，以避免窗框成为整个窗户的热桥。目前窗框的材料主要有铝合金（断热铝型材）窗框、PVC 塑料窗框、玻璃钢窗框、铝塑复合窗框和铝木复合窗框几种。

（3）提高窗的气密性，减少冷风渗透　为了达到较好的节能保温水平，必须对框-洞口、框-扇、玻璃-扇三个部位的间隙做密封处理。框与洞口之间的间隙常采用聚氨酯发泡或岩棉进行填充，再采用聚乙烯圆棒和建筑密封膏进行封堵，如图 F-54 所示。框-扇、玻璃-扇间的间隙处理，可采用双级密封和三级密封的方法。

（4）其他措施　窗的节能方法除了以上几个方面以外，设计上还可以使用具有保温隔热特性的窗帘、窗盖板等构件增加窗户的节能效果。在炎热地区还可以通过设置遮阳措施有效防止直射阳光的不利影响，降低室内的空调负荷等。

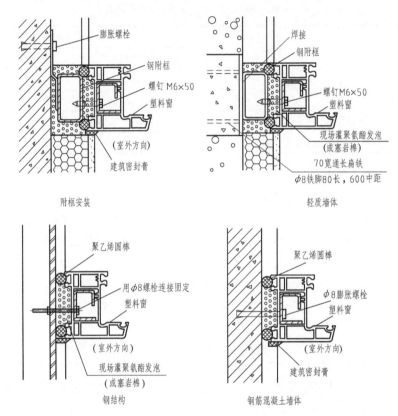

图 F-54　节能窗框与墙体的连接（以 PVC 塑料窗为例）

【项目探索与实战】

项目探索与实战是以学生为主体的行为过程实践阶段。

实战项目　酒店豪华套间门的装饰装修构造设计

（一）实战项目概况

1）某酒店豪华套间平面图如图 F-55、图 F-56 所示，试根据环境要求，设计中式、西式两种风格的木装饰门。

2）门洞口尺寸为 1000mm×2100mm，门扇为单扇门。

（二）实战目标

掌握木装饰门施工图的绘制内容，能根据环境特征，设计装饰效果好的木门造型。

（三）实战内容及深度

用 2 号图纸，以墨线笔完成下列图样，比例自定。要求达到施工图深度，符合国家制图标准。

1）木装饰门立面图。

2）木装饰门横剖面详图。

3）门套及门框细部构造详图。

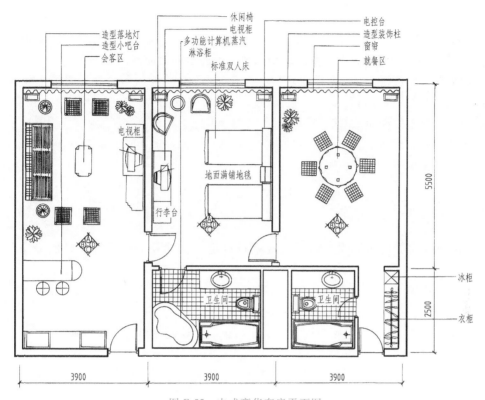

造型落地灯
造型小吧台
会客区
休闲椅
电视柜
多功能计算机蒸汽
淋浴柜
标准双人床
电控台
造型装饰柱
窗帘
就餐区
电视柜
地面满铺地毯
行李台
卫生间
卫生间
冰柜
衣柜

图 F-55 中式豪华套房平面图

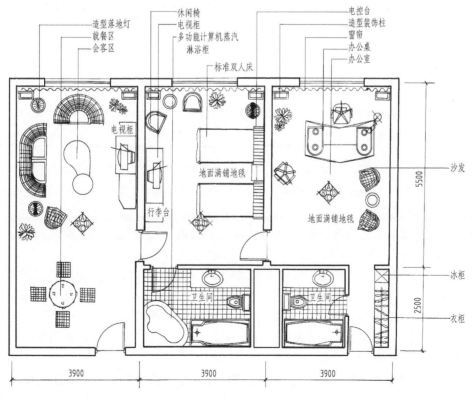

造型落地灯
就餐区
会客区
休闲椅
电视柜
多功能计算机蒸汽
淋浴柜
标准双人床
电控台
造型装饰柱
窗帘
办公桌
办公室
电视柜
地面满铺地毯
行李台
地面满铺地毯
沙发
卫生间
卫生间
冰柜
衣柜

图 F-56 西式豪华套房平面图

（四）实战主要步骤

1）根据实战任务，每位学生首先进行木装饰门立面、剖面及节点详图草图设计。

2）经指导教师审核后，开始独立绘制实战任务要求的全部图样。

① 用细线条画初稿，先画主要建筑构、配件，再画装饰的图示内容及剖面、索引符号，最后画内、外尺寸线及标高符号。

② 按线型要求加深加粗图线。

③ 标注尺寸和标高。

④ 书写文字说明、图名和比例。

【项目提交与展示】

项目提交与展示是学生攻克难关完成项目设定的实战任务，进行成果的提交与展示阶段。

一、项目提交

1. 成果形式

通常是一本设计图册，包括封面、扉页、目录、设计说明和构造设计图。

2. 成果格式

（1）封面设计要素　封面设计要素包括文字、图形和色彩，详见表 F-5。

表 F-5　封面设计要素信息表

文字要素（必选要素）	图形、色彩要素（可选要素）
项目名称/项目来源单位	平面图案
设计理念（创新点、亮点）	设计标志
学校名称/专业名称	工程实景照片
班级/学号/姓名	调研过程记录照片
专业指导教师/企业指导教师	
完成日期	

（2）封面规格　一般采用 2 号图纸，规格与施工图相一致，横排形式，装订线在左侧。

（3）封面排版　按信息要素重要程度设计平面空间位置，重要的放在醒目、主要位置，一般的放在次要位置。

（4）扉页　扉页表达内容一般包括设计理念、创新点、亮点、内容提要。纸质可采用半透明或非透明纸，排版设计要简洁明了。

（5）目录　一般采用二级或三级目录形式，层次分明，图名正确，页码指示准确。

（6）设计说明　设计说明主要包括工程概况、设计依据、技术要求及图样上未尽事宜。

（7）构造设计图　构造设计图是图册的核心内容，要严格按照国家制图规范绘制，要求达到施工图深度。如需要向业主表达直观的形象，可以加色彩要素和排版信息。构造设计图可手绘表达，也可用 CAD 绘制。

（8）封底　封底是图册成果的句号，封底设计要与封面图案相协调或适当延伸。封底用纸应与封面用纸相同。

二、项目展示

项目展示包括 PPT 演示、图册展示及问答等内容。要求学生用演讲的方式展示最佳的语言表达能力，展示最得意的构造技术及应用能力。

1）学生自述 5min 左右，用 PPT 演示文稿，展示构造设计的理念、方法、亮点及体会。

2）通过问答，教师考查学生构造设计成果的正式性和正确性。

【项目评价】

项目评价是专业指导教师和企业指导教师针对学生构造设计的过程、成果及答辩进行综合评价，给出成绩的阶段。

一、评价功能

1）检验学生项目实战效果及学生观察问题、分析问题、应用专业知识解决实际问题的能力。

2）教师自检其选择的教学方法、手段、形式所得的成果。

二、评价内容

1）构造设计的难易程度。

2）构造原理的综合运用能力。

3）构造设计的基本技能。

4）构造设计的创新点和不足之处。

5）构造设计成果的规范性与完成情况。

6）对所提问题的回答是否充分和语言表达水平。

三、成绩评定

总体评价参考比例标准：过程考核 40%，成果考核 40%，答辩 20%。

附　　录

附录 A　建筑装饰装修构造综合实训

一、综合实训目的

建筑装饰装修构造是一门实践性很强的课程，综合实训就是给学生在课堂理论与工程实践之间架起一座桥梁，让学生应用建筑装饰装修构造原理，举一反三地设计实际工程各种构造节点详图，指导工程实践；培养学生综合想象、构思的能力，分析问题、解决问题的能力，使学生具备绘制、审核建筑装饰装修施工图的能力。

二、综合实训的方法与步骤

建筑装饰装修构造做法及技术措施的设计与选用，因不同部位、不同空间、不同性质的工程而存在很大差别，经过综合实训步骤，使学生系统地接受建筑装饰装修施工图的表达方法、表述内容、表达深度的训练。

1. 参观实训

结合实训课题，教师安排校外施工现场参观，选择正在施工、构造外露的典型工程，分析其构造做法及特点，要求学生编写 4000 字左右的实习报告。

2. 识图实训

教师提供 2~3 个典型工程的全套建筑装饰装修施工图样，引导学生正确识读，最后要求学生总结工程实例的构造技术要点，分析施工图中可能存在的错误、疏漏以及与实际不同之处。

（1）识图的方法　先建筑后装饰、先总体后分项、先粗略后细部。对图示内容应互相对照，综合分析，注意平面图、立面图中的定形、定位尺寸和详图中的细部构造做法与细部尺寸等。

（2）识图顺序　看图样目录——检查图样编号与图名是否符合——看设计说明——识读家具设备平面布置图——对照地面拼花平面图——对应顶棚平面图——看房间展开立面图——依照平面图、立面图剖切位置及方向，看各个节点详图。

按照上述顺序识读全套装饰施工图时，要注意反复相互对照，正确理解。

3. 设计绘图实训

根据实训课题，每位同学首先进行草图设计，经指导教师审核后，开始独立绘制实训课题要求的全部图样内容。

建筑装饰装修施工图绘制步骤如下。

1）用细线画初稿，先画定位轴线和主要建筑构、配件，再画装饰的图示内容及剖面、索引符号，最后画内、外尺寸线及标高符号。

2）按线型要求加深加粗图线。

3）标注尺寸及标高。

4）书写文字说明、图名和比例。

建筑装饰装修施工图表达的内容丰富细腻，图线复杂，绘制时要细心。

4. 答辩实训

由教师、装饰公司技术人员、学生代表组成答辩委员会，学生在规定时间内自述装饰装修构造设计的技术特点、构造做法，然后答辩委员会提问，学生答题。最后根据图样设计质量及答辩委员会评定综合给出实训成绩。

三、综合实训课题

（一）某别墅装饰装修构造设计

1. 实训条件

某别墅层数为两层，层高为 3.9m；别墅一层平面布置图如附录图 A-1 所示；别墅二层平面布置图如附录图 A-2 所示；各部位所用材料按图示要求或自行另选。图中未注明的尺寸可自定。

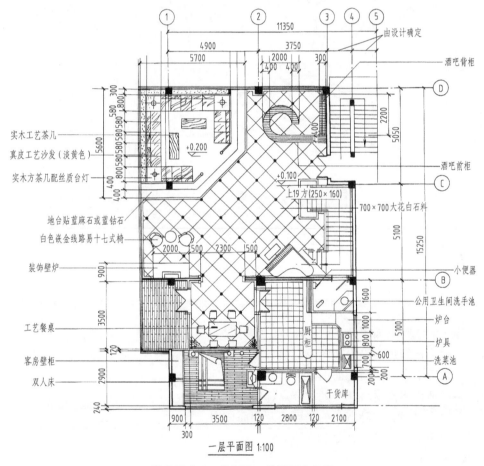

附录图 A-1　某别墅一层平面布置图

2. 完成内容及深度要求

用 2 号图纸、墨线笔完成下列图样，比例自定。要求达到装饰施工图深度，并符合国家制图标准。

1）一层、二层顶棚平面图。

2）顶棚剖面图及节点详图。

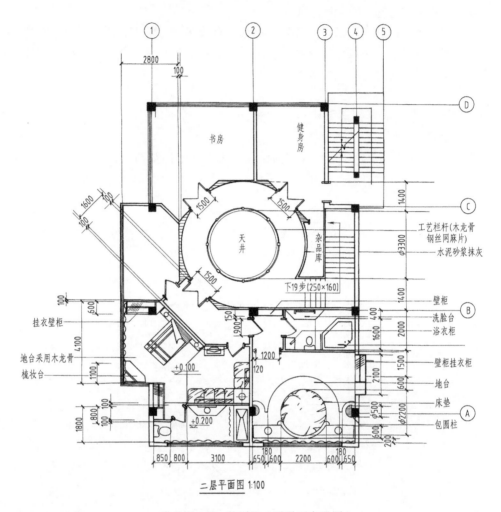

附录图 A-2　某别墅二层平面布置图

3）客厅、酒吧立面图及剖面详图。

4）客厅装饰壁炉靠墙立面图及剖面详图。

5）二层卧室床背墙面立面图及详图。

6）一层地面不同材料相交处的节点详图。

7）客厅入口门、主卧室门的立面图及剖面详图。

（二）某酒店餐厅装饰装修构造设计

1. 实训条件

某酒店餐厅平面布置图如附录图 A-3 所示；餐厅地面拼花平面图如附录图 A-4 所示；餐厅顶棚平面图如附录图 A-5 所示；各部位所用材料按图示要求或自行另选。图中未注明的尺寸可自定。

2. 完成内容及深度要求

用 2 号图纸、墨线笔完成下列图样，比例自定。要求达到装饰施工图深度，并符合国家制图标准。

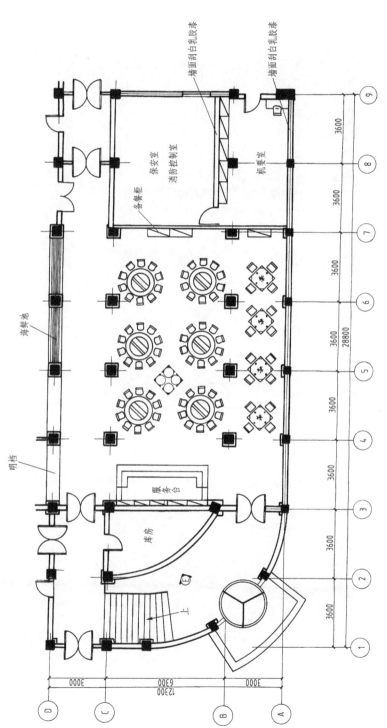

附录图 A-3　某酒店餐厅平面布置图

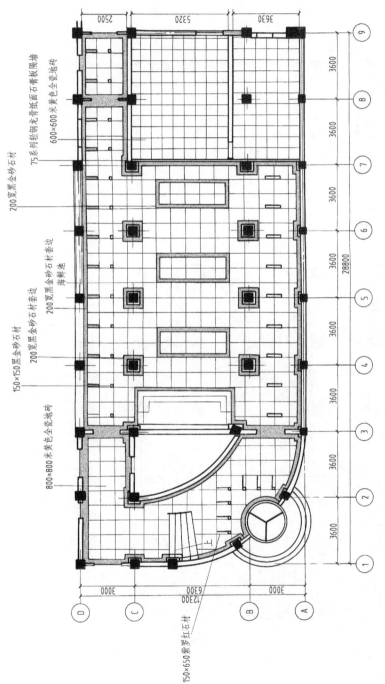

附录图 A-4　某酒店餐厅地面拼花平面图

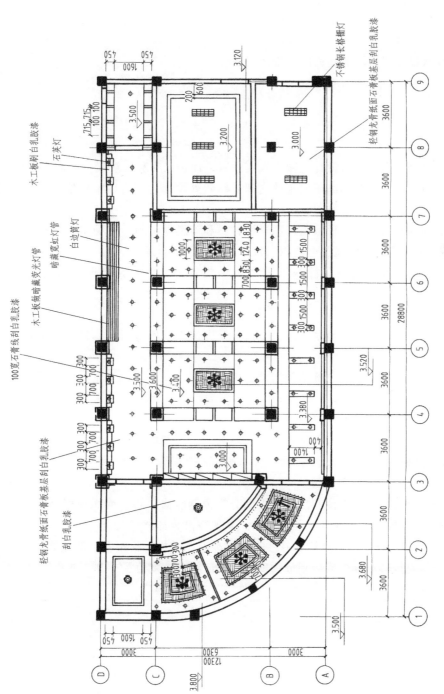

附录图 A-5　某酒店餐厅顶棚平面图

1）餐厅地面分层构造做法。

2）顶棚剖面图及节点详图。

3）服务台立面图及剖面详图。

4）框架柱的装饰立面图及节点详图。

5）餐厅某一方向立面图及剖面详图。

6）餐厅入口处双扇门的立面图及剖面详图。

附录 B　建筑装饰装修工程相关规范

一、《建筑内部装修设计防火规范》（GB 50222—2017）的有关规定

（一）总则

1）为规范建筑内部装修设计，减少火灾危害，保护人身和财产安全，制定本规范。

2）本规范适用于工业和民用建筑的内部装修防火设计，不适用于古建筑和木结构建筑的内部装修防火设计。

3）建筑内部装修设计应积极采用不燃性材料和难燃性材料，避免采用燃烧时产生大量浓烟或有毒气体的材料，做到安全适用，技术先进，经济合理。

4）建筑内部装修防火设计除执行本规范的规定外，尚应符合国家现行有关标准的规定。

（二）术语

1）建筑内部装修。为满足功能需求，对建筑内部空间所进行的修饰、保护及固定设施安装等活动。

2）装饰织物。满足建筑内部功能需求，由棉、麻、丝、毛等天然纤维及其他合成纤维制作的纺织品，如窗帘、帷幕等。

3）隔断。建筑内部固定的、不到顶的垂直分隔物。

4）固定家具。与建筑结构固定在一起或不易改变位置的家具，如建筑内部的壁橱、壁柜、陈列台、大型货架等。

（三）装修材料的分类和分级

1）装修材料按其使用部位和功能，可划分为顶棚装修材料、墙面装修材料、地面装修材料、隔断装修材料、固定家具、装饰织物、其他装修装饰材料七类。

注：其他装修装饰材料是指楼梯扶手、挂镜线、踢脚板、窗帘盒、散热器罩等。

2）装修材料按其燃烧性能应划分为四级，并应符合本规范表 3.0.2 的规定。

表 3.0.2　装修材料燃烧性能等级

等级	装修材料燃烧性能
A	不燃性
B_1	难燃性
B_2	可燃性
B_3	易燃性

3）装修材料的燃烧性能等级应按国家现行标准《建筑材料及制品燃烧性能分级》（GB 8624—2012）的有关规定，经检测确定。

4）安装在金属龙骨上燃烧性能达到 B_1 级的纸面石膏板、矿棉吸声板，可作为 A 级装修材料使用。

5）单位面积质量小于 $300g/m^2$ 的纸质、布质壁纸，当直接粘贴在 A 级基材上时，可作为 B_1 级装修材料使用。

6）施涂于 A 级基材上的无机装修涂料，可作为 A 级装修材料使用；施涂于 A 级基材上，湿涂覆比小于 $1.5kg/m^2$，且涂层干膜厚度不大于 1.0mm 的有机装修涂料，可作为 B_1 级装修材料使用。

7）当使用多层装修材料时，各层装修材料的燃烧性能等级均应符合本规范的规定。复合型装修材料的燃烧性能等级应进行整体检测确定。

（四）特别场所

1）建筑内部装修不应擅自减少、改动、拆除、遮挡消防设施、疏散指示标志、安全出口、疏散出口、疏散走道和防火分区、防烟分区等。

2）建筑内部消火栓箱门不应被装饰物遮掩，消火栓箱门四周的装修材料颜色应与消火栓箱门的颜色有明显区别或在消火栓箱门表面设置发光标志。

3）疏散走道和安全出口的顶棚、墙面不应采用影响人员安全疏散的镜面反光材料。

4）地上建筑的水平疏散走道和安全出口的门厅，其顶棚应采用 A 级装修材料，其他部位应采用不低于 B_1 级的装修材料；地下民用建筑的疏散走道和安全出口的门厅，其顶棚、墙面和地面均应采用 A 级装修材料。

5）疏散楼梯间和前室的顶棚、墙面和地面均应采用 A 级装修材料。

6）建筑物内设有上下层相连通的中庭、走马廊、开敞楼梯、自动扶梯时，其连通部位的顶棚、墙面应采用 A 级装修材料，其他部位应采用不低于 B_1 级的装修材料。

7）建筑内部变形缝（包括沉降缝、伸缩缝、抗震缝等）两侧基层的表面装修应采用不低于 B_1 级的装修材料。

8）无窗房间内部装修材料的燃烧性能等级除 A 级外，应在本规范表 5.1.1、表 5.2.1、表 5.3.1、表 6.0.1、表 6.0.5 规定的基础上提高一级。

9）消防水泵房、机械加压送风排烟机房、固定灭火系统钢瓶间、配电室、变压器室、发电机房、储油间、通风和空调机房等，其内部所有装修均应采用 A 级装修材料。

10）消防控制室等重要房间，其顶棚和墙面应采用 A 级装修材料，地面及其他装修应采用不低于 B_1 级的装修材料。

11）建筑物内的厨房，其顶棚、墙面、地面均应采用 A 级装修材料。

12）经常使用明火器具的餐厅、科研实验室，其装修材料的燃烧性能等级除 A 级外，应在本规范表 5.1.1、表 5.2.1、表 5.3.1、表 6.0.1、表 6.0.5 规定的基础上提高一级。

13）民用建筑内的库房或贮藏间，其内部所有装修除应符合相应场所规定外，还应采用不低于 B_1 级的装修材料。

14）展览性场所装修设计应符合下列规定：

① 展台材料应采用不低于 B_1 级的装修材料。

② 在展厅设置电加热设备的餐饮操作区内，与电加热设备贴邻的墙面、操作台均应采用 A 级装修材料。

③ 展台与卤钨灯等高温照明灯具贴邻部位的材料应采用 A 级装修材料。

15）住宅建筑装修设计尚应符合下列规定：

① 不应改动住宅内部烟道、风道。

② 厨房内的固定橱柜宜采用不低于 B_1 级的装修材料。

③ 卫生间顶棚宜采用 A 级装修材料。

④ 阳台装修宜采用不低于 B_1 级的装修材料。

16）照明灯具及电气设备、线路的高温部位，当靠近非 A 级装修材料或构件时，应采取隔热、散热等防火保护措施，与窗帘、帷幕、幕布、软包等装修材料的距离不应小于500mm；灯饰应采用不低于 B_1 级的材料。

17）建筑内部的配电箱、控制面板、接线盒、开关、插座等不应直接安装在低于 B_1 级的装修材料上；用于顶棚和墙面装修的木质类板材，当内部含有电器、电线等物体时，应采用不低于 B_1 级的材料。

18）当室内顶棚、墙面、地面和隔断装修材料内部安装电加热供暖系统时，室内采用的装修材料和绝热材料的燃烧性能等级应为 A 级。当室内顶棚、墙面、地面和隔断装修材料内部安装水暖（或蒸汽）供暖系统时，其顶棚采用的装修材料和绝热材料的燃烧性能应为 A 级，其他部位的装修材料和绝热材料的燃烧性能不应低于 B_1 级，且尚应符合本规范有关公共场所的规定。

19）建筑内部不宜设置采用 B_3 级装饰材料制成的壁挂、布艺等，当需要设置时，不应靠近电气线路、火源或热源，或采取隔离措施。

20）本规范未明确规定的场所，其内部装修应按本规范有关规定类比执行。

（五）民用建筑

1. 单层、多层民用建筑

1）单层、多层民用建筑内部各部位装修材料的燃烧性能等级，不应低于本规范表 5.1.1 的规定（表详见项目导向表4）。

2）除本规范第4章规定的场所和本规范表 5.1.1 中序号 11~13 规定的部位外，单层、多层民用建筑内面积小于 $100m^2$ 的房间，当采用耐火极限不低于 2h 的防火隔墙和甲级防火门、窗与其他部位分隔时，其装修材料的燃烧性能等级可在本规范表 5.1.1 的基础上降低一级。

3）除本规范第4章规定的场所和本规范表 5.1.1 中序号 11~13 规定的部位外，当单层、多层民用建筑需做内部装修的空间内装有自动灭火系统时，除顶棚外，其内部装修材料的燃烧性能等级可在本规范表 5.1.1 规定的基础上降低一级；当同时装有火灾自动报警装置和自动灭火系统时，其装修材料的燃烧性能等级可在本规范表 5.1.1 规定的基础上降低一级。

2. 高层民用建筑

1）高层民用建筑内部各部位装修材料的燃烧性能等级，不应低于本规范表 5.2.1 的规定（表详见项目导向表5）。

2）除本规范第4章规定的场所和本规范表 5.2.1 中序号 10~12 规定的部位外，高层民用建筑的裙房内面积小于 $500m^2$ 的房间，当设有自动灭火系统，并且采用耐火极限不低于 2h 的防火隔墙和甲级防火门、窗与其他部位分隔时，顶棚、墙面、地面装修材料的燃烧性能等级可在本规范表 5.2.1 规定的基础上降低一级。

3）除本规范第 4 章规定的场所和本规范表 5.2.1 中序号 10~12 规定的部位外，以及大于 400m² 的观众厅、会议厅和 100m 以上的高层民用建筑外，当设有火灾自动报警装置和自动灭火系统时，除顶棚外，其内部装修材料的燃烧性能等级可在本规范表 5.2.1 规定的基础上降低一级。

4）电视塔等特殊高层建筑的内部装修，装饰织物应采用不低于 B₁ 级的材料，其他均应采用 A 级装修材料。

3. 地下民用建筑

1）地下民用建筑内部各部位装修材料的燃烧性能等级，不应低于本规范表 5.3.1 的规定（表详见项目导向表 6）。

注：地下民用建筑是指单层、多层、高层民用建筑的地下部分，单独建造在地下的民用建筑以及平战结合的地下人防工程。

2）除本规范第 4 章规定的场所和本规范表 5.3.1 中序号 6~8 规定的部位外，单独建造的地下民用建筑的地上部分，其门厅、休息室、办公室等内部装修材料的燃烧性能等级可在本规范表 5.3.1 的基础上降低一级。

二、《民用建筑工程室内环境污染控制标准》（GB 50325—2020）的有关规定

（一）总则

1）为了预防和控制民用建筑工程中主体材料和装饰装修材料产生的室内环境污染，保障公众健康，维护公共利益，做到技术先进、经济合理，制定本标准。

2）本标准适用于新建、扩建和改建的民用建筑工程室内环境污染控制。

3）本标准控制的室内环境污染物包括氡、甲醛、氨、苯、甲苯、二甲苯和总挥发性有机化合物。

4）民用建筑工程的划分应符合下列规定：

① Ⅰ类民用建筑应包括住宅、居住功能公寓、医院病房、老年人照料房屋设施、幼儿园、学校教室、学生宿舍等。

② Ⅱ类民用建筑应包括办公楼、商店、旅馆、文化娱乐场所、书店、图书馆、展览馆、体育馆、公共交通等候室、餐厅等。

5）民用建筑工程所选用的建筑主体材料和装饰装修材料应符合本标准有关规定。

6）民用建筑室内环境污染控制除应符合本标准的规定外，尚应符合国家现行有关标准的规定。

（二）术语和符号

1. 术语

1）民用建筑工程：新建、扩建和改建的民用建筑结构工程和装饰装修工程的统称。

2）环境测试舱：模拟室内环境测试装饰装修材料化学污染物释放量的设备。

3）表面氡析出率：单位面积、单位时间土壤或材料表面析出的氡的放射性活度。

4）内照射指数（I_{Ra}）：建筑主体材料和装饰装修材料中天然放射性核素镭-226 的放射性比活度，除以比活度限量值 200 而得的商。

5）外照射指数（I_γ）：建筑主体材料和装饰装修材料中天然放射性核素镭-225、钍-232 和钾-40 的放射性比活度，分别除以比活度限量值 370、260、4200 而得的商之和。

6）氡浓度：单位体积空气中氡的放射性活度。

7）人造木板：以木材或非木材植物纤维为主要原料，加工成各种材料单元，施加（或不施加）胶粘剂和其他添加剂，组坯胶合而成的板材或成型制品。主要包括胶合板、纤维板、刨花板及其表面装饰板等产品。

8）木塑制品：由木质纤维材料与热塑性高分子聚合物按一定比例制成的产品。主要包括木塑地板、木塑装饰板、木塑门等。

9）水性处理剂：以水作为稀释剂，能浸入建筑主体材料和装饰装修材料内部，提高其阻燃、防水、防腐等性能的液体。

10）本体型胶粘剂：溶剂含量或者水含量占胶体总质量在 5% 以内的胶粘剂。

11）空气中总挥发性有机化合物的量：在本标准规定的检测条件下，所测得空气中挥发性有机化合物的总量，简称 TVOC。

12）材料中挥发性有机化合物的量：在本标准规定的检测条件下，所测得材料中挥发性有机化合物的总量，简称 VOC。

13）装饰装修材料使用量负荷比：室内装饰装修时，使用的装饰装修材料总暴露面积与房间净空间容积之比。

2. 符号

f_i——第 i 种材料在材料总用量中所占的质量百分比；

I_{Ra}——内照射指数；

I_γ——外照射指数；

I_{Rai}——第 i 种材料的内照射指数；

$I_{\gamma i}$——第 i 种材料的外照射指数。

（三）材料

1. 无机非金属建筑主体材料和装饰装修材料

1）民用建筑工程所使用的砂、石、砖、实心砌块、水泥、混凝土、混凝土预制构件等无机非金属建筑主体材料，其放射性限量应符合国家现行标准《建筑材料放射性核素限量》（GB 6566—2010）的规定。

2）民用建筑工程所使用的石材、建筑卫生陶瓷、石膏制品、无机粉黏结材料等无机非金属装饰装修材料，其放射性限量应分类符合国家现行标准《建筑材料放射性核素限量》（GB 6566—2010）的规定。

3）当民用建筑工程使用加气混凝土制品和空心率（孔洞率）大于 25% 的空心砖、空心砌块等建筑主体材料时，其放射性限量应符合本规范表 3.1.3 的规定。

表 3.1.3　加气混凝土制品和空心率（孔洞率）大于 25% 的建筑主体材料放射性限量

测定项目	限量
表面氡析出率［Bq/（m² · s）］	≤ 0.015
内照射指数（I_{Ra}）	≤ 1.0
外照射指数（I_γ）	≤ 1.3

4）主体材料和装饰装修材料放射性核素的测定方法应符合国家现行标准《建筑材料放射性核素限量》（GB 6566—2010）的有关规定，表面氡析出率的测定方法应符合本标准附录 A 的规定。

2. 人造木板及其制品

1）民用建筑工程室内用人造木板及其制品应测定游离甲醛释放量。

2）人造木板及其制品可采用环境测试舱法或干燥器法测定甲醛释放量，当发生争议时应以环境测试舱法的测定结果为准。

3）环境测试舱法测定的人造木板及其制品的游离甲醛释放量不应大于 0.124mg/m³，测定方法应按本标准附录 B 执行。

4）干燥器法测定的人造木板及其制品的游离甲醛释放量不应大于 1.5mg/L，测定方法应符合国家现行标准《人造板及饰面人造板理化性能试验方法》（GB/T 17657—2013）的规定。

3. 涂料

1）民用建筑工程室内用水性装饰板涂料、水性墙面涂料、水性墙面腻子的游离甲醛限量，应符合国家现行标准《建筑用墙面涂料中有害物质限量》（GB 18582—2020）的规定。

2）民用建筑工程室内用其他水性涂料和水性腻子，应测定游离甲醛的含量，其限量应符合本规范表 3.3.2 的规定，其测定方法应符合国家现行标准《水性涂料中甲醛含量的测定　乙酰丙酮分光光度法》（GB/T 23993—2009）的规定。

表 3.3.2　室内用其他水性涂料和水性腻子中游离甲醛限量

测定项目	限量	
	其他水性涂料	其他水性腻子
游离甲醛/（mg/kg）	≤100	

3）民用建筑工程室内用溶剂型装饰板涂料的 VOC 和苯、甲苯+二甲苯+乙苯限量，应符合国家现行标准《建筑用墙面涂料中有害物质限量》（GB 18582—2020）的规定；溶剂型木器涂料和腻子的 VOC 和苯、甲苯+二甲苯+乙苯限量，应符合国家现行标准《木器涂料中有害物质限量》（GB 18581—2020）的规定；溶剂型地坪涂料的 VOC 和苯、甲苯+二甲苯+乙苯限量，应符合国家现行标准《室内地坪涂料中有害物质限量》（GB 38468—2019）的规定。

4）民用建筑工程室内用酚醛防锈涂料、防水涂料、防火涂料及其他溶剂型涂料，应按其规定的最大稀释比例混合后，测定 VOC 和苯、甲苯+二甲苯+乙苯的含量，其限量均应符合本规范表 3.3.4 的规定；VOC 含量测定方法应符合国家现行标准《色漆和清漆　挥发性有机化合物（VOC）含量的测定　差值法》（GB/T 23985—2009）的规定，苯、甲苯+二甲苯+乙苯含量测定方法应符合国家现行标准《涂料中苯、甲苯、乙苯和二甲苯含量的测定　气相色谱法》（GB/T 23990—2009）的规定。

表 3.3.4　室内用酚醛防锈涂料、防水涂料、防火涂料及其他
溶剂型涂料中 VOC、苯、甲苯+二甲苯+乙苯限量

涂料名称	VOC/（g/L）	苯（%）	甲苯+二甲苯+乙苯（%）
酚醛防锈涂料	≤270	≤0.3	—
防水涂料	≤750	≤0.2	≤40
防火涂料	≤500	≤0.1	≤10
其他溶剂型涂料	≤600	≤0.3	≤30

5）民用建筑工程室内用聚氨酯类涂料和木器用聚氨酯类腻子中的VOC、苯、甲苯+二甲苯+乙苯、游离二异氰酸酯（TDI+HDI）限量，应符合国家现行标准《木器涂料中有害物质限量》（GB 18581—2020）的规定。

4. 胶粘剂

1）民用建筑工程室内用水性胶粘剂的游离甲醛限量，应符合国家现行标准《建筑胶粘剂有害物质限量》（GB 30982—2014）的规定。

2）民用建筑工程室内用水性胶粘剂、溶剂型胶粘剂、本体型胶粘剂的VOC限量，应符合国家现行标准《胶粘剂挥发性有机化合物限量》（GB/T 33372—2020）的规定。

3）民用建筑工程室内用溶剂型胶粘剂、本体型胶粘剂的苯、甲苯+二甲苯、游离甲苯二异氰酸酯（TDI）限量，应符合国家现行标准《建筑胶粘剂有害物质限量》（GB 30982—2014）的规定。

5. 水性处理剂

1）民用建筑工程室内用水性阻燃剂（包括防火涂料）、防水剂、防腐剂、增强剂等水性处理剂，应测定游离甲醛的含量，其限量不应大于100mg/kg。

2）水性处理剂中游离甲醛含量的测定方法，应按国家现行标准《水性涂料中甲醛含量的测定　乙酰丙酮分光光度法》（GB/T 23993—2009）规定的方法进行。

6. 其他材料

1）民用建筑工程中所使用的混凝土外加剂，氨的释放量不应大于0.10%，氨释放量测定方法应符合国家现行标准《混凝土外加剂中释放氨的限量》（GB 18588—2001）的有关规定。

2）民用建筑工程中所使用的能释放氨的阻燃剂、防火涂料、水性建筑防水涂料氨的释放量不应大于0.50%，测定方法应符合现行行业标准《建筑防火涂料有害物质限量及检测方法》（JG/T 415—2013）的有关规定。

3）民用建筑工程中所使用的能释放甲醛的混凝土外加剂中，残留甲醛的量不应大于500mg/kg，测定方法应符合国家现行标准《混凝土外加剂中残留甲醛的限量》（GB 31040—2014）的有关规定。

4）民用建筑室内使用的黏合木结构材料，游离甲醛释放量不应大于$0.124mg/m^3$，其测定方法应符合本标准附录B的有关规定。

5）民用建筑室内用帷幕、软包等的游离甲醛释放量不应大于$0.124mg/m^3$，其测定方法应符合本标准附录B的有关规定。

6）民用建筑室内用墙纸（布）中游离甲醛含量限量应符合本规范表3.6.6的有关规定，其测定方法应符合国家现行标准《室内装饰装修材料　壁纸中有害物质限量》（GB 18585—2001）的规定。

表3.6.6　室内用墙纸（布）中游离甲醛限量

测定项目	限量		
	无纺墙纸	纺织面墙纸(布)	其他墙纸(布)
游离甲醛/（mg/kg）	≤120	≤60	≤120

7）民用建筑室内用聚氯乙烯卷材地板、木塑制品地板、橡塑类铺地材料中挥发物含量

测定方法应符合国家现行标准《室内装饰装修材料　聚氯乙烯卷材地板中有害物质限量》（GB 18586—2001）的规定，其限量应符合本规范表 3.6.7 的有关规定。

表 3.6.7　聚氯乙烯卷材地板、木塑制品地板、橡塑类铺地材料中挥发物限量

名　　称		限量/（g/m³）
聚氯乙烯卷材地板（发泡类）	玻璃纤维基材	≤75
	其他基材	≤35
聚氯乙烯卷材地板（非发泡类）	玻璃纤维基材	≤40
	其他基材	≤10
木塑制品地板（基材发泡）		≤75
木塑制品地板（基材不发泡）		≤40
橡塑类铺地材料		≤50

8）民用建筑室内用地毯、地毯衬垫中 VOC 和游离甲醛的释放量测定方法应符合本标准附录 B 的有关规定，其限量应符合本规范表 3.6.8 的规定。

表 3.6.8　地毯、地毯衬垫中 VOC 和游离甲醛释放限量

名称	测定项目	限量/［mg/（m²·h）］
地毯	VOC	≤0.500
	游离甲醛	≤0.050
地毯衬垫	VOC	≤1.000
	游离甲醛	≤0.050

9）民用建筑室内用壁纸胶、基膜的墙纸（布）胶粘剂中游离甲醛、苯+甲苯+乙苯+二甲苯、VOC 的限量应符合本规范表 3.6.9 的有关规定，游离甲醛含量测定方法应符合国家现行标准《建筑胶粘剂有害物质限量》（GB 30982—2014）的规定；苯+甲苯+乙苯+二甲苯测定方法应符合国家现行标准《建筑胶粘剂有害物质限量》（GB 30982—2014）的规定；VOC 含量的测定方法应符合国家现行标准《胶粘剂挥发性有机化合物限量》（GB 33372—2020）的规定。

表 3.6.9　室内用墙纸（布）胶粘剂中游离甲醛、苯+甲苯+乙苯+二甲苯、VOC 限量

测定项目	限量	
	壁纸胶	基膜
游离甲醛/（mg/kg）	≤100	≤100
苯+甲苯+乙苯+二甲苯/（g/kg）	≤10	≤0.3
VOC/（g/L）	≤350	≤120

三、《建筑装饰装修工程质量验收标准》（GB 50210—2018）的有关规定

（一）设计

1）建筑装饰装修工程应进行设计，并应出具完整的施工图设计文件。

2）建筑装饰装修设计应符合城市规划、防火、环保、节能、减排等有关规定。建筑装饰装修耐久性应满足使用要求。

3）承担建筑装饰装修工程设计的单位应对建筑物进行了解和实地勘察，设计深度应满

足施工要求。由施工单位完成的深化设计应经建筑装饰装修设计单位确认。

4) 既有建筑装饰装修工程设计涉及主体和承重结构变动时，必须在施工前委托原结构设计单位或者具有相应资质条件的设计单位提出设计方案，或由检测鉴定单位对建筑结构的安全性进行鉴定。

5) 建筑装饰装修工程的防火、防雷和抗震设计应符合国家现行标准的规定。

6) 当墙体或吊顶内的管线可能产生冰冻或结露时，应进行防冻或防结露设计。

（二）材料

1) 建筑装饰装修工程所用材料的品种、规格和质量应符合设计要求和国家现行标准的规定。不得使用国家明令淘汰的材料。

2) 建筑装饰装修工程所用材料的燃烧性能应符合国家现行标准《建筑内部装修设计防火规范》（GB 50222—2017）和《建筑设计防火规范》（GB 50016—2014）的规定。

3) 建筑装饰装修工程所用材料应符合国家有关建筑装饰装修材料有害物质限量标准的规定。

4) 建筑装饰装修工程采用的材料、构配件应按进场批次进行检验。属于同一工程项目且同期施工的多个单位工程，对同一厂家生产的同批材料、构配件、器具及半成品，可统一划分检验批对品种、规格、外观和尺寸等进行验收，包装应完好，并应有产品合格证书、中文说明书及性能检验报告。进口产品应按规定进行商品检验。

5) 进场后需要进行复验的材料种类及项目应符合本标准各章的规定，同一厂家生产的同一品种、同一类型的进场材料应至少抽取一组样品进行复验，当合同另有更高要求时应按合同执行。抽样样本应随机抽取，满足分布均匀、具有代表性的要求，获得认证的产品或来源稳定且连续三批均一次检验合格的产品，进场验收时检验批的容量可扩大一倍，且仅可扩大一次。扩大检验批后的检验中，出现不合格情况时，应按扩大前的检验批容量重新验收，且该产品不得再次扩大检验批容量。

6) 当国家规定或合同约定应对材料进行见证检验时，或对材料质量发生争议时，应进行见证检验。

7) 建筑装饰装修工程所使用的材料在运输、储存和施工过程中，应采取有效措施防止损坏、变质和污染环境。

8) 建筑装饰装修工程所使用的材料应按设计要求进行防火、防腐和防虫处理。

（三）施工

1) 施工单位应编制施工组织设计并经过审查批准。施工单位应按有关的施工工艺标准或经审定的施工技术方案施工，并应对施工全过程实行质量控制。

2) 承担建筑装饰装修工程施工的人员上岗前应进行培训。

3) 建筑装饰装修工程施工中，不得违反设计文件擅自改动建筑主体、承重结构或主要使用功能。

4) 未经设计确认和有关部门批准，不得擅自拆改主体结构和水、暖、电、燃气、通信等配套设施。

5) 施工单位应采取有效措施控制施工现场的各种粉尘、废气、废弃物、噪声、振动等对周围环境造成的污染和危害。

6) 施工单位应建立有关施工安全、劳动保护、防火和防毒等管理制度，并应配备必要的设备、器具和标识。

7）建筑装饰装修工程应在基体或基层的质量验收合格后施工。对既有建筑进行装饰装修前，应对基层进行处理。

8）建筑装饰装修工程施工前应有主要材料的样板或做样板间（件），并应经有关各方确认。

9）墙面采用保温隔热材料的建筑装饰装修工程，所用保温隔热材料的类型、品种、规格及施工工艺应符合设计要求。

10）管道、设备的安装及调试应在建筑装饰装修工程施工前完成；当必须同步进行时，应在饰面层施工前完成。装饰装修工程不得影响管道、设备等的使用和维修。涉及燃气管道和电气工程的建筑装饰装修工程施工应符合有关安全管理的规定。

11）建筑装饰装修工程的电气安装应符合设计要求，不得直接埋设电线。

12）隐蔽工程验收应有记录，记录应包含隐蔽部位照片。施工质量的检验批验收应有现场检查原始记录。

13）室内外装饰装修工程施工的环境条件应满足施工工艺的要求。

14）建筑装饰装修工程施工过程中应做好半成品、成品的保护，防止污染和损坏。

15）建筑装饰装修工程验收前应将施工现场清理干净。

四、《玻璃幕墙工程技术规范》（JGJ 102—2003）的强制性条文

1）隐框和半隐框玻璃幕墙，其玻璃与铝型材的粘结必须采用中性硅酮结构密封胶；全玻璃幕墙和点支承玻璃幕墙采用镀膜玻璃时，不应采用酸性硅酮结构密封胶粘结。（3.1.4条）

2）硅酮结构密封胶和硅酮建筑密封胶必须在有效期内使用。（3.1.5条）

3）硅酮结构密封胶使用前，应经国家认可的检测机构进行与其相接触材料的相容性和剥离粘结性试验，并应对邵氏硬度、标准状态拉伸粘结性能进行复验。检验不合格的产品不得使用。进口硅酮结构密封胶应具有商检报告。（3.6.2条）

4）全玻璃幕墙的板面不得与其他刚塑性材料直接接触。板面与装修面或结构面之间的空隙不应小于8mm，且应采用密封胶密封。（7.1.6条）

5）采用胶缝传力的全玻璃幕墙，其胶缝必须采用硅酮结构密封胶。（7.4.1条）

6）除全玻璃幕墙外，不应在现场打注硅酮结构密封胶。（9.1.4条）

7）当高层建筑的玻璃幕墙安装与主体结构施工交叉作业时，在主体结构的施工层下方应设置防护网；在距离地面约3m高度处，应设置挑出宽度不小于6m的水平防护网。（10.7.4条）

五、《金属与石材幕墙工程技术规范》（JGJ 133—2001）的强制性条文

1）花岗石板材的弯曲强度应经法定检验机构检测确定，其弯曲强度不应小于8.0MPa。（3.2.2条）

2）同一幕墙工程应采用同一品牌的单组分或双组分的硅酮结构密封胶，并应有保质年限的质量证书。用于石材幕墙的硅酮结构密封胶还应有证明无污染的试验报告。（3.5.2条）

3）同一幕墙工程应采用同一品牌的硅酮结构密封胶和硅酮耐候密封胶配套使用。（3.5.3条）

4）用硅酮结构密封胶粘结固定构件时，注胶应在环境温度15℃以上30℃以下、相对湿度50%以上，且洁净、通风的室内进行，胶的宽度、厚度应符合设计要求。（6.1.3条）

5）金属、石材幕墙与主体结构连接的预埋件，应在主体结构施工时按设计要求埋设。预埋件应牢固、位置准确。预埋件的位置误差应按设计要求进行复查；当设计无明确要求时，预埋件的标高偏差不应大于 10mm，预埋件的位置偏差不应大于 20mm。（7.2.4 条）

6）金属板与石板安装应符合下列规定：金属板、石板空缝安装时，必须有防水措施，并应有符合设计要求的排水出口。（7.3.4 条）

六、《住宅装饰装修工程施工规范》（GB 50327—2001）的有关规定

（一）材料、设备基本要求

1）住宅装饰装修工程所用材料的品种、规格、性能应符合设计的要求及国家现行有关标准的规定。

2）严禁使用国家明令淘汰的材料。

3）住宅装饰装修所用的材料应按设计要求进行防火、防腐和防蛀处理。

4）施工单位应对进场主要材料的品种、规格、性能进行验收。主要材料应有产品合格证书，有特殊要求的应有相应的性能检测报告和中文说明书。

5）现场配制的材料应按设计要求或产品说明书制作。

6）应配备满足施工要求的配套机具设备及检测仪器。

7）住宅装饰装修工程应积极使用新材料、新技术、新工艺、新设备。

（二）成品保护

1）施工过程中材料运输应符合下列规定：

① 材料运输使用电梯时，应对电梯采取保护措施。

② 材料搬运时要避免损坏楼道内顶、墙、扶手、楼道窗户及楼道门。

2）施工过程中应采取下列成品保护措施：

① 各工种在施工中不得污染、损坏其他工种的半成品、成品。

② 材料表面保护膜应在工程竣工时撤除。

③ 对邮箱、消防、供电、电视、报警、网络等公共设施应采取保护措施。

（三）防火安全

1）施工单位必须制定施工防火安全制度，施工人员必须严格遵守。

2）易燃易爆材料的施工，应避免敲打、碰撞、摩擦等可能出现火花的操作。配套使用的照明灯、电动机、电气开关等应有安全防爆装置。

3）施工现场动用气焊等明火时，必须清除周围及焊渣滴落区的可燃物质，并设专人监督。

4）严禁在施工现场吸烟。

5）严禁在运行中的营道、装有易燃易爆的容器和受力构件上进行焊接和切割。

6）消防设施的保护

① 住宅装饰装修不得遮挡消防设施、疏散指示标志及安全出口，并且不应妨碍消防设施和疏散通道的正常使用，不得擅自改动防火门。

② 消火栓门四周的装饰装修材料颜色应与消火栓门的颜色有明显区别。

③ 住宅内部火灾报警系统的穿线管、自动喷淋灭火系统的水管线应用独立的吊管架固定。不得借用装饰装修用的吊杆和放置在吊顶上固定。

④ 当装饰装修重新分割了住宅房间的平面布局时，应根据有关设计规范针对新的平面

调整火灾自动报警探测器与自动灭火喷头的布置。

⑤ 喷淋管线、报警器线路、接线箱及相关器件宜暗装处理。

（四）施工工艺要求

1）室内涂膜防水施工应符合下列规定：

① 涂膜涂刷应均匀一致，不得漏刷。总厚度应符合产品技术性能要求。

② 玻纤布的接槎应顺流水方向搭接，搭接宽度应不小于 100mm。两层以上玻纤布的防水施工，上、下搭接应错开幅宽的 1/2。

2）抹灰用的水泥宜为硅酸盐水泥、普通硅酸盐水泥，其强度等级不应小于 32.5。不同品种不同强度等级的水泥不得混合使用。抹灰用石灰膏的熟化期不应少于 15d。罩面用磨细石灰粉的熟化期不应少于 3d。

3）抹灰应分层进行，每遍厚度宜为 5~7mm。抹石灰砂浆和水泥混合砂浆每遍厚度宜为 7~9mm。当抹灰总厚度超出 35mm 时，应采取加强措施。底层的抹灰层强度不得低于面层的抹灰层强度。

4）嵌入墙体、地面的管道应进行防腐处理并用水泥砂浆保护，其厚度应符合下列要求：墙内冷水管不小于 10mm、热水管不小于 15mm，嵌入地面的管道不小于 10mm。嵌入墙体、地面或暗敷的管道应进行隐蔽工程验收。

5）电气安装工程配线时，相线与零线的颜色应不同；同一住宅相线（L）颜色应统一，零线（N）宜用蓝色，保护线（PE）必须用黄绿双色线。

6）同一回路电线应穿入同一根管内，但管内线路总根数不应超过 8 根，电线总截面面积（包括绝缘外皮）不应超过管内截面面积的 40%。电源线与通信线不得穿入同一根管内。

7）电源线及插座与电视线及插座的水平间距不应小于 500mm。电线与暖气、热水、煤气管之间的平行距离不应小于 300mm，交叉距离不应小于 100mm。同一室内的电源、电话、电视等插座面板应在同一水平标高上，高差应小于 5mm。电源插座底边距地宜为 300mm，平开关板底边距地宜为 1400mm。

参 考 文 献

[1] 中华人民共和国建设部. 玻璃幕墙工程技术规范：JGJ 102—2003 [S]. 北京：中国建筑工业出版社，2004.

[2] 中华人民共和国建设部. 金属与石材幕墙工程技术规范：JGJ 133—2001 [S]. 北京：中国建筑工业出版社，2004.

[3] 中华人民共和国住房和城乡建设部，国家质量监督检验检疫总局. 房屋建筑制图统一标准：GB/T 50001—2017 [S]. 北京：中国建筑工业出版社，2018.

[4] 中华人民共和国住房和城乡建设部，国家质量监督检验检疫总局. 建筑装饰装修工程质量验收标准：GB 50210—2018 [S]. 北京：中国建筑工业出版社，2018.

[5] 中华人民共和国住房和城乡建设部，国家市场监督管理局. 民用建筑工程室内环境污染控制标准：GB 50325—2020 [S]. 北京：中国计划出版社，2020.

[6] 中华人民共和国住房和城乡建设部，国家质量监督检验检疫总局. 建筑内部装修设计防火规范：GB 50222—2017 [S]. 北京：中国计划出版社，2018.

[7] 高祥生. 现代建筑楼梯设计精选 [M]. 南京：江苏科学技术出版社，2001.

[8] 马炳坚. 中国古建筑木作营造技术 [M]. 2版. 北京：科学出版社，2003.

[9] 吕令毅，徐宁. 点连接式玻璃幕墙的分析·设计·施工 [M]. 南京：东南大学出版社，2003.